W0268484

NATURWISSENSCHAFTLICHE MONOGRAPHIEN UND LEHRBÜCHER

HERAUSGEGEBEN VON

DER SCHRIFTLEITUNG DER „NATURWISSENSCHAFTEN"

SIEBENTER BAND

STERNHAUFEN

VON

P. TEN BRUGGENCATE

BERLIN

VERLAG VON JULIUS SPRINGER

1927

STERNHAUFEN

IHR BAU, IHRE STELLUNG ZUM STERN-SYSTEM UND IHRE BEDEUTUNG FÜR DIE KOSMOGONIE

VON

P. TEN BRUGGENCATE

MIT 36 ABBILDUNGEN UND 4 TAFELN

BERLIN
VERLAG VON JULIUS SPRINGER
1927

ISBN 978-3-642-98177-7   ISBN 978-3-642-98988-9 (eBook)
DOI 10.1007/978-3-642-98988-9

Vorwort

Die hier vorliegenden Ausführungen über unser heutiges Wissen von Sternhaufen werden in mancher Hinsicht unvollständig erscheinen. Ich meine dabei namentlich das Kapitel über Dichtegesetze von Sternhaufen, welche keine Kugelsymmetrie zeigen und weiterhin die Ausführungen über die kosmogonische Stellung der Sternhaufen. Der Grund für die Unvollständigkeit ist vor allem im Mangel an ausreichendem Beobachtungsmaterial zu erblicken. Da die Ausfüllung dieser Lücke aber nur eine Frage der Zeit sein dürfte, scheint es gerechtfertigt, die Arbeitsmethoden selbst zu skizzieren und ihre Anwendung auf konkrete Fälle späteren Untersuchungen zu überlassen. Der Hauptwert wurde darauf gelegt, die bisherigen Arbeiten möglichst abschließend zu behandeln, so weit das heute schon möglich ist.

Ich möchte hier ganz besonders Herrn Professor Kienle für viele wertvolle Ratschläge bei allen meinen Arbeiten über Sternhaufen danken. Auf seine Anregung hin ist im Jahre 1923 der Grundstock dieses Buches in Gestalt meiner Dissertation entstanden. Insbesonders bin ich Herrn Professor Kienle zu großem Dank verpflichtet für die viele Mühe, die er wegen meiner Abreise nach Lembang mit der endgültigen Fertigstellung des Buches gehabt hat.

Herr Geheimrat Wolf stellte die schönen Sternhaufenaufnahmen zur Verfügung, Herr cand. astr. Siedentopf fertigte das Register an. Die Verlagsbuchhandlung Julius Springer kam allen meinen Wünschen bezüglich Ausstattung des Buches und Beschleunigung der Drucklegung in der freundlichsten Weise entgegen. Ihnen allen sei an dieser Stelle der Dank des Verfassers ausgesprochen.

P. ten Bruggencate
a./b. s./s. Johan de Witt, Genua-Batavia
im Oktober 1926

Inhaltsverzeichnis

Erster Abschnitt.

Die Stellung der Sternhaufen zum Sternsystem.

Erstes Kapitel.

Allgemeines.

§ 1. Die Einteilung der Haufen.

Unter den Begriff „Sternhaufen" wird man zunächst jede Gruppe von Sternen rechnen, die sich an der Sphäre durch ihre größere Konzentration aus ihrer näheren Umgebung abhebt. Die scheinbare Ausdehnung und mehr noch die äußere Form einer Gruppe kann erheblich variieren. Die Gestalt der Haufen am Himmel, d. h. ihr Aussehen im Fernrohr oder auf der photographischen Platte, wurde als erstes Kriterium zu einer Einteilung der Haufen benutzt. Die Zunahme der Genauigkeit astronomischer Messungen, insbesondere die Zunahme bekannter Eigenbewegungen von Sternen, führte zur Entdeckung einer ganz anderen Art von Sternhaufen, der „Sternschwärme", Gruppen von Sternen mit gemeinsamer Bewegung im Raum. Dabei brauchen die Sterne eines Schwarmes im allgemeinen keineswegs auf einem engbegrenzten Flächenstück der Sphäre zu stehen. Zum „Bärenstrom" gehören z. B. β Urs. maj., γ Urs. maj., δ Urs. maj., ε Urs. maj., ζ Urs. maj., β Eridani, β Aurigae, α Coronae, α Can. maj. Durch MELOTTE, BAILEY und SHAPLEY wurde eine Einteilung der Sterngruppen in drei Klassen vorgeschlagen: 1. globular clusters, 2. open clusters, 3. moving clusters. Als für die einzelnen Klassen typische Haufen seien genannt: Klasse 1: Messier 13, Klasse 2: Messier 37, Klasse 3: Taurusstrom. Tafel I, II und III zeigen Aufnahmen charakteristischer Haufen. Das Studium der dritten Klasse von Sternhaufen, der Sternschwärme, ist ein völlig anderes als das der kugelförmigen oder offenen Haufen. Wir können auf die allgemeine Behandlung dieser Gruppe verzichten, da diese schon in einer ausführlichen Monographie von RASMUSON[1]) gegeben worden ist. Zwischen den drei Klassen ist es natürlich nicht möglich, scharfe Grenzen zu ziehen. Von den offenen Haufen werden im Laufe der Zeit mit Zunahme der Kenntnis der Bewegungen immer mehr in die Gruppe der Bewegungshaufen einrücken. Die kugelförmigen und offenen Haufen unterscheidet SHAPLEY nach dem Vorhandensein oder Fehlen des gegen das Zentrum der Haufen zu stark konzentrierten Hintergrundes

---

[1]) A research on moving clusters. Lund Meddel. Serie II, Nr. 26. 1921.

schwacher Sterne. Bei manchen Sternhaufen jedoch hat, oder wird erst eine eingehende Untersuchung der Anzahl, der Helligkeit und Farbe der einzelnen Sterne ergeben, zu welcher Gruppe der Haufen zu zählen ist. In der Tat scheint das Studium des Zusammenhanges zwischen Helligkeit und Farbe der Sterne eines Haufens eine grundsätzliche Verschiedenheit zwischen offenen und kugelförmigen Haufen aufzudecken, auf die wir später noch zurückkommen werden.

Es ist eine auffallende Tatsache, daß durch die Verfeinerung der astronomischen Instrumente beinahe kein neuer kugelförmiger oder offener Sternhaufen entdeckt worden ist, im vollen Gegensatz zu der ungeheuren Anzahl neuentdeckter Sterne und Nebel. BAILEY, der darauf zuerst hingewiesen hat, zieht hieraus den Schluß[1]), daß die Grenze der Region der Sternhaufen mit unseren Instrumenten erreicht sei.

§ 2. Kataloge von Sternhaufen.

Die ausführlichsten Untersuchungen über Sternhaufen aus den letzten Jahren stammen von SHAPLEY und sind niedergelegt in dessen „Studies based on the colors and magnitudes in stellar clusters" I bis XIX (Contr. Mt. Wilson 115, 116, 117, 126, 133, 151, 152, 153, 154, 155, 156, 157, 160, 161, 175, 176, 190, 195, 218). Washington 1916—1921.

In „Further remarks on the structure of the galactic system"[2]) findet sich ein Verzeichnis von 81 Haufen, die als kugelförmig anzusehen sind und in einer späteren Abhandlung ein Verzeichnis von 70 offenen Haufen mit ihren Raumkoordinaten[3]). Die Arbeit „The general problem of clusters"[4]) enthält eine Zusammenstellung aller bis zum Jahre 1914 veröffentlichten Kataloge von Sternen in einzelnen Haufen. Seither sind noch die folgenden Sternhaufen nach den Örtern, Helligkeiten oder Farben ihrer Sterne vermessen worden:

N.G.C. 663[5]), N.G.C. 752[6]), N.G.C. 1647[7])[8]), N.G.C. 2632[9]),

[1]) BAILEY, S. J.: On the number of the globular clusters. Popular astr. Bd. 22, S. 558. 1914.

[2]) SHAPLEY, H.: Studies XIV. Contr. Mt. Wilson. Nr. 161. 1919.

[3]) Derselbe: The distances and distribution of 70 open clusters. Communic. from the Mt. Wilson solar observ. to the nat. acad. of sciences. Nr. 62. Washington. 1919.

[4]) Derselbe: Studies I. The general problem of clusters. Contrib. Mt. Wilson. Nr. 115. Washington. 1916.

[5]) GUSHEE, V. M.: A study of proper motions in the cluster N.G.C. 663. Astron. journ., Boston. Bd. 32, S. 117. 1919.

[6]) VOGT, H.: Photometrische Vermessung der Sternhaufen N.G.C. 752 und I.C. 4665. Astron. Nachr., Kiel. Bd. 221, S. 41. 1924.

[7]) HERTZSPRUNG, E.: Effective wavelengths of 184 stars in the cluster N.G.C. 1647. Contrib. Mt. Wilson. Nr. 100. 1915.

[8]) SEARES, F. H.: Color indices in the cluster N.G.C. 1647. Astrophys. journ., Chicago. Bd. 42, S. 120. 1915.

[9]) STEAVENSON, W. H.: The star cluster N.G.C. 2632. Journ. British astr. assoc. Bd. 26, S. 265. 1916.

N. G. C. 5466 [1]), N. G. C. 6633 [2]) [3]), N. G. C. 6760 [4]), N. G. C. 6885 [5]), N.G.C. 6939 [6]), N.G.C. 7209 [7]), N.G.C. 7789 [8]), G. C. 1119 (M. 38) [9]), I.C. 4665 [10]), Messier 3 [11]) [12]) [13]), M. 11 [14]) [15]) [16]), M. 13 [17]) [18]), M. 15 [19]), M. 22 (N.G.C. 6656) [20]), M. 34 [21]), M. 35 [22]) [23]), M. 36 [24]), M. 37 (N.G.C. 2099) [25]) [26]),

[1]) HOPMANN, J.: Der kugelförmige Sternhaufen N. G. C. 5466. Astron. Nachr., Kiel. Bd. 217, S. 333. 1922.

[2]) BROWN, F. L.: Measures of the cluster N.G.C. 6633. Astron. journ., Boston. Bd. 31, S. 57. 1920.

[3]) GRAFF, K. und KRUSE, W.: Photometrische Vermessung des Sternhaufens N.G.C. 6633. Astron. Nachr., Kiel. Bd. 214, S. 171. 1921.

[4]) PEASE, F. G.: The star cluster N.G.C. 6760. Publ. of the astron. soc. of the Pacific, San Francisco. Bd. 26, S. 204. 1914.

[5]) HOPMANN, J.: Die offenen Sternhaufen N.G.C. 6885 bei 20 Vulpeculae und Messier 36 in Auriga. Veröff. Bonn. Nr. 19. 1924,

[6]) KÜSTNER, F.: Ausmessungen der vier offenen Sternhaufen N.G.C. 7789, M. 11 und 35, N.G.C. 6939. Ebenda Nr. 18. 1923.

[7]) GRAFF, K.: Photometrische Stern- und Farbenfolge in dem zerstreuten Sternhaufen N.G.C. 7209. Astron. Nachr., Kiel. Bd. 223, S. 161. 1924.

[8]) Vgl. oben Anm. 6.

[9]) VOGT, H.: Photometrische Vermessung des Sternhaufens G.C. 1119 (M. 38). Astron. Nachr., Kiel. Bd. 212, S. 73. 1920.

[10]) Vgl. Anm. 6, S. 2.

[11]) KÜSTNER, F.: Der kugelförmige Sternhaufen M. 3. Veröff. Bonn. Nr. 17. 1922.

[12]) PANNEKOEK, A.: New reduction of v. ZEIPEL's magnitudes in M. 3. Bull. of the astron. inst. of the Netherlands. Bd. 2, S. 12. 1923.

[13]) SHAPLEY, H. und DAVIS, H. N.: Studies XVI. Photometric catalogue of 848 stars in M. 3. Contrib. Mt. Wilson. Nr. 176.

[14]) Vgl. oben Anm. 6.

[15]) SHAPLEY, H.: Studies IV. The galactic cluster M. 11. Contrib. Mt. Wilson. Nr. 126.

[16]) TRÜMPLER, R.: The cluster M. 11. Lick observ. bull. Nr. 361. 1925.

[17]) VAN MAANEN, A.: The proper motion of M. 13 and its internal motion. Contrib. Mt. Wilson. Nr. 284. 1925.

[18]) SHAPLEY, H.: Studies II. Thirteen hundred stars in the hercules cluster (Messier 13). Contr. Mt. Wilson. Nr. 116.

[19]) KÜSTNER, F.: Der kugelförmige Sternhaufen M. 15. Veröff. Bonn. Nr. 15. 1921.

[20]) CHEVALIER, S.: Étude photographique de l'amas d'étoiles Messier 22. Zô-sè Ann. Bd. 10, C. 1920.

[21]) GRAFF, K.: Photometrische Helligkeiten und Farben in dem Sternhaufen M. 34 Persei. Astron. Nachr., Kiel. Bd. 219, S. 297. 1923.

[22]) Vgl. oben Anm. 6.

[23]) SMART, W. M.: The proper motion of the cluster N.G.C. 2168 (M. 35). Monthly notices of the Roy. astron. soc., London. Bd. 85, S. 257. 1925.

[24]) Vgl. oben Anm. 5.

[25]) JOY, A. H.: An investigation of the cluster M. 37 (N. G. C. 2099) for proper motion from plates taken with the 40-inch refractor of the Yerkes Observatory. Popular astr. Bd. 23, S. 603; Astron. journ., Boston. Bd. 29, S. 101. 1916.

[26]) VON ZEIPEL, H. und LINDGREN, J.: Photometrische Untersuchungen der Sterngruppe Messier 37 (N. G. C. 2099). Kgl. Svenska vet. akad. handlingar Bd. 61, Nr. 15. 1921.

M. 41 (N.G.C. 2287)[1]), M. 46 (N.G.C. 2437)[2]), M. 56[3]), M. 67 (N.G.C. 2682)[4])[5])[6]), M. 68[7]), Coma Berenices[8]), Plejaden[9])[10])[11])[12])[13])[14]), h und χ Persei[15])[16])[17])[18])[19]), Praesepe[20])[21])[22]).

Die Kataloge beschränken sich meist auf die hellsten Sterne. So umfassen die Bonner Kataloge für kugelförmige Haufen, je nach der

----

[1]) BHASKARAN, T. P.: Proper motions of stars in the cluster Messier 41 (N.G.C. 2287). Monthly notices of the Roy. astron. soc., London. Bd. 79, S. 59. 1918.

[2]) CHEVALIER, S.: Étude photographique de l'amas d'étoiles Messier 46. Zô-sè Ann. Bd. 9, D. 1920.

[3]) KÜSTNER, F.: Der kugelförmige Sternhaufen M. 56. Veröff. Bonn. Nr. 14. 1920.

[4]) CHEVALIER, S.: Étude photographique de l'amas d'étoiles Messier 67 (N.G.C. 2682). Zô-sè Ann. Bd. 8, S. 9. 1916.

[5]) VAN RHIJN, P. J.: The proper motion of 2088 stars and the motion of the open cluster M. 67. Publ. Groningen Bd. 33. 1922.

[6]) SHAPLEY, H.: Studies III. A catalogue of 311 stars in M. 67. Contrib. Mt. Wilson. Nr. 117.

[7]) Derselbe: Studies XV. A photometric analysis of the globular system M. 68. Contr. Mt. Wilson. Nr. 175.

[8]) CERASKI, W.: Étude photométrique sur l'amas stellaire Coma Berenices. Moskau Ann. (2) Bd. 6, S. 33. 1920.

[9]) HERTZSPRUNG, E.: Effective wavelengths of stars in the Pleiades. Mém. de l'acad. roy. de Danemark, Sect. des sciences, 8me sér., Bd. 4, Nr. 4. 1923.

[10]) KÖNIG, A.: Photographische Vermessung der Plejaden. Astron. Nachr., Kiel. Bd. 222, S. 177. 1924.

[11]) KREIKEN, E. A.: Proper motions of stars belonging to the Pleiades. Bull. of the astron. inst. of the Netherlands. Bd. 2, S. 55. 1924.

[12]) SHAPLEY, H. und RICHMOND, M. L.: Studies XIX. A photometric survey of the Pleiades. Contrib. Mt. Wilson. Nr. 218.

[13]) SMART, W. M.: Proper motions of stars in the Pleiades. Monthly notices of the Roy. astron. soc., London. Bd. 81, S. 536. 1921.

[14]) TRÜMPLER, R.: The physical members of the Pleiades group. Lick observ. bull. Nr. 333. 1921.

[15]) BALANOWSKY, I.: Untersuchungen der Sternhaufen h und χ Persei. Bull. obs. de Russie à Poulkovo Nr. 92, S. 74. 1924.

[16]) VAN MAANEN, A.: The proper motion of stars in and near the double cluster in Perseus. Contrib. from the Mt. Wilson solar observ., Washington. Nr. 205. 1921.

[17]) MACKLIN, H. E.: The clusters h and χ Persei. Monthly notices of the Roy. astron. soc., London. Bd. 81, S. 400. 1921.

[18]) PETTIT, H. ST.: The proper motions and parallaxes of 359 stars in the cluster h Persei. Popular astron. Bd. 27, S. 671. 1919.

[19]) VOGT, H.: Photometrische Untersuchungen u. Helligkeitsbestimmungen in den Sternhaufen h und χ Persei. Veröff. Heidelberg. Bd. 8, Nr. 3. 1921.

[20]) VAN DEN BOS, W. H.: Photovisual magnitudes of 55 stars in Praesepe. Bull. of the astron. inst. of the Netherlands. Bd. 1, S. 79. 1922.

[21]) HECKMANN, O.: Photographische Vermessung der Praesepe. Astron. Nachr., Kiel. Bd. 225, S. 49. 1925.

[22]) KLEIN WASSINK, W. J.: Stars belonging to the cluster Praesepe. Bull. of the astron. inst. of the Netherlands. Bd. 2, S. 183. 1924.

Reichhaltigkeit der Gruppe, zwischen 500 und 1000 Sterne. Wenn man diese Zahlen mit den Sternzahlen vergleicht, die auf MT. WILSON-Platten gezählt wurden [1] (bei M. 15 und M. 13 je etwa 15000), so erkennt man, daß alle Untersuchungen über Dichtegesetze von Sternhaufen auf Grund solcher Kataloge nur erste Näherungen sein können. Wir haben keine Gewißheit, daß die verhältnismäßig geringe Anzahl hellster Sterne die charakteristischen Züge im Aufbau eines solchen Haufens wiedergäbe. In älteren Katalogen fehlen meistens genauere Angaben über die Helligkeiten und Farben der Haufensterne. Hier hat SHAPLEY durch Ausmessung vieler Platten ein großes und einheitliches Material geschaffen. Gerade auf diesem Gebiet gilt es jedoch, noch weiteres Beobachtungsmaterial zu sammeln. Denn genauere Untersuchungen über Dichtegesetze in den Sternhaufen werden die Haufensterne nach Spektraltypen trennen müssen. Aus den Untersuchungen über die Unterschiede in der Anordnung der Sterne verschiedener Farbenindizes in einem Haufen entspringen neue theoretische Probleme, auf die wir noch mehrfach hinweisen werden. Außerdem scheint durch das Studium der Helligkeit und Farbe der Sterne verschiedener Sternhaufen ein tieferes Eindringen in kosmogonische Fragen möglich zu sein. (Vgl. hierzu Abschnitt IV.)

Bei Rechnungen über Dichtegesetze in den Sternhaufen hat sich die Anlage des Kataloges von v. ZEIPEL und LINDGREN [2] für M. 37 am vorteilhaftesten erwiesen. Die Sterne sind in diesem Katalog nicht, wie bei den meisten anderen, nach wachsenden Rektaszensionen (A.R.) geordnet, sondern nach konzentrischen Kreisringen; die Nummern der Sterne in jedem Ring wachsen im Sinne des Uhrzeigers. Der Katalog gestattet es, sofort eine Abschätzung der Grenze des Haufens zu gewinnen, nach einer von TRÜMPLER angegebenen Methode [3], ohne erst die Sterngruppe aufzeichnen zu müssen. Besonders wertvoll jedoch ist diese Anlage das Kataloges bei der Untersuchung eines Haufens nach Abweichungen von der Kugelsymmetrie (s. Abschn. II, Kap. 1, § 5).

§ 3. Die scheinbare Verteilung der Haufen am Himmel.

Wir beginnen mit dem Studium der scheinbaren Verteilung der Haufen am Himmel. Im nächsen Kapitel werden diejenigen Methoden besprochen, die dazu dienen können, eine Abschätzung der Entfernung dieser Sternsysteme zu erhalten. Unter Hinzunahme der Parallaxen ist dann das Studium der Raumverteilung der Haufen möglich. Wir wissen heute, aus stellarstatistischen Untersuchungen, daß die Sonne

---

[1] PEASE, F. G. und SHAPLEY, H.: On the distribution of stars in twelve globular clusters. Contrib. Mt. Wilson. Nr. 129. Washington. 1917.

[2] Vgl. Anm. 26, S. 3.

[3] TRÜMPLER, R.: Comparison and classification of star clusters. Publ. of the Alleghany observ. Bd. 6, Nr. 4. 1922.

nahezu im Mittelpunkt des engeren Sternsystems, wie es SEELIGER und
KAPTEYN abgeleitet haben, steht. Es ist offenbar eine interessante
Frage, ob dies auch zutrifft für das System der kugelförmigen Sternhaufen und das System der offenen Haufen. Da für das engere Sternsystem die Milchstraßenebene Symmetrieebene ist, so wird man damit
beginnen, die Verteilung der Sternhaufen in bezug auf die galaktische
Ebene zu studieren. Aus ihrer Verteilung nach galaktischer Länge
muß man auf eine vielleicht vorhandene exzentrische Stellung der
Sonne schließen können. Ihre Verteilung in galaktischer Breite muß
ergeben, ob die Milchstraßenebene Symmetrieebene ist oder nicht.

In der nebenstehenden Abbildung geben wir die Verteilung der Kugelhaufen in galaktischer Länge graphisch wieder. Die Abbildung gründet
sich auf Daten von 69 Haufen [1]). Die Richtungswinkel der rad. vect.

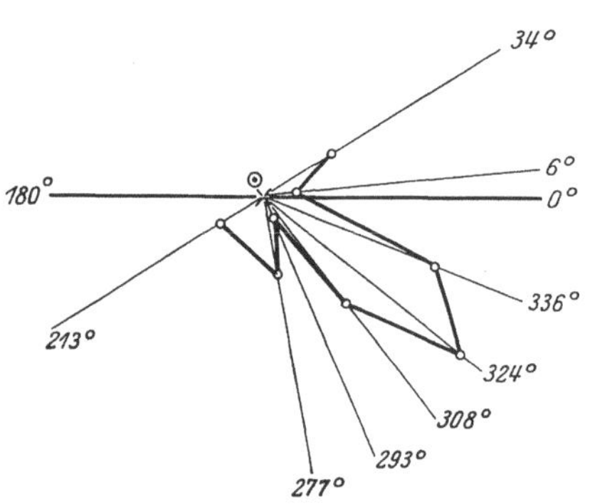

Abb. 1. Verteilung der kugelförmigen Sternhaufen nach
galaktischer Länge.

sind galaktische Längen, gemessen vom aufsteigenden Kno-
ten der Milchstraße auf dem
Himmelsäquator; die Größen
der rad. vect. geben die Anzahl
der Haufen der betreffenden
galaktischen Länge an. Die
exzentrische Stellung der Sonne
zum System der Kugelhaufen
tritt in der Abbildung sofort
hervor. Sie ist beim System
der offenen Haufen nicht vorhanden. Ebenso ist die Verteilung der Kugelhaufen in
galaktischer Breite eine andere als die der offenen Haufen. SHAPLEY
spricht von einer „complementary distribution in galactic latitude of
globular and open clusters" [2]). In der äquatorialen Milchstraßenregion,
in der die Kugelhaufen vollständig fehlen, kommen die offenen Haufen
am häufigsten vor. Unter der Voraussetzung, daß die SHAPLEYschen
Parallaxen die richtige Größenordnung liefern, findet man, daß sich
die Kugelhaufen und offenen Haufen auch im Raum in völlig getrennten Gebieten befinden. Viele Hypothesen sind zur Erklärung
dieser auffallenden Erscheinung gemacht worden. Für beide Arten
von Sternhaufen bildet jedoch die Milchstraßenebene eine ausgesprochene Symmetrieebene.

SHAPLEY war übrigens nicht der erste, der auf die merkwürdige
Verteilung, besonders der Kugelhaufen, am Himmel hingewiesen hat.

---

[1]) SHAPLEY, H.: Studies VII. The distances, distribution in space and
dimensions of 69 globular clusters. Contrib. Mt. Wilson. Nr. 152. 1918.

[2]) Vgl. Anm. 2, S. 2.

BOHLIN[1]) hat darauf aufmerksam gemacht, daß die Haufen vor allem auf dem Südhimmel vorkommen. A. R. HINKS[2]) fand, daß sich fast alle Kugelhaufen auf einer Halbkugel des Himmels befinden, deren Pol er als in der Milchstraße liegend angibt, bei einer galaktischen Länge von etwa 300°. Nur sechs Haufen — einer davon ist M. 13 — liegen außerhalb dieser Halbkugel. Im Zusammenhang erwähnen wir noch u. a. Arbeiten von BAILEY[3]), CHARLIER[4]), HERTZSPRUNG[5]) und PERRINE[6]), die sich alle mit der Frage nach der scheinbaren Verteilung der Sternhaufen am Himmel befassen.

§ 4. Die Bestimmung von Helligkeiten und Farben einzelner Sterne in Sternhaufen.

Zur Beschreibung der physikalischen Natur eines Sternes bedarf es der Kenntnis zweier Parameter: der Leuchtkraft und des Spektraltypus (= Temperatur). So ist z. B. die Masse eines Sternes eine Funktion dieser beiden Größen. Es geht hieraus hervor, daß es für ein tieferes Studium der Konstitution und kosmogonischen Stellung der Sternhaufen notwendig ist, die Helligkeiten und Spektraltypen der einzelnen Sterne eines Haufens zu kennen. Ebenso wie im Sternsystem genügt es bei den Sternhaufen nicht, nur die Verteilungsfunktion der Leuchtkräfte zu bestimmen. Wir müssen übergehen zur Untersuchung der statistischen Verteilung der Sterne nach den zwei Parametern und erhalten auf diese Weise das bekannte RUSSELL-Diagramm, in welchem als Abszissen die Spektraltypen, als Ordinaten die Leuchtkräfte aufgetragen werden. Es muß sich also darum handeln, für die einzelnen Sternhaufen „RUSSELL-Diagramme" abzuleiten.

Nun ist aber — besonders bei den typischen Kugelhaufen — die Ableitung von Spektraltypen einzelner Sterne aus zwei Gründen sehr schwierig: das ist einmal die äußerst geringe Helligkeit der Haufensterne und dann die große Sternfülle im Zentrum der Haufen. Die direkte Untersuchung des Spektrums einzelner Sterne ist aus diesen

---

[1]) BOHLIN, K.: On the galactic system with regard to its structure, origin and relations in space. Kgl. Svenska vet. akad. handlingar. Bd. 43, Nr. 10. 1909.

[2]) HINKS, A. R.: On the galactic distribution of gaseous nebulae and of star clusters. Monthly notices of the Roy. astron. soc., London. Bd. 71, S. 693. 1911.

[3]) BAILEY, S. J.: A catalogue of bright clusters and nebulae. Ann. of the astron. observ. of Harvard College. Bd. 60, S. 199. 1908.

[4]) CHARLIER, C. V. L.: Stellar clusters and related celestial phenomena. Lund Meddel. (2) Nr. 19. 1918.

[5]) HERTZSPRUNG, E.: Über die Verteilung galaktischer Objekte. Astron. Nachr., Kiel. Bd. 192, S. 261. 1912.

[6]) PERRINE, C. D.: Some results derived from photographs of the brighter globular star clusters. Lick observ. bull. Bd. 50, S. 102. 1909.

Gründen ausgeschlossen. Wir müssen nach einem Ersatz für den Spektraltypus suchen. Als solcher erweist sich der Farbenindex (F.I.), der ganz allgemein definiert werden kann als die Differenz der in zwei verschiedenen Spektralbereichen gemessenen scheinbaren Größen eines Sternes. Als diese Spektralbereiche wählt man meist den „photographischen" und den „visuellen" (so z. B. in den ersten Katalogen von KING und SCHWARZSCHILD). In späteren Untersuchungen hat man die visuellen Größen ersetzt durch die „photovisuellen" Größen, die durch Aufnahmen mit Gelbfilter auf orthochromatischen Platten gewonnen werden und ungefähr den visuellen Größen entsprechen (PARKHURST, Yerkes Actinometry). Erwähnt seien noch die lichtelektrischen Farbenindizes, die mit Photozellen verschiedener spektralen Empfindlichkeit bzw. mit Filtern verschiedener spektralen Durchlässigkeit gemessen werden.

Die Skala der F.I. hängt ab von der benutzten Methode und dem Instrument. Die Differenz zwischen den beiden Größenklassensystemen wird jedoch immer im Sinne kurzer Wellen minus langer Wellen gebildet, also z. B. photographische Größe minus visuelle (photovisuelle) Grösse. Der F.I. wächst somit mit röter werdender Farbe. Der Nullpunkt ist nach internationaler Vereinbarung so festgelegt, daß einem Stern vom Typus A 0 und der scheinbaren Größe $5.5 < m < 6.5$ (im HARVARD-System) der F.I. $0^{m}.00$ zukommt. Die Sterne der „früheren" Typen O und B haben somit negative, die Sterne „späterer" Typen positive Farbenindizes.

Zwischen F.I. und Spektraltypus besteht ein deutlicher Zusammenhang. In erster Näherung ist er linear. Bei den gewöhnlichen F.I. $(= m_{ph.} - m_{phvis.})$ kann man mit einem Gradienten von etwa $0^{m}.4$ pro Spektralklasse rechnen. Genauere Untersuchungen (BOTTLINGER, HERTZSPRUNG, LINDBLAD, SEARES) haben indessen gezeigt, daß der Zusammenhang zwischen F.I. und Spektraltypus (festgelegt aus den Linienintensitäten in den Sternspektren) etwas komplizierter ist. Er ist vor allem bei den Riesen ein anderer als bei den Zwergen. Bei gleichem Typus sind die Riesen röter als die Zwerge. Diese Diskrepanz rührt davon her, daß die Linienintensitäten zwar in der Hauptsache durch die Temperatur der absorbierenden Schicht bestimmt werden, daß sie aber daneben noch abhängen von der Größe der Gravitation in der Schicht, und diese ist bei Riesen und Zwergen verschieden.

SHAPLEY hat bei seinen Untersuchungen „Farbenklassen" eingeführt, die die Rolle von „hypothetischen Spektralklassen" spielen. Er bezeichnet sie mit den entsprechenden kleinen Buchstaben. Zu den Klassen b, a, f, g, k, m gehören die F.I. $- 0^{m}.40$, $0^{m}.00$, $+ 0^{m}.40$, $+ 0^{m}.80$, $+ 1^{m}.20$, $+ 1^{m}.60$. In der nachstehenden Tabelle ist der genaue Zusammenhang der F.I. des Mt. Wilson-Systems mit dem Spektraltypus für Riesen und Zwerge wiedergegeben, wie ihn SEARES

Tabelle 1.

Spektraltypus	Riesen ($M=0$) F.I.	Zwerge	
		F.I.	M
B 0	$-0\overset{m}{.}32$		
B 5	-0.17		
A 0	0.00		
A 5	$+0.19$		
F 0	0.38		
F 5	0.62	$+0\overset{m}{.}62$	$+3\overset{m}{.}3$
G 0	0.86	0.72	4.4
G 5	1.15	0.83	5.2
K 0	1.48	0.99	5.9
K 5	1.84	1.26	7.1
M a	1.88	1.76	9.8
M b	$(+1.88)$	$(+2.00)$	(11.0)

durch eingehende Untersuchungen bestimmt hat (M ist die absolute Helligkeit).

Man sieht daraus, daß die Farbenklassen SHAPLEYS nicht ohne weiteres mit den Spektralklassen identifiziert werden dürfen, ihnen aber sehr nahe parallel laufen.

Für die praktische Bestimmung der F.I. der Sterne in Kugelhaufen scheidet wegen der oben erwähnten Gründe die Bestimmung visueller Größen und die Bestimmung lichtelektrischer F.I. aus. Es kommen nur photographische Aufnahmen mit und ohne Gelbfilter in Betracht. Man geht im allgemeinen so vor (und dies hat SHAPLEY bei seinen ausgedehnten Untersuchungen getan), daß man für die Haufensterne die photographischen und photovisuellen Größen getrennt bestimmt durch direkten Anschluß an die international festgelegte Polsequenz[1]). Dieses Normalfeld von Sternen wird unmittelbar nach der Aufnahme des zu untersuchenden Haufens mit gleicher Expositionszeit auf die gleiche Platte aufgenommen.

Bei den offenen Haufen, wie z. B. der Praesepe, ist es möglich, photographische und photovisuelle Größen aus einer einzigen Platte, etwa nach SEARES' Methode der „exposure ratios", oder einer Modifikation derselben abzuleiten, was erhebliche Vorteile bietet. Bei diesen Sterngruppen ist, da es sich um hellere Sterne handelt, auch die Bestimmung effektiver Wellenlängen mit Hilfe eines Parallelstabgitters vor dem Objektiv mit Erfolg angewandt worden. Indessen scheint es, als ob für genauere Messungen die SEARESsche Methode den Vorzug verdiene. Neuerdings hat TRÜMPLER sogar für eine große Anzahl offener Haufen direkt Spektraltypen bestimmt aus Objektivprismenaufnahmen und ist damit dem anzustrebenden Ziel der Sternhaufenuntersuchung ein gut Stück näher gekommen.

---

[1]) Näheres über Polsequenz siehe bei SEARES, Astrophys. Journ. Bd. 38, S. 241. 1913; Bd. 39, S. 307. 1914; Bd. 41, S. 206, 259. 1915.

Bei den typischen Kugelhaufen handelt es sich um Untersuchungen, die zu den schwierigsten Arbeiten auf photometrischem Gebiet zu rechnen sind, und deshalb mit größter Sorgfalt ausgeführt werden müssen. Handelt es sich doch um die Photometrierung von Sternen der 12. bis 18. Größe und um scheinbare Ausdehnungen der ganzen Objekte von der Größenordnung 10′ (nur zwei Kugelhaufen sind größer), deren Auflösung in Einzelheiten große Brennweiten erfordert.

Zweites Kapitel.

Methoden zur Bestimmung der Entfernung der Sternhaufen.

§ 1. Die Methode von Shapley.

Bis heute hat man vergeblich versucht, für Haufensterne Eigenbewegungen abzuleiten, um daraus dann auf die Entfernung der Sternsysteme schließen zu können. In 17jähriger Arbeit hat BARNARD Sternhaufen visuell vermessen mit dem großen Refraktor der Yerkes-Sternwarte. Aber nur für zwei Sterne in M. 92 hat er eine merkliche Eigenbewegung ableiten können, und bei beiden Sternen ist es nicht sicher, ob sie überhaupt zum Haufen gehören. Ebenso waren die Versuche bei M. 11 erfolglos[1][2]). Der erste Katalog dieses Haufens[3]) stammt aus den Jahren 1836—1839. Trotz des verhältnismäßig langen Zeitraums, der inzwischen verflossen ist, ist es nicht gelungen, Eigenbewegungen von Sternen des Haufens abzuleiten. Es erscheint daher völlig ausgeschlossen, in absehbarer Zeit aus Eigenbewegungen Parallaxen von Haufen zu gewinnen. Im Gegenteil wird man Sterne mit merklicher Eigenbewegung, die *scheinbar* zu einem Haufen gehören, nach den bisherigen Erfahrungen, nicht als *wirkliche* Glieder der Sterngruppe anzusehen haben.

Die Methoden zur Bestimmung der Parallaxen von Sternhaufen können deshalb nur *indirekte* sein. Im Jahre 1918 haben SHAPLEY, CHARLIER und SCHOUTEN ihre Untersuchungen über die Entfernungen von Kugelhaufen veröffentlicht. SHAPLEY benutzt als Grundlage seiner Methode gewisse Eigenschaften der Veränderlichen vom δ Cephei-Typus; CHARLIER verwendet die scheinbaren Durchmesser der Haufen, und SCHOUTEN endlich gründet, nach einem Vorschlag KAPTEYNS, seine Rechnungen auf die Häufigkeitsfunktion der absoluten Leuchtkräfte.

---

[1]) HELMERT, F. R.: Der Sternhaufen im Sternbilde des Sobieskischen Schildes. Publ. d. Hamburger Sternwarte. 1874. Nr. 1.

[2]) STRATONOFF, W.: Amas stellaire de l'écu de Sobieski (M. 11). Publ. Tachkent. 1899. Nr. 1.

[3]) LAMONT, J.: Ausmessung des Sternhaufens im Sobieskischen Schilde. Ann. d. Sternwarte München. Bd. 17, S. 305. 1869.

Es hat sich gezeigt, daß die drei Methoden, von denen jede von einer anderen Grundvoraussetzung ausgeht, zu ganz verschiedenen, sich widersprechenden Resultaten führen. Bei der Besprechung der indirekten Entfernungsbestimmung von Sternhaufen nach SHAPLEY, CHARLIER und SCHOUTEN muß es sich deshalb in erster Linie darum handeln, die eingehenden Hypothesen hervorzuheben und sie gegeneinander abzuwägen. Dadurch müssen wir zu einer Entscheidung darüber gelangen, welche Methode wohl die wahrscheinlichsten Parallaxen zu liefern verspricht. Diese Entscheidung kann nicht sorgfältig genug begründet werden, weil von ihr alle weiteren Untersuchungen über Sternhaufen grundlegend beeinflußt werden.

Wir beginnen mit den Untersuchungen SHAPLEYs und wollen gleich die Grundhypothese seiner Methode der Parallaxenbestimmung an die Spitze stellen. Genaue photometrische Durchmusterungen zahlreicher kugelförmiger Sternhaufen nach veränderlichen Sternen haben ergeben, daß diese Sternsysteme veränderliche Sterne enthalten, deren Lichtwechsel identisch ist mit demjenigen der galaktischen δ Cephei-Sterne. Für diese kennt man aber eine Beziehung, die die Periode des Lichtwechsels mit der Leuchtkraft verknüpft. SHAPLFYS Grundvoraussetzung besteht nun darin, daß *die δ Cephei-Sterne in Sternhaufen vergleichbar seien mit den δ Cephei-Sternen des engeren Sternsystems*, daß also für sie die gleiche Beziehung zwischen Leuchtkraft und Lichtwechselperiode gelte wie für die galaktischen Cepheiden. Auf diese Weise läßt sich für jeden Haufen, der Cepheiden bekannter Periode enthält, eine Parallaxe ableiten. Da aber deren Anzahl klein ist gegenüber der Gesamtzahl bekannter Sternhaufen, so hat SHAPLEY versucht, seine Methode zu erweitern, was aber nur unter Einführung neuer Hypothesen gelingt. Hier schlägt SHAPLEY zwei Wege ein. Er nimmt einmal an, daß *die hellsten Sterne in verschiedenen Haufen die gleiche absolute Helligkeit besitzen*, die sich durch Vergleich ihrer scheinbaren Helligkeit mit derjenigen der Cepheiden ergibt. Die Anwendung dieser Rechenmethode beschränkt sich aber auf diejenigen Haufen, bei denen die Helligkeiten der hellsten Sterne gemessen worden sind. Ob sie in *allen* diesen Fällen mit Recht angewandt werden darf, soll später genauer geprüft werden. Um eine Abschätzung der Entfernung für alle überhaupt bekannten Haufen zu erhalten, führt SHAPLEY die *Hypothese gleicher linearer Dimensionen aller Haufen* ein. Hierin berührt sich die Arbeit SHAPLEYS mit derjenigen CHARLIERS.

Betrachten wir nun die Einzelheiten der ersten SHAPLEYschen Arbeit. Sie gründet sich wesentlich auf Arbeiten von HERTZSPRUNG [1]) und RUSSELL [2]) über die Bestimmung der mittleren Parallaxe der galaktischen

---

[1]) HERTZSPRUNG, E.: Über die räumliche Verteilung der Veränderlichen vom δ Cephei-Typus. Astron. Nachr., Kiel. Bd. 196, S. 201. 1913.

[2]) RUSSELL, H. N. Science N. S. Bd. 37, S. 651. 1913.

δ Cephei-Veränderlichen aus den Eigenbewegungen (E.B.) des Bossschen Kataloges. Aus der mittleren Parallaxe und den scheinbaren Helligkeiten der einzelnen Cepheiden ergeben sich dann die individuellen Parallaxen, die nötig sind zur Aufstellung des Zusammenhanges zwischen absoluter Helligkeit und Periode. SHAPLEY war gezwungen, diesen Umweg über die statistisch gewonnene mittlere Parallaxe für diese Gruppe von Sternen zu machen, weil nicht genügend direkte Parallaxenmessungen vorlagen. Es standen ihm nur elf galaktische Cepheiden zur Verfügung, die dazu benutzt werden konnten, die Perioden-Leuchtkraftkurve abzuleiten. Auf diese geringe Anzahl gründen sich SHAPLEYs weitere Schlüsse.

Bei der Ableitung einer mittleren absoluten Helligkeit der galaktischen Cepheiden ist die erste Annahme, die gemacht wird, die, daß die in die E.B. eingehenden Pekuliarbewegungen gegenüber der parallaktischen Bewegung vernachlässigt werden können, und daß die Cepheiden keine gemeinsame Raumbewegung zeigen. Gestützt wird die Annahme durch die algebraischen Mittelwerte der zwei Komponenten ν und τ der E.B., ν die Komponente in dem größten Kreis durch Stern und Apex (positiv in der Richtung zum Antiapex), τ diejenige senkrecht dazu:

$$\bar{\nu} = + 0\overset{\prime\prime}{.}016 \qquad \bar{\tau} = + 0\overset{\prime\prime}{.}002.$$

Bei zu vernachlässigenden Pekuliarbewegungen müssen die τ die Rolle von Beobachtungsfehlern spielen. Die absolute Größe von $\bar{\tau}$ im Vergleich zu $\bar{\nu}$ widerspricht dieser Bedingung nicht. SHAPLEY gewinnt nun zuerst eine mittlere Parallaxe der elf Cepheiden und damit eine mittlere absolute Helligkeit. Hieraus und aus den scheinbaren Helligkeiten der einzelnen Veränderlichen ergeben sich die folgenden einzelnen Parallaxen [1]).

Tabelle 2.

Boss Nr.	Name	$\overline{\pi_1}$ $(\overline{M} = -2\overset{m}{.}35)$
325	α Urs. min.	$0\overset{\prime\prime}{.}0128$
637	S U Cassiop.	0022
1629	R T Aurig.	30
1815	ζ Gemin.	54
4493	X Sagittarii	39
4564	W Sagittarii	39
4632	Y Sagittarii	24
5071	η Aquilae	52
5098	S Sagittae	24
5370	T Vulpec.	24
5807	δ Cephei	50

Andererseits gibt die Beziehung $p_5 = \dfrac{\nu_5}{\sin \lambda} \cdot 0.22$ (λ ist der Winkel-

---

[1]) SHAPLEY, H: Studies VI. On the determination of the distances of globular clusters. Contr. Mt. Wilson. Nr. 151. 1918.

abstand des Sternes vom Apex; die Komponenten ν der E.B. sind auf die scheinbare Helligkeit $5^{m}.0$ reduziert) individuelle Parallaxen und die zugehörigen absoluten Helligkeiten der einzelnen Sterne (also nicht mehr eine konstante mittlere Helligkeit für alle Cepheiden wie oben). Mit diesen und den scheinbaren Helligkeiten finden sich dann neue Parallaxenwerte:

Tabelle 3.

Boss Nr.	M	Periode	π_2
325	-2.7	$3^{d}.97$	$0''.0110$
637	1.6	1.95	0032
1629	0.7	3.73	63
1815	4.1	10.15	24
4493	1.5	7.01	58
4564	2.7	7.59	33
4632	1.6	5.77	33
5071	2.7	7.18	45
5098	2.9	8.38	18
5370	1.4	4.44	36
5807	3.3	5.37	33

SHAPLEY schließt aus der verhältnismäßig guten Übereinstimmung der Werte π_2 mit den π_1, daß die Vernachlässigung der Pekuliarbewegungen gegenüber der parallaktischen Bewegung erlaubt sei. Zum Vergleich werden noch direkte Parallaxenmessungen für einzelne der elf Cepheiden herangezogen. Die Beurteilung der Sicherheit der SHAPLEYschen Parallaxen wird dadurch nicht leichter:

Tabelle 4.

Boss Nr.	π (direkt)	π (Shapley)	π_{d}/π_{Sh}
325	$+0''.028$	$0''.0110$	2.5
637	010	0032	3.1
1815	025	0024	10.4
5071	006	0045	1.3

Den direkten Parallaxenmessungen kann bei den großen Entfernungen, die anscheinend den galaktischen Cepheiden zukommen, kein allzu großes Gewicht beigelegt werden. Aber die Abweichungen sind doch so *systematisch*, daß man nicht umhin kann zu bezweifeln, ob bei der Ableitung der π_1 die elf Cepheiden ausreichen, um eine sichere mittlere Parallaxe zu liefern, und ob bei der Ableitung der π_2 die Vernachlässigung der Pekuliarbewegungen gestattet ist.

In der Tabelle 3 sind die absoluten Helligkeiten und Perioden der elf Cepheiden angegeben. Ein Zusammenhang zwischen Helligkeit und Periode wird besonders dann erkennbar, wenn man die Sterne in verschiedenen Gruppen zusammenfaßt. In der Abb. 2 sind als Abszissen die Perioden und als Ordinaten die absoluten Helligkeiten der elf galak-

tischen Cepheiden eingezeichnet. Ebenso enthält die Abbildung die gemittelte Kurve SHAPLEYs. Durch graphische Interpolation leitet SHAPLEY
für jeden Cepheiden eine neue absolute Helligkeit ab. Bei den großen
Schwankungen, die vor allem bei den kurzen Perioden auftreten, also da,
wo der Anschluß an die Haufenveränderlichen liegt, kann die graphische
Interpolation nur unsichere Werte liefern. Diese ausgeglichenen absoluten Helligkeiten und die Perioden werden benutzt, um eine provisorische Perioden-Helligkeitskurve abzuleiten, die den Zusammenhang
zwischen absoluter Helligkeit und Periode festlegt, für Perioden, deren
Logarithmus zwischen $+$ 0.27 und $+$ 1.0 liegt. Um die Kurve für einen
weiteren Bereich der Perioden zu erhalten, kann man die Cepheiden
bekannter Periode in der MAGELLANschen Wolke und den Kugelhaufen
ω Centauri, M. 3, 5, 13, 15 hinzunehmen. Diese Art der Extrapolation
erfordert die Hypothese, daß Cepheiden gegebener Periode vergleichbar

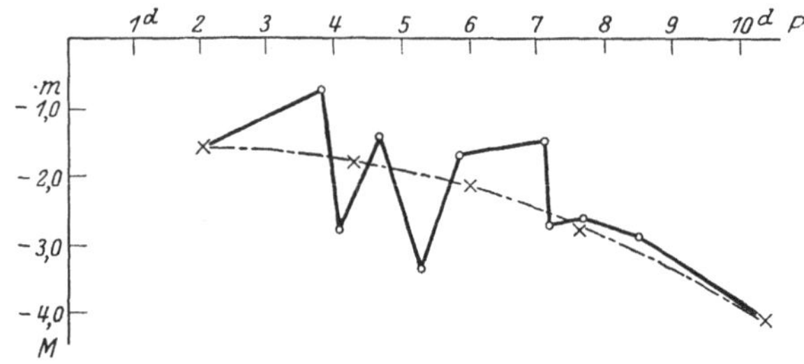

Abb. 2.   Zusammenhang zwischen Periode (P) und absoluter Helligkeit (M)
für 11 galaktische Cepheiden.

seien in ihren absoluten Helligkeiten, wo sie sich auch im Universum
befinden mögen. Die Extrapolation mit Hilfe der Veränderlichen der
MAGELLANschenWolke und der fünf Kugelhaufen ist aber nicht unabhängig
von der provisorischen Kurve selbst. Denn von diesen Cepheiden kennen
wir zunächst nur die Perioden und die *scheinbaren* Helligkeiten. Um
den Zusammenhang zwischen Periode und *absoluter* Helligkeit bei denjenigen Cepheiden zu erhalten, deren Logarithmus der Periode außerhalb der Grenzen von $+$ 0.27 und $+$ 1.00 liegt, ist es notwendig, zuerst
die *absoluten* Helligkeiten für diejenigen Cepheiden des Haufens, deren
Logarithmus der Periode zwischen $+$ 0.27 und $+$ 1.00 liegt, aus der
provisorischen Kurve zu entnehmen, und aus diesen absoluten Helligkeiten und den scheinbaren Helligkeiten eine Reduktionskonstante abzuleiten. Die Reduktionskonstante ist einfach das Mittel aus den Differenzen zwischen absoluter Helligkeit und scheinbarer Helligkeit (im
Sinne $M - m$) der Cepheiden mit einem Logarithmus der Periode
zwischen $+$ 0.27 und $+$ 1.00. Da praktisch die Sterne eines Haufens
alle die gleiche Entfernung von uns besitzen, so können diese Differenzen
nur wenig variieren. Es seien hier einige Differenzen aufgeführt [1]):

---

[1]) Vgl. Anm. 1, S. 12.

Tabelle 5.

Kleine Magellansche Wolke		ω Centauri	Messier 5
— 16.5	— 16.5	— 13.50	— 14.75
16.2	16.4	14.43	15.10
16.1	16.0	13.60	15.18
16.5	16.1	13.51	15.22
16.7	16.3	13.95	15.25
16.3	16.5		
16.5			

Nur ein Stern in ω Centauri fällt heraus. Bei ihm scheint die Lichtkurve etwas von der typischen Kurve der Cepheiden abzuweichen. Im übrigen liegen die Schwankungen durchaus innerhalb der Grenze der Beobachtungsgenauigkeit.

Aus der auf diese Art gewonnenen Perioden-Helligkeitskurve kann man nun für alle Cepheiden bekannter Periode die absolute Helligkeit entnehmen und aus dieser und der scheinbaren Helligkeit die Parallaxe berechnen.

Da sich, nach der gemachten Hypothese der Vergleichbarkeit aller Cepheiden, bei den Cepheiden der MAGELLANschen Wolke und der Kugelhaufen der gesetzmäßige Zusammenhang zwischen Periode und *scheinbarer* Helligkeit zeigen muß, während er bei den elf galaktischen Cepheiden zwischen der Periode und der *absoluten* Helligkeit besteht, aber hier durch die Unsicherheiten der absoluten Helligkeiten gestört wird, so bieten die *Cepheiden der außergalaktischen Systeme* die Möglichkeit, die *Form* der Kurve unabhängig von den galaktischen Cepheiden abzuleiten. Der Versuch, die „galaktische" Kurve mit den „außergalaktischen" zur Deckung zu bringen, muß ergeben, inwieweit wir berechtigt sind, Cepheiden von bestimmter Periode in ihrer Leuchtkraft zu vergleichen, wo sie auch im Universum sich befinden mögen. Diesen Versuch hat SHAPLEY für die Perioden-Helligkeitskurve der Cepheiden in der kleinen MAGELLANschen Wolke und im Kugelhaufen ω Centauri durchgeführt [1]). Bei anderen Kugelhaufen fehlen bekannte langperiodische Cepheiden, so daß von der Perioden-Helligkeitskurve nur ein kleines Stück bekannt ist. Ein Zurdeckungbringen hat in diesen Fällen daher keinen Wert. Die genannten Untersuchungen haben gezeigt, daß man die Hypothese der Vergleichbarkeit aller Cepheiden als berechtigt ansehen darf.

Man erkennt daraus, daß man die *Form* der SHAPLEYschen Kurve sicherer aus dem umfangreicheren und einheitlicheren Material der Cepheiden der kleinen MAGELLANschen Wolke gewinnen kann, als aus den Cepheiden des Sternsystems. Durch die Wahl einer willkürlichen Reduktionskonstanten, die gleichsam rein gedachte Werte für die ab-

---

[1]) SHAPLEY, H.: Notes bearing on the distances of clusters. Harvard College observ. circ. Nr. 237. 1922.

soluten Helligkeiten der Cepheiden bestimmt, lassen sich Beobachtungen von Cepheiden in den Kugelhaufen in diese provisorische Kurve einfügen, wodurch die Form der Kurve verbessert und diese selbst eventuell noch extrapoliert werden kann. Es ist einleuchtend, daß die von SHAPLEY in seiner ersten Arbeit gewonnene Perioden-Helligkeitskurve solange nur vorläufigen Charakter haben konnte, bis durch spätere Arbeiten auf Grund eines ausgedehnteren Materials sowohl ihre Form, als ihr Nullpunkt nachgeprüft wurde.

Die galaktischen Cepheiden dienen nun nur noch zur Bestimmung des Nullpunktes der Kurve. In späteren Untersuchungen[1] hat SHAPLEY neues Material zur Stützung des von ihm in seiner ersten Arbeit[2] benutzten Nullpunktes veröffentlicht. — KAPTEYN und VAN RHIJN[3] haben für 17 langperiodische Cepheiden eine mittlere Parallaxe von $0\rlap{.}''0029$ gefunden, unter Zugrundelegung einer Geschwindigkeit der Sonne von 19.5 km/sec. SHAPLEY benutzt den Wert 21.5 km/sec für die Geschwindigkeit der Sonne, und findet dann die mittlere Parallaxe dieser gleichen 17 Cepheiden zu $0\rlap{.}''0026$ und die mittlere absolute Helligkeit zu $- 2^{m}6$, während aus seinen ersten Rechnungen, denen nur elf Sterne zugrunde lagen, der Wert $- 2^{m}35$ für die mittlere absolute Helligkeit folgte.

Eine gewisse Stütze für die Richtigkeit seiner Parallaxenwerte konnte SHAPLEY noch in den spektroskopischen Parallaxen finden. In der folgenden Tabelle sind für 14 Cepheiden den Parallaxen aus der Perioden-Helligkeitskurve spektroskopische Parallaxen aus dem Mt. Wilson-Katalog gegenübergestellt.

Tabelle 6.

Name	π Per.-Helligkeitskurve	π Spektr.-Parallaxen
α Urs. min.	$0\rlap{.}''016$	$0\rlap{.}''010$
S U Cas.	004	003
R X Aur.	1	1
T Mon.	1	3
R T Aur.	4	3
ζ Gem.	4	3
R R Lyr.	3	4
U Vulp.	1	2
η Aql.	5	4
S Sge.	2	2
X Cyg.	1	2
T Vulp.	3	3
β Ceph.	18	—
δ Ceph.	5	4

[1] Vgl. Anm. 1, S. 15.

[2] Vgl. Anm. 1, S. 12.

[3] KAPTEYN, J. C. und VAN RHIJN, P. J.: The proper motions of δ Cephei-stars and the distances of the globular clusters. Bull. of the astron. inst. of the Netherlands. Bd. 1, S. 37. 1922.

Die zwei Reihen von Parallaxen stimmen, außer bei α Urs. min. sehr gut überein. Die Größenordnung der SHAPLEYschen Parallaxen gewinnt dadurch bedeutend an Wahrscheinlichkeit. Allerdings darf man dabei nicht vergessen, daß die spektroskopischen Parallaxen der Cepheiden anch mit Hilfe der säkularen Parallaxen geeicht sind, also keine unabhängigen Bestimmungen darstellen.

Seit dem Erscheinen der ersten SHAPLEYschen Arbeit hat sich auch das Material über Eigenbewegungen von langperiodischen Cepheiden stark vermehrt. Die Diskussion der Daten von 51 Cepheiden [1]) hat an Stelle der ersten SHAPLEYschen Werte für $\bar{\nu}$ und $\bar{\tau}$ (S. 12) die neuen Werte ergeben:

$$\bar{\nu} = + 0.''1320, \quad \text{(früher } + 0.''016)$$
$$\bar{\tau} = - 0.0009, \quad (\quad , , \quad + 0.002)$$

die uns noch weit mehr als die alten Werte dazu berechtigen, die Eigenbewegung der langperiodischen Cepheiden als rein parallaktisch anzusehen. Da sich auf diese Annahme die Bestimmung des SHAPLEY-schen Nullpunktes gründet, so hat das umfangreichere, neue Material an langperiodischen Cepheiden als maximale Korrektion der SHAPLEY-schen Parallaxen nur den verhältnismäßig kleinen Betrag von 40 vH ergeben, und zwar im Sinne einer Vergrößerung der Parallaxen. Die gleiche Korrektion für den Nullpunkt der Periodenhelligkeitskurve findet STRÖMBERG [2]) aus einer neuen Ableitung der Sonnengeschwindigkeit gegenüber dem System der langperiodischen Cepheiden. Er findet statt SHAPLEYS angenommenem Wert von 21.5 km/sec den Wert 12.3 km/sec, was eine Verkleinerung des Abstandes der Cepheiden um 40 vH bedeutet.

KAPTEYN und VAN RHIJN haben versucht [3]), absolute Parallaxen von Sternhaufen unter Benutzung von nur kurzperiodischen Cepheiden abzuleiten, die langperiodischen Cepheiden also ganz auszuschalten, weil es zweifelhaft erscheinen kann, die typischen Haufenveränderlichen an die galaktischen, langperiodischen Cepheiden anzuschließen. Zur Bestimmung des Nullpunktes sollen die galaktischen, kurzperiodischen Cepheiden dienen, und hierin liegt der Fehler des KAPTEYN-VAN RHIJN-schen Versuches, der übrigens von den Verfassern zurückgezogen wurde; denn mit Hilfe der galaktischen Haufenveränderlichen läßt sich kein Nullpunkt gewinnen [4]). Man hat es bei den kurzperiodischen Cepheiden mit einer Gruppe von Sternen zu tun, die außerordentlich große Pekuliarbewegungen zu besitzen scheinen, was aus den großen Radial-

---

[1]) WILSON, R. E.: The proper motions and mean parallax of the Cepheid variables. Astron. journ., Boston. Bd. 35, S. 35. 1923.

[2]) STRÖMBERG, G.: The asymmetry in stellar motions as determined from radial velocities. Contrib. Mt. Wilson, Washington. Nr. 293. 1925.

[3]) Vgl. Anm. 3, S. 16.

[4]) Vgl. Anm. 1, S. 15.

bewegungen und ihrer gleichmäßigen Verteilung nach galaktischer Breite geschlossen werden muß. Bei den langperiodischen Cepheiden dagegen ist bekannt, daß sie nur sehr geringe Pekuliarbewegungen besitzen. Unter 51 solcher Cepheiden besitzt keiner eine galaktische Breite größer als 30°. Das Mittel der Breite ist 7°, ohne Rücksicht auf das Vorzeichen [1]. Die langperiodischen Cepheiden zeigen also, im Gegensatz zu den kurzperiodischen, eine ausgesprochene Bevorzugung der Milchstraßenebene.

Die parallaktische Bewegung, die KAPTEYN und VAN RHIJN bei den kurzperiodischen Cepheiden aus den positiven Werten ihrer v-Komponenten zu finden glaubten, ist, wie SHAPLEY gezeigt hat, nur eine scheinbare. Die kurzperiodischen Cepheiden besitzen wahrscheinlich eine *gemeinsame* Bewegung im Raum. Der Zielpunkt der Bewegung fällt zusammen mit dem Zielpunkt der Sterne mit großer Geschwindigkeit im Raum. Die erste Voraussetzung dafür, daß für eine Gruppe von Sternen aus den Eigenbewegungen eine mittlere Parallaxe gewonnen werden kann, ist aber die, daß ihre Geschwindigkeiten im Raum klein seien und daß diese Geschwindigkeiten willkürliche Richtungen besitzen. Beides ist bei den kurzperiodischen Cepheiden nicht erfüllt, bei den langperiodischen jedoch wohl. *Die SHAPLEYsche Methode der Parallaxenbestimmung mit Hilfe der Cepheiden kann daher nicht auf die kurzperiodischen, galaktischen Cepheiden gegründet werden.* Wir besitzen zur Zeit noch keine einwandfreie Methode, deren Parallaxen direkt zu bestimmen. Es ist daher unbedingt nötig, die langperiodischen galaktischen Cepheiden mit hinzuzunehmen, da diese die einzige Möglichkeit darbieten, überhaupt einen Nullpunkt festzulegen.

Die Perioden-Helligkeitskurve der Cepheiden hat eine merkwürdige Eigenschaft: Für Perioden kleiner als 1 Tag verläuft sie immer mehr parallel mit der Periodenachse. Dies bedeutet, daß alle kurzperiodischen Cepheiden und die typischen Haufenveränderlichen nahezu konstante absolute Helligkeiten besitzen. Diese konstanten absoluten mittleren Helligkeiten (Mittel aus Minimum und Maximum) der kurzperiodischen Cepheiden bilden den Ausgangspunkt für die Methode der Ableitung von Haufenparallaxen aus der gemittelten Helligkeit der hellsten Sterne eines Haufens. Aus 183 Veränderlichen findet SHAPLEY die absolute photographische mittlere Helligkeit (bezogen auf $\pi = 0\rlap{.}{''}1$) der Haufenveränderlichen zu $- 0^{m}\!.23$. Wie die folgende Tabelle zeigt [2], scheint die Differenz zwischen der scheinbaren mittleren Helligkeit der kurzperiodischen Cepheiden eines Haufens und der gemittelten Helligkeit der 25 hellsten Sterne des gleichen Haufens, von Haufen zu Haufen nahezu konstant zu sein. (Daß es gerade die 25 hellsten Sterne sind, ist willkürlich und rührt aus praktischen Gründen her.)

---

[1] Vgl. Anm. 1, S. 17.
[2] Vgl. Anm. 1, S. 12.

Tabelle 7.

Name	Anz. Veränd.	Mittlere photogr. Helligkeit		Diff.	Gewicht (nach SHAPLEY)
		der 25 hellst. St.	der kurzper. Cepheiden		
M. 3	110	$14^m\!.23$	$15^m\!.50$	$1^m\!.27$	8
5	61	13.97	15.26	1.29	4
15	48	14.31	15.63	1.32	2
2	7	14.61	15.71	1.10	1
22	8	13.08	14.45	1.37	1
13	4?	13.75	15.3	1.5	0
ω Cent.	90	12.3	13.9	1.6	0 (?)

Mittel $1^m\!.28$

Leider ist auch hier das Material noch viel zu unvollständig, um das Bestehen eines wirklichen gesetzmäßigen Zusammenhanges erkennen zu können. Dieses statistische Ergebnis läßt sich bis zu einem gewissen Grade physikalisch begründen. Es folgt unmittelbar aus den beiden Annahmen: 1. Haufen, die kurzperiodische Cepheiden enthalten, sind gleich alt, und 2. In verschiedenen und gleich alten Haufen haben die hellsten Sterne durchschnittlich die gleiche Masse. Gegen diese Hypothesen erscheinen keine ernstlichen Bedenken zu bestehen. Solche entstehen erst, wenn man mit ihnen Parallaxen ableiten will für Haufen, die *keine* kurzperiodischen Cepheiden enthalten. Denn dann hört die Gültigkeit der ersten Hypothese auf. Streng genommen ist *die Methode der Parallaxenabschätzung aus der Helligkeit der hellsten Sterne also nur gültig für Haufen, die kurzperiodische Cepheiden enthalten,* ihr Wert also wesentlich kleiner, als SHAPLEY angenommen hat. Für diejenigen Haufen, die keine Cepheiden enthalten, von denen aber die Helligkeiten der hellsten Sterne gemessen sind, kann man kaum mehr als eine vorläufige Abschätzung der Entfernung erhalten, indem man nun[1]) die gemittelte absolute Helligkeit der 25 hellsten Sterne gleichsetzt der absoluten mittleren Helligkeit der kurzperiodischen Cepheiden, vermindert um die in der Tabelle angegebene gemittelte Differenz der scheinbaren Helligkeiten: $+ 1^m\!.28$. Dadurch ergibt sich für die hellsten Sterne aller Haufen die mittlere absolute photographische Helligkeit zu $- 1^m\!.51$. Den wahrscheinlichen Fehler der Differenz $M - m$ schätzt SHAPLEY auf weniger als $0^m\!.4$. Die Parallaxen der Haufen aus den hellsten Sternen würden sich dieser Angabe entsprechend mit einer Sicherheit von etwa 20 vH ergeben.

Trägt man endlich die *scheinbaren Durchmesser* der Haufen und ihre aus den hellsten Sternen gewonnenen Parallaxen in ein Koordinatensystem ein[2]), so erkennt man, daß die Durchmesser bei zunehmender Parallaxe wachsen, woraus man wohl schließen darf, daß

---

[1]) Vgl. Anm. 1, S. 12.
[2]) Vgl. Anm. 1, S. 6.

2*

die linearen Dimensionen der einzelnen Haufen nicht sehr voneinander verschieden sein können. Der Zusammenhang zwischen Parallaxe und scheinbarem Durchmesser ist jedoch nicht linear. Die Abweichung von der linearen Form erklärt SHAPLEY durch die charakteristische Verteilung der Helligkeit in den Haufen und ihre Wirkung auf die photographische Platte. Sie erklärt sich auf statistischem Wege [1]) (vgl. den folgenden Paragraphen) aus der Annahme, daß die wirklichen Durchmesser der Kugelhaufen um einen Mittelwert schwanken. Die gleichen statistischen Überlegungen erweisen es als unmöglich, daß die Parallaxendurchmesserkurve in den Nullpunkt des Koordinatensystems einmündet, wie es in SHAPLEYs Diagramm, das in Abb. 3 wiedergegeben ist, gezeichnet wurde. Man sieht aus der Abbildung, daß es keineswegs zwingend ist, die empirische Parallaxendurchmesserkurve durch den Ursprung des Koordinatensystems zu ziehen. Vielmehr können die Beobachtungen ebensogut durch eine Kurve dargestellt werden, die mehr der theoretischen Kurve entspricht, deren Verlauf in großen Zügen ebenfalls die Abbildung

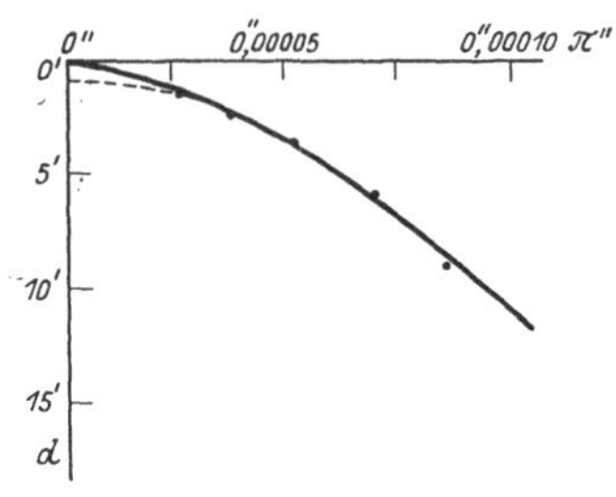

Abb. 3. Zusammenhang zwischen Parallaxe und scheinbarem Durchmesser der Kugelhaufen nach SHAPLEY.

wiedergibt (gestrichelte Kurve). Aus der guten Übereinstimmung beider Kurven darf man wohl schließen, daß die Hypothese gleicher linearer Dimensionen aller Haufen, wenigstens bei den Kugelhaufen, eine brauchbare Arbeitshypothese darstellt.

Bei den offenen Sternhaufen liegen die Verhältnisse zur Abschätzung ihrer Entfernung zunächst viel ungünstiger. Es gibt keinen offenen Haufen, der Veränderliche vom δ Cephei-Typus enthält. Man muß also hier einen wesentlich anderen Weg einschlagen. SHAPLEY versucht nun, die Hypothese gleicher linearer Dimensionen aller Haufen auf die offenen Sternhaufen auszudehnen. Und so beruhen die Abschätzungen SHAPLEYs für die Entfernungen der offenen Haufen auch auf einer Parallaxendurchmesserkurve [2]). Der Nullpunkt der Kurve wird dadurch festgelegt, daß bei 14 offenen Haufen eine Parallaxe abgeleitet wird aus gemessenen scheinbaren Helligkeiten und geschätzten absoluten Helligkeiten. Diese Schätzungen wurden auf Grund von beobachteten Farben oder Spektren oder beiden vorgenommen. Durch Ausmessen ihrer scheinbaren Durchmesser wird eine Parallaxendurchmesserkurve festgelegt, aus der sich nun die Parallaxen der übrigen Haufen ableiten lassen. Auch hier fehlt es an dem Material, das einen sicheren Nullpunkt für absolute Parallaxen liefern könnte. Es ist wohl kaum

[1]) Vgl. Anm. 4, S. 7.
[2]) Vgl. Anm. 3, S. 2.

erlaubt, die Hypothese gleicher linearer Dimensionen aller Haufen auch auf die offenen Sternhaufen anzuwenden, wie es SHAPLEY hier tut. Außerdem sind sehr viele offene Haufen in mehr oder weniger dichte Milchstraßenwolken eingebettet, ein Umstand, der die Homogenität von Durchmesserschätzungen stark stört. Die Grenze der offenen Haufen ist im allgemeinen nur wenig scharf definiert, im Gegensatz zu den typischen Kugelhaufen (vgl. Tafel I mit Tafel III). Es geht daraus hervor, daß die auf Grund der Durchmesserparallaxenrelation gefundenen Entfernungen von offenen Haufen als sehr unsicher zu betrachten sind.

SHAPLEY hat die Raumkoordinaten (bezogen auf die Milchstraßenebene) für 86 Kugelhaufen[1]), 70 offene Haufen[2]) und 139 Cepheiden[3]) berechnet. Diagramme für die räumliche Verteilung dieser Himmelsobjekte veranschaulichen die Resultate. Die scheinbare „complementary distribution" der Kugelhaufen und offenen Haufen bleibt auch im Raum bestehen. Innerhalb eines Abstands von 1750 Parsecs von der galaktischen Ebene kommen nur 2—3 Kugelhaufen vor. Die Kugelhaufen scheinen diese Zone völlig zu meiden. Alle offenen Haufen dagegen befinden sich innerhalb dieser Zone. Das gleiche gilt für die Cepheiden. Manche Hypothese ist aufgestellt worden zur Erklärung dieser auffallenden Erscheinung. Wenn sie der Wirklichkeit entspricht, so muß man die Frage nach der Ursache dieser Verteilung als bis jetzt unentschieden betrachten. Daß außerhalb einer Entfernung von 20 000 Parsecs in der äquatorialen Region weder Kugelhaufen noch offene Haufen vorkommen, scheint dafür zu sprechen, daß sich in dieser Entfernung dunkle Wolken befinden, die uns sowohl Kugelhaufen wie offene Haufen verdecken. Auch durch dynamische Gründe hat man versucht, diese merkwürdige Verteilung zu erklären. Man kann vielleicht sagen, daß die Möglichkeit des Bestehens der Kugelhaufen in der äquatorialen Zone aufhört, daß sie sich dort aufzulösen beginnen, und die sich in dieser Zone befindenden offenen Haufen nichts anderes sind, als eingewanderte, sich auflösende Kugelhaufen. Diese Spekulationen stehen und fallen mit der Richtigkeit der SHAPLEYschen Parallaxen. Nimmt man z. B. den doppelten Wert der SHAPLEYschen Parallaxen als der Wahrheit näherkommend an (Untersuchungen über die Helligkeit und Farbe der Haufensterne führen zu solchen Werten ebenso, wie die Korrektionen von WILSON und STRÖMBERG), so verwischt sich die complementary distribution schon stark. Solange, vor allem für die offenen Haufen, nur rohe Parallaxenschätzungen vorliegen, ist es fruchtlos, hieran weitere Schlußfolgerungen zu knüpfen.

---

[1]) Vgl. Anm. 2, S. 2.
[2]) Vgl. Anm. 3, S. 2.
[3]) SHAPLEY, H.: Studies VIII. The luminosities and distances of 139 Cepheid variables. Contrib. Mt. Wilson. Nr. 153. 1918.

§ 2. Die Methode Charliers.

Die Methode CHARLIERS berührt sich mit dem letzten Ansatz SHAPLEYS, aus einer Parallaxendurchmesserkurve Entfernungen für Sternhaufen abzuleiten, indem auch ihr *die Hypothese annähernd gleicher linearer Dimensionen aller Haufen zugrunde liegt.* Sie weicht jedoch wesentlich von SHAPLEYS Methode in der Bestimmung des Nullpunktes der Parallaxendurchmesserkurve ab. Während SHAPLEY diesen durch Anschluß an die mit Hilfe der Cepheiden gut bestimmten Parallaxen gewinnt, macht CHARLIER *die weitgehende Annahme, daß alle Sternhaufen zum engeren Sternsystem (local cluster) selbst gehören.* Der Nullpunkt ergibt sich dann aus der Hypothese, daß die Streuung der offenen Haufen und die der Kugelhaufen in der Richtung senkrecht zur Milchstraßenebene die gleiche sei, wie für das lokale System der B-Sterne. Wir wollen nun die Einzelheiten von CHARLIERS Methode noch näher betrachten.

Wenn alle Haufen die gleichen *absoluten* Durchmesser besitzen, so ist selbstredend die Entfernung umgekehrt proportional dem *scheinbaren* Durchmesser. Wie ist nun der Zusammenhang zwischen Entfernung und scheinbarem Durchmesser, wenn die Haufen nicht mehr alle gleiche absolute Durchmesser haben, sondern diese um einen mittleren Wert schwanken? Die Annahme, daß die *Kugelhaufen* nahezu die gleichen linearen Dimensionen haben, dürfte eine brauchbare Arbeitshypothese sein. Anders ist dies jedoch bei den *offenen Haufen*, worauf wir schon im vorigen Paragraphen hingewiesen hatten.

Wir wollen hier noch näher die elegante Lösung dieser Frage durch CHARLIER darstellen [1]. $\varphi_1(r)dr$ sei die Anzahl der Haufen, deren Entfernung zwischen den Grenzen $r \pm \frac{1}{2} dr$ liegt; $\varphi_2(D)dD$ sei die Zahl der Haufen, deren wirklicher Durchmesser zwischen den Grenzen $D \pm \frac{1}{2} dD$ liegt. $\varphi_2(D)$ setzt CHARLIER als unabhängig von der Entfernung voraus, so daß in jeder Entfernung die Verteilung der Durchmesser die gleiche ist; eine rein theoretische Annahme, die nicht näher geprüft werden kann. Sie findet ihr Analogon in der Stellarstatistik bei der Verteilungsfunktion der absoluten Leuchtkräfte. $\varphi_1(r) \cdot \varphi_2(D)\,dr\,dD$ gibt dann die Anzahl derjenigen Haufen an, die in einer Entfernung $r \pm \frac{1}{2} dr$ liegen, und deren Durchmesser zwischen den Werten $D + \frac{1}{2} dD$ und $D - \frac{1}{2} dD$ liegen.

Der scheinbare Durchmesser δ hängt mit dem wahren Durchmesser D durch die Gleichung

$$D = r\delta, \quad \text{somit } dD = r\,d\delta,$$

---

[1] Vgl. Anm. 4, S. 7.

zusammen. Die eben angegebene Anzahl kann also auch geschrieben werden:

$$\varphi_1(r) \cdot \varphi_2(r\delta) \cdot r\,dr\,d\delta.$$

Wir fragen nun nach der mittleren Entfernung für Haufen mit einem gegebenen scheinbaren Durchmesser. Man hat:

$$M_\delta(r) = \int\limits_0^\infty r^2\,\varphi_1(r)\,\varphi_2(r\delta)\,dr : \int\limits_0^\infty r\,\varphi_1(r)\,\varphi_2(r\delta)\,dr,$$

also abhängig von δ, aber im allgemeinen nicht umgekehrt proportional mit δ. CHARLIER untersucht die Form von $M(r)$ für sehr kleine und für große δ. Die Funktionen φ_1 und φ_2 seien so beschaffen, daß $\varphi_1(0) \neq 0$ und $\varphi_2(0) \neq 0$ werden, sondern bestimmte endliche Werte annehmen. Setzt man $\delta = 0$, so erhält man:

$$M_0(r) = \int\limits_0^\infty \varphi_1(r)r^2\,dr : \int\limits_0^\infty \varphi_1(r)r\,dr = K_1 = \overline{r^2} : \overline{r}, \tag{1}$$

K_1 ein bestimmter *endlicher* Wert.

Für große δ führt die Substitution $y = r\delta$ zum Ziele. Man hat:

$$M_\delta(r) = \frac{K_2}{\delta}, \text{ wo } K_2 = \int\limits_0^\infty \varphi_2(y) \cdot y^2\,dy : \int\limits_0^\infty \varphi_2(y) \cdot y\,dy = \overline{y^2} : \overline{y} \tag{2}$$

ist. CHARLIER findet so den Satz: *Der mittlere Wert der Entfernung eines Haufens kann, sobald der scheinbare Durchmesser groß ist, als umgekehrt proportional zum scheinbaren Durchmesser angenommen werden, nähert sich aber einer endlichen Grenze — wird also nicht unendlich —, wenn b immer kleiner wird.* Die auf diese Weise gefundene Parallaxendurchmesserkurve stimmt der Form nach gut mit der empirischen Kurve SHAPLEYs für die Kugelhaufen überein (vgl. Abb. 3, S. 20), eine schöne Bestätigung für die Brauchbarkeit der gemachten Arbeitshypothese.

Um die Distanzdurchmesserkurve zu erhalten, ist es somit notwendig, die Häufigkeitsfunktion der Haufen sowohl in bezug auf ihre Entfernung, als auch in bezug auf ihre absoluten Durchmesser zu kennen. Der praktische Weg wäre der[1]), daß man in erster Näherung die Entfernungen der Haufen umgekehrt proportional ihren scheinbaren Durchmessern setzt und dadurch eine genäherte Funktion $\varphi_1(r)$ erhält. Damit läßt sich numerisch die Konstante K_1 finden, und hieraus kann man dann Verbesserungen für die gerechneten Entfernungen ableiten. Wegen der verhältnismäßig geringen Anzahl von Haufen und wohl auch, weil bei keinem der scheinbare Durchmesser sehr klein ist, hat CHARLIER die Rechnungen, sowohl bei den offenen, als auch bei den Kugelhaufen nicht weiter als bis zur ersten Näherung durchgeführt.

---

[1]) Vgl. Anm. 4, S. 7.

Da man mit einer nennenswerten Vermehrung des Materials der offenen Haufen und Kugelhaufen durch neue Entdeckungen nicht rechnen kann[1][2]), so wird sich die von CHARLIER benutzte Anzahl von 142 offenen Haufen und 75 Kugelhaufen nicht in der Weise vergrößern lassen, daß man von einer zweiten Näherung erfolgreich wird Gebrauch machen können. Auch hier zeigt es sich, daß unserer weiteren Forschung durch den Mangel an Beobachtungsmaterial, selbst bei der Ableitung relativer Parallaxen, eine Grenze gesteckt ist.

Nachdem für jeden Haufen die sphärischen Koordinaten bezogen auf das galaktische System

$$\xi = \cos b \cdot \cos l \qquad \eta = \cos b \cdot \sin l \qquad \zeta = \sin b$$

(b = galaktische Breite; l = galaktische Länge) gerechnet sind, bestimmen sich die rechtwinkligen Koordinaten in erster Näherung aus den Gleichungen:

$$x = \frac{100}{\delta} \cdot \xi \varepsilon \qquad y = \frac{100}{\delta} \cdot \eta \varepsilon \qquad z = \frac{100}{\delta} \cdot \zeta \varepsilon.$$

δ ist der scheinbare Durchmesser, ε, der Skalenwert, legt die Größenordnung der absoluten Parallaxen fest und ist noch näher zu bestimmen. Dies geschieht auf verschiedene Weise für das System der offenen Haufen und das der Kugelhaufen. CHARLIER findet bei den *offenen Haufen* aus den Koordinaten ξ, η, ζ, daß ihr Zentrum in die Richtung nach dem Zentrum der B-Sterne fällt. Damit ergeben sich zwei Arten der Bestimmung des Skalenwertes: 1. durch die Hypothese, daß das System der offenen Haufen das gleiche Zentrum besitze, wie das System der B-Sterne und 2. durch die Hypothese, daß sich die offenen Haufen mit der gleichen Streuung senkrecht zur galaktischen Ebene ausbreiten, wie die B-Sterne. Beide Annahmen enthalten die Voraussetzung, daß die offenen Sternhaufen zum engeren Sternsystem (local cluster) selbst gehören, während SHAPLEYs Parallaxen darauf hindeuten, daß die offenen Haufen zwar im Mittel uns näher sind als die Kugelhaufen, aber doch zum großen Teil außerhalb des allgemeinen Sternsystems stehen. *Die SHAPLEYsche Bestimmung des Nullpunktes läßt für die Größenordnung der Parallaxen sicher mehr Möglichkeiten zu als diejenige CHARLIERS, die die Lage der Haufen von vornherein auf den Raum des lokalen Haufens der B-Sterne beschränkt.*

Bei der Berechnung der Parallaxen der Kugelhaufen weicht die Bestimmung des Skalenwertes von derjenigen bei den offenen Haufen ab. Das Zentrum der Kugelhaufen liegt in einer Richtung, die senkrecht steht auf der Richtung nach dem Zentrum der B-Sterne. Es ist deshalb hier, was übrigens schon die scheinbare Verteilung der

---

[1]) Vgl. Anm. 1, S. 2.
[2]) BAILEY, S. J.: Globular clusters. Ann. of the astron. observ. of Harvard College. Bd. 76, S. 43. 1915.

Kugelhaufen am Himmel wahrscheinlich macht, nicht möglich, für beide Systeme ein gemeinsames Zentrum anzunehmen. Durch die *Annahme, daß die Kugelhaufen zum Sternsystem selbst gehören*, erhält CHARLIER die Möglichkeit, den Skalenwert dadurch abzuleiten, daß die Streuung der Kugelhaufen senkrecht zur Milchstraßenebene wieder hypothetisch gleichgesetzt wird derjenigen der B-Sterne. Dadurch schalten Parallaxenwerte von der Größenordnung der SHAPLEYschen Parallaxen von vornherein aus. Es ist deshalb auch nicht möglich, die Resultate CHARLIERS mit denjenigen SHAPLEYS zu vergleichen. Die Folgerungen, die die beiden Astronomen aus ihren Parallaxen ziehen, widersprechen sich vollkommen, wie wohl am deutlichsten die Gegenüberstellung der folgenden Sätze zeigt:

CHARLIER (Medd. Lund Ser. II, Nr. 19, S. 34): We conclude, that the stars in the globular clusters all are to be considered as dwarf stars, less luminous than the majority of stars, for which till now the absolute magnitude has been determined.

SHAPLEY (Mt. Wilson Contr. Nr. 166, S. 65): Doubtless we are discussing the giant stars, and only the giants among a throng of hundreds and thousands.

Wie kommt CHARLIER zur Annahme, daß die Kugelhaufen zum Sternsystem selbst gehören? Eine Hauptstütze seiner Hypothese erblickt er in der analogen Verteilung der planetarischen Nebel am Himmel[1]), die auch eine, aber keine so ausgeprägte Häufung bei der galaktischen Länge von etwa 320° zeigen, wie die Kugelhaufen, und von denen man wohl mit Sicherheit sagen kann, daß sie zum engeren Sternsystem gehören. Andererseits kommen auf einer Halbkugel des Himmels, die 15 vH aller Kugelhaufen enthält, mehr als 40 vH aller planetarischen Nebel vor[2]). Weiter schließt CHARLIER, daß die Tatsache, daß die Milchstraßenebene Symmetrieebene in der Verteilung der Kugelhaufen ist, für die Annahme spreche, daß die Kugelhaufen zum Sternsystem selbst gehören. Er meint, wenn das Sternsystem selbst nur ein Kugelhaufen im System der Kugelhaufen wäre, so sei die Rolle der Milchstraßenebene als Symmetrieebene nicht einzusehen. Dem ist entgegen zu halten, daß selbst Parallaxen von der Größenordnung der SHAPLEYschen die Kugelhaufen immer noch nicht als dem Sternsystem *koordinierte* Syteme, in bezug auf ihre linearen Dimensionen erscheinen lassen. Vielmehr ist auch nach SHAPLEY das Sternsystem ein System von viel gewaltigeren Ausmaßen, als die einzelnen Kugelhaufen.

Daß SHAPLEY in Kugelhaufen einen großen Prozentsatz von Sternen mit negativen Farbenindizes gefunden hat, scheint mehr für große,

---

[1]) Vgl. Anm. 4, S. 7.

[2]) LUNDMARK, K.: Die Stellung der kugelförmigen Sternhaufen und Spiralnebel zu unserem Sternsystem. Astron. Nachr., Kiel. Bd. 209, S. 369. 1919.

als für kleine Entfernungen der Kugelhaufen zu sprechen. CHARLIER schließt auf Grund von Untersuchungen über den Zusammenhang von Farbenindex und Spektraltypus, daß die Sterne in den Kugelhaufen kaum blauer sind, als die Typen $B8$ oder $B9$, und hier könne man — auf Grund der besonderen Umstände in Kugelhaufen, wohl der großen Sterndichte und den damit verbundenen häufigen Zusammenstößen — Zwergsterne der absoluten Helligkeit $+ 8^{m}.57$ (bezogen auf $\pi = 0.''1$) erwarten, eine Helligkeit, die CHARLIER als mittlere Helligkeit der hellsten Sterne in Kugelhaufen angibt. Es wären also dann die Kugelhaufen aus „weißen Zwergen" von der Art des Siriusbegleiters zusammengesetzt. Ein weiterer Einwand gegen CHARLIERS große Parallaxen ist der folgende: Sollten die Kugelhaufen uns so verhältnismäßig nahe stehen, so müßten sie doch merkliche Eigenbewegungen besitzen, da aus der Größe ihrer Radialgeschwindigkeiten auf eine große Geschwindigkeit der Haufen im Raum zu schließen ist. Man kommt so zu einem Widerspruch mit der vollkommenen Erfolglosigkeit jeder Feststellung von E.B. Vielleicht ergeben sich noch tiefere Widersprüche aus den Farbenhelligkeitsdiagrammen der Haufen M. 13 und M. 3, auf die wir noch zurückkommen werden.

Die Benützung der scheinbaren Durchmesser der Sternhaufen als ein Maß für ihre Entfernung liegt auf der Hand. Bei genauerer Betrachtung bietet jedoch diese Methode größere praktische Schwierigkeiten, als man zunächst denken sollte. Die erste und Hauptforderung ist natürlich die eines einheitlichen Beobachtungmaterials zur Schätzung der Durchmesser, wozu sich wohl die FRANKLIN-ADAMS-Karten am besten eignen. Ein anderer Weg, der bei den Kugelhaufen gangbar erscheint — und für offene Haufen ist die Bestimmung von Parallaxen aus den Durchmessern ohnehin zu verwerfen —, wären extrafokale Aufnahmen der Sternhaufen bei gleicher Expositionsdauer; obwohl die Überwindung der bekannten Schwierigkeiten der photographischen Vergleichung verschieden heller Objekte nicht leicht ist. Wie verschieden die Durchmesser der Kugelhaufen geschätzt worden sind, zeigt die folgende Zusammenstellung:

Tabelle 8.

N.G.C.	Bailey	Melotte	Shapley	B/S	M/S
104	30′	42′	27′.6	1.09	1.52
288	10	12	4.4	2.27	2.73
4372	15	12	9.3	1.61	1.29
5139	35	45	28.0	1.25	1.61
5272	12	18	8.3	1.45	2.17
6205	15	12	11.0	1.36	1.09
6266	5	8	5.9	0.85	1.35
6656	12	20	17.5	0.69	1.14

Dabei wurden hier Haufen ausgewählt, die zum Teil schon mehrfach und eingehend studiert worden sind. Es ist anzunehmen, daß jeder

Beobachter sein Material so einheitlich wie möglich gewählt hat. Im idealen Falle müßten alle Verhältnisse BAILEY/SHAPLEY (B/S) ebenso wie MELOTTE/SHAPLEY (M/S) unter sich gleich sein. Die großen Sprünge, die vorkommen, bei BAILEY/SHAPLEY von 2.27 bis 0.69, bei MELOTTE/ SHAPLEY von 2.73 bis 1,09 zeigen, wie außerordentlich schwierig die Schätzungen sind, und wie man nicht sorgfältig genug bei der Sichtung des Materials vorgehen kann.

Neben diesen rein praktischen Schwierigkeiten besteht eine weitere Schwierigkeit darin, daß wir in keiner Weise abschätzen können, wie der scheinbare Durchmesser eines Haufens von einer, vielleicht vorhandenen, Absorption des Lichtes beeinflußt wird. Sie hätte — bei konstanter Absorption von Haufen zu Haufen — keinen Einfluß, wenn die Flächenhelligkeit der Kugelhaufen konstant wäre vom Zentrum bis zum Rand. Denken wir uns in Abb. 4 den wahren Abfall der Flächenhelligkeit des Haufens (ohne Absorption) vom Zentrum zum Rand gezeichnet (ausgezeichnete Kurve), so gibt die Abszisse desjenigen Kurvenpunktes, bei dem die Kurve anfängt horizontal zu verlaufen, den Radius der Projektion des Haufens an. Bei stattfindender Absorption wollen wir die zwei Extremfälle unterscheiden: 1. Das Licht der Vordergrundsterne erleidet die gleiche Absorption wie das der Haufensterne, und 2. das Licht der Haufensterne erleidet eine

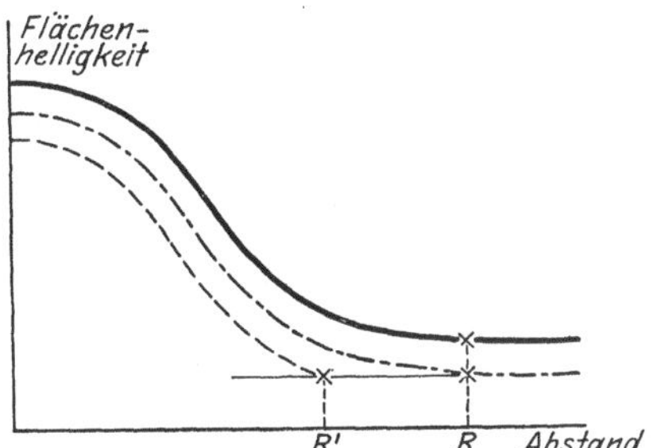

Abb. 4. Abhängigkeit der scheinbaren Begrenzung eines Haufens von der Absorption. Erklärung im Text.

stärkere Absorption, etwa dadurch, daß der Haufen außerhalb des Sternsystems steht und sich zwischen ihm und dem Sternsystem noch absorbierende Medien befinden. Der Fall, daß die Absorption abhängig ist von der Entfernung von der Sonne liegt zwischen beiden Fällen.

Im ersten Falle sind alle Ordinaten um das gleiche Stück zu verkleinern (strichpunktierte Kurve). Dies bedeutet einfach eine Verschiebung der r-Achse nach oben und verändert den scheinbaren Durchmesser nicht. Im zweiten Falle dagegen müssen wir die Flächenhelligkeit vom Maximum bis zum Punkte R vermindern um einen konstanten Betrag, der größer ist als derjenige, um welchen die Flächenhelligkeit der Vordergrundsterne vermindert werden muß (gestrichelte Kurve). Praktisch zeigt sich dies darin, daß der Radius verkleinert wird um das Stück RR'. Die Größe der Verkleinerung bei verschiedenen Haufen hängt bei gleicher Absorptionswirkung wesentlich ab vom Helligkeitsgesetz. Je rascher der Helligkeitsabfall ist, desto kleiner ist die Verkürzung des scheinbaren Durchmessers durch die Absorption. Eine weitere Komplikation entsteht dadurch, daß die Kurve der Flächen-helligkeit, insbesondere die Lage des Punktes R, abhängig sein wird von der Dauer der Exposition. Gibt z. B. die Platte bei einer bestimmten Expositionszeit gerade noch alle Vordergrundsterne, dann erhält man als Grenze des Haufens diejenige, welche der mittleren scheinbaren Dichte der innergalaktischen Sterne entspricht. Eine Verlängerung der Exposition bringt dann nur noch Haufensterne auf die Platte, vor allem die schwachen Randsterne, so daß der Durchmesser zunimmt.

§ 3. Die Methode von Kapteyn-Schouten.

KAPTEYN hat eine Methode angegeben[1]), wie man die Parallaxe eines Sternhaufens ableiten kann unter der Voraussetzung, daß *die Häufig-keitskurve der absoluten Leuchtkräfte, wie sie sich für die nähere Umgebung der Sonne ergibt, überall im Weltall die gleiche* sei. Die Methode beruht darauf, daß bei einer Gruppe von Sternen, die alle praktisch in der gleichen Entfernung von uns sind (wie dies bei den Sternhaufen der Fall ist), die Häufigkeitskurve der scheinbaren Helligkeiten die gleiche Form hat, wie die der absoluten Helligkeiten. Indem man beide Kurven zur Deckung bringt, erhält man die zu den scheinbaren Helligkeiten gehörenden absoluten Helligkeiten. SCHOUTEN hat diese Methode in etwas geänderter Form in einigen Arbeiten auf Kugelstern-haufen und offene Haufen zur Parallaxenbestimmung angewandt[2])[3]).

Unter der gemachten Hypothese der allgemeinen Gültigkeit der KAPTEYNschen Häufigkeitskurve der absoluten Leuchtkräfte braucht man durch Sternzählungen in Sternhaufen offenbar nur das Verhältnis $\dfrac{A_{m+1}}{A_m}$ zu bestimmen, wo A_m die Anzahl der Sterne ist, die heller sind, als diejenigen der scheinbaren Helligkeit m. Durch Vergleich dieser Verhält-nisse mit den Quotienten $\dfrac{A_{M+1}}{A_M}$, wie sie sich aus der KAPTEYNschen Kurve finden, erkennt man, welches M zu einem gegebenen m gehört. Aus der Gleichung

$$M = m + 5 + 5 \log \pi$$

ergibt sich dann sofort die Parallaxe π.

Die Parallaxen, die auf diese Art gefunden wurden, sind, wie die folgende Zusammenstellung zeigt, alle bedeutend größer als diejenigen, die SHAPLEY angibt.

---

[1]) KAPTEYN, J. C.: On the individual parallaxes of the brighter galactic Helium-stars in the sonthern hemisphere, together with considerations on the parallax of stars in general. Contrib. Mt. Wilson. Nr. 82. 1914.

[2]) SCHOUTEN, W. J. A.: On the parallax of some stellar clusters. Amsterdam Proc. Bd. 20, S. 1108; Bd. 21, S. 36. 1918.

[3]) Derselbe: Über die Parallaxe einiger Sternhaufen. Astron. Nachr., Kiel. Bd. 208, S. 317. 1919.

Tabelle 9.

Messier	π Schouten	π Shapley	$\pi_{\text{Sch.}}/\pi_{\text{Sh.}}$
3	0″.00055	0″.000072	7.6
5	0005	000080	6.0
11	00055	00014	3.9
13	00075	000090	8.3
36	005	0002	25.0
37	0025	0004	6.2
46	002	0005	4.0
52	0003	00016	1.9
67	001	00025	4.0

Die Verhältnisse $\pi_{\text{Sch.}}/\pi_{\text{Sh.}}$ scheinen keine Abhängigkeit vom Typus der Haufen zu zeigen.

Wenn mit Hilfe von verschiedenen $\dfrac{A_{m+1}}{A_m}$ immer die gleichen Parallaxen gefunden werden, so berechtigt dies zur Annahme, daß die Arbeitshypothese, die allgemeine Gültigkeit des KAPTEYNschen Gesetzes, richtig sei, aber doch nur dann, wenn ein genügend großes Intervall der m vorliegt. In den Sternhaufen ist das Helligkeitsintervall der vermessenen Sterne seltener größer als vier Größenklassen. Dabei wird man die hellsten und schwächsten Sterne aus den Rechnungen ausschließen müssen; die hellsten, weil man nicht sicher weiß, ob sie wirkliche Glieder des Haufens sind und weil bei ihrer an sich geringen Zahl die Mitnahme eines oder mehrerer falschen Sterne die Ergebnisse stark verfälscht; die schwächsten, weil es nicht bestimmt ist, ob die Platte alle Sterne dieser kleinsten Helligkeit zeigt und auszumessen gestattet. Die Zählungen werden sich, wenn man zuverlässige Resultate erhalten will, auf die mittleren Größenklassen beschränken müssen, und werden dann selten mehr als drei Größenklassen umfassen. Ob man aber, wenn bei einem so kleinen Helligkeitsintervall die aufeinanderfolgenden Quotienten $\dfrac{A_{m+1}}{A_m}$ gleiche Parallaxen liefern, auf Identität der Verteilungsfunktionen der Leuchtkräfte bei den Kugelhaufen und den Sternen der Umgebung der Sonne schließen kann, ist sehr zweifelhaft. Seit die Arbeiten SCHOUTENS erschienen sind, haben auch die Untersuchungen über die Häufigkeitsfunktion der Leuchtkräfte in den Sternhaufen, vor allem durch die Arbeiten SHAPLEYS[1][2] Fortschritte gemacht. Nach den Häufigkeitskurven, die SHAPLEY für die Haufen M. 2, 3, 5, 13, 15 und 68 angibt, die alle ein ausgesprochenes sekundäres Maximum zeigen, scheint es sicher zu sein, daß diese Kurven merklich von einer einfachen Fehlerkurve abweichen, was doch die KAPTEYNsche Häufigkeitskurve ist. Die

---

[1] SHAPLEY, H.: Studies X. A critical magnitude in the sequence of stellar luminosities. Contrib. Mt. Wilson. Nr. 155. 1918.

[2] Vgl. Anm. 7, S. 4.

Frage, ob das sekundäre Maximum bei SHAPLEYs „kritischer Helligkeit in der Sternentwicklung" herrührt von fehlenden Nachbarsternen oder von einem tatsächlichen Überschuß an Sternen der kritischen Helligkeit, ist dahin gelöst worden, daß es in den Sternhaufen eine reelle Anhäufung von Sternen einer kritischen Helligkeit gibt[1][2]. Ferner hat eine Untersuchung der Plejaden und des Haufens h Persei gezeigt, daß das Helligkeitsgesetz von h Persei vollkommen von dem KAPTEYN-schen abweicht, und bei den Plejaden sich eine Abweichung im selben Sinne ergibt, sobald genügend schwache Sterne mitgenommen werden[3]. v. ZEIPEL hat aus mehreren Platten von Messier 3 das Häufigkeitsgesetz $A(m)$ der Helligkeiten der Haufensterne abgeleitet[4]. Nach KAPTEYN gilt

$$\frac{dA(M)}{dM} = K \cdot e^{-h^2(M - M_0)^2}.$$

Bei M. 3 ist aber (wie v. ZEIPEL zeigt) $[\log A(m)]^2$ eine *lineare* Funktion von m, das heißt man hat

$$\log A(m) = a\sqrt{m - m_0}$$

oder

$$A(m) = K \cdot e^{a\sqrt{m - m_0}},$$

also ein Verteilungsgesetz der Leuchtkräfte, das mit demjenigen von KAPTEYN gar keine Ähnlichkeit hat. Auch bei verschiedenen anderen Haufen, darunter M. 11, hat sich das ZEIPELsche und nicht das KAPTEYNsche Häufigkeitsgesetz ergeben[5]. Von KOPFF sind in neuester Zeit Untersuchungen über die Häufigkeitsfunktion beim Kugelhaufen M. 13 veröffentlicht worden[6]. Wir führen hier seine Tabelle III an:

Anzahl schwacher Sterne bei M. 13.

Scheinbare Helligkeit	Abzählung	Nach Kapteyn $(\pi = 0.''0003)$	Überschuß
bis 17^m3	2046	2076	—
19	9150	5670	61 vH
20	14028	8696	61 vH
21	—	11980	—

Sie zeigt (die Zahlen unter Abzählung sind nach KOPFF bestimmt nicht zu hoch angesetzt), wie bedeutend das Verteilungsgesetz der

---

[1] TEN BRUGGENCATE, P.: Die Verteilungsfunktion der absoluten Leuchtkräfte. Naturwissenschaften. Jg. 12, S. 736. 1924.

[2] PANNEKOEK, A.: Luminosity function and brightness for clusters and galactic clouds. Bull. of the astron. inst. of the Netherlands. Bd. 2, S. 5. 1923.

[3] Vgl. Anm. 3, S. 5.

[4] v. ZEIPEL, H.: La loi des luminosités dans l'amas globulaire M. 3. Ark. math. astron. fys. Bd. 11, Nr. 22. 1916.

[5] Vgl. Anm. 2, S. 25.

[6] KOPFF, A.: Über die Häufigkeitsfunktion beim Sternhaufen M. 13. Astron. Nachr.. Kiel. Bd. 219, S. 311. 1923.

schwachen Sterne von einer KAPTEYNschen Häufigkeitskurve abweicht. Nach all diesen Untersuchungen müssen wir somit schließen, daß Parallaxen von Haufen, die sich auf die KAPTEYNsche Häufigkeitskurve stützen, kein großes Vertrauen beanspruchen können. Es sei noch hinzugefügt, daß die Hypothese der allgemeinen Gültigkeit des KAPTEYNschen Verteilungsgesetzes für beliebige Sterngruppen physikalisch kaum haltbar ist. Es ist ohne weiteres klar, daß das Verteilungsgesetz der Leuchtkräfte der Sterne einer Gruppe eine Funktion ihres Alters sein muß. Da man hinreichende Gründe hat, nicht allen Sterngruppen ein gleiches Alter zuzuschreiben, so ergibt sich sofort, daß die KAPTEYN-SCHOUTENsche Hypothese nicht allgemein zutreffen kann.

§ 4. Vergleich der Hypothesen der einzelnen Methoden auf Grund von Farbenhelligkeitsdiagrammen.

a) Farbenhelligkeitsdiagramme. Die auffallenden Erscheinungen, die SHAPLEY für einige Kugelhaufen gefunden hat, daß die Sterne desto heller sind, je röter ihre Farbe ist, und daß eine Art kritischer Helligkeit zu bestehen scheint, bei der die Häufigkeitskurve der absoluten Leuchtkräfte ein sekundäres Maximum zeigt, sind wohl eines eingehenden Studiums wert, um so mehr, als sie uns manchen Schluß ermöglichen über die Gültigkeit der Hypothesen, die in den verschiedenen Methoden zur Abschätzung von Haufenparallaxen gemacht worden sind. Zu diesem Zweck wurden für die Kugelhaufen M. 3 und M. 13, und die offenen Haufen M. 11, M. 37 und M. 67 Farbenhelligkeitsdiagramme (F.H.D.) entworfen, die in ihrer Anlage übereinstimmen mit dem bekannten RUSSELLschen Diagramm. Als Abszissen sind die Farbenindizes, als Ordinaten die scheinbaren photovisuellen Helligkeiten gewählt. Die Diagramme stellen somit die statistische Verteilung der Helligkeiten und Farben von Sternen in einzelnen Sternhaufen dar. Sie sind in den Abb. 21—26 wiedergegeben und werden im IV. Abschnitt ausführlicher behandelt werden. Hier übernehmen wir gewisse Auffassungen, die dort erst ihre eingehende Begründung erfahren werden. Die Daten sind den folgenden Arbeiten entnommen:

Messier 13: SHAPLEY, Thirteen hundred stars in the Herculis cluster. Mt. Wilson Contr. 116.

Messier 3: SHAPLEY, Photometric catalogue of 848 stars in M. 3. Ebenda 176.

Messier 11: SHAPLEY, The galactic cluster M. 11. Ebenda 126.

Messier 37: V. ZEIPEL, Photometrische Untersuchungen der Sterngruppe M. 37. K. Sv. vet. ak. hdl. Bd. 61, Nr. 15. 1921.

Messier 67: SHAPLEY, A catalogue of 311 stars in M. 67. Mt. Wilson Contr. 117.

Bei M. 13 fehlt es leider an vermessenen schwachen Sternen zwischen $16^{m}.0$ und $17^{m}.0$ photovisuell, so daß die Schlüsse, die daraus, vor allem auch in den folgenden Abschnitten, gezogen werden, nicht als endgültig angesehen werden können. Sie sollen nur ein Bild geben von einer neuen Art, in die physikalischen Zustände der Sternhaufen einzudringen. Der Zukunft bleibt es überlassen, den Weg weiter auszubauen.

Wir wollen nun die Diagramme für die Sternhaufen vergleichen mit dem F.H.D für das Sternsystem, das in Abb. 19 wiedergegeben ist. Dieses zeigt, daß sich die Riesensterne unserer Umgebung im großen und ganzen in einem horizontalen Ast anordnen und daß sich der Ast der Zwerge zwischen den Spektralklassen $A\,0$ und $F\,0$ etwa bei der absoluten Helligkeit $+\,2^{m}\!.0$ nach rechts unten (im Sinne abnehmender Leuchtkraft und röter werdender Farbe) loslöst. Hat man einen Doppel- oder mehrfaches Sternsystem, bei welchem die einzelnen Komponenten Riesen sind, aber verschiedene Masse besitzen, so ist eine bekannte Erscheinung, daß die Verbindungslinien der Komponenten im F.H.D. eine schräge Stellung besitzen in dem Sinne, daß die kleinere Masse (kleinere absolute Leuchtkraft) der größeren in der Richtung M »→ B vorausgeht[1]). Stellt man sich nun eine Gruppe von sehr vielen gleich alten Sternen vor, und zeichnet für eine solche Gruppe das F.H.D., so wird sich ganz analog kein horizontal verlaufender, sondern ein geneigter Ast der Riesen ergeben. Wir wollen den geneigten Ast der Riesensterne oder die zunehmende Helligkeit bei röter werdender Farbe geradezu als Kriterium für eine Gruppe gleich alter Sterne ansehen. Dies setzt voraus, daß ein normaler Stern sich vom roten Riesen über den blauen Riesen zum roten Zwerg entwickelt. Auch hier ist auf den vierten Abschnitt zu verweisen. Übrigens werden dort noch weitere Kriterien angeführt, die auf ein gleiches Alter aller Sterne eines Sternhaufens schließen lassen. *Bei verhältnismäßig jungen Sterngruppen ist es sehr wohl denkbar, daß ihr F.H.D. nur den geneigten Ast der Riesen zeigt und ein Zwergast noch gar nicht vorhanden ist.*

Die F. H. D. für Sternhaufen werden natürlich mehr oder weniger beeinflußt durch fremde Sterne, die keine wirklichen Glieder der Gruppe sind. Die Störungen werden besonders groß bei den ganz offenen Haufen. Bei diesen werden sich zuverlässige Schlüsse erst dann aus dem F.H.D. ziehen lassen, wenn es gelungen ist, auf Grund gemessener E. B. die Haufensterne von den Vordergrundsternen zu trennen.

Die Diagramme der Kugelhaufen M. 3 und M. 13 (Abb. 21 und 22) zeigen ganz deutlich das Kriterium einer Gruppe gleich alter Sterne. Das gleiche zeigt auch der Haufen M. 11 (Abb. 24) und auch noch — aber weniger deutlich — der offene Sternhaufen M. 37 (Abb. 25). Es ist wohl anzunehmen, daß dieser Haufen, der in der Aurigawolke eingebettet liegt, schon eine beträchtliche Anzahl fremder eingefangener Sterne verschiedenen Alters enthält, wodurch dann sofort eine viel gleichmäßigere Verteilung der Riesensterne nach Helligkeit und Farbe

---

[1]) Vgl. die Figur in Naturw. 1923, S. 323.

entsteht. Dies ist zweifellos der Fall bei M. 67 (Abb. 26), wo jedes Kriterium für den gemeinsamen Ursprung der Haufensterne fehlt. Das F.H.D für M. 67 bestätigt deshalb die Vermutung Shapleys[1]), daß M. 67 etwas anderes ist als die gewöhnlichen offenen Haufen, nämlich nur eine Verdichtung in einem gewöhnlichen Sternfeld. Durch diese kurzen Andeutungen soll gezeigt werden, wie *mit Hilfe der F.H.D. in der Klassifikation der Sternhaufen vielleicht ein kontinuierlicher Übergang gewonnen werden kann von den stark konzentrierten Kugelhaufen bis zu den offensten Sterngruppen.*

Als Beispiel sei die Klassifikation von Messier 11, dem reichen Sternhaufen im Sobieskischen Schilde, gewählt. Charlier rechnet Messier 11 zu den Kugelhaufen[2]), während Shapley ihn als offenen Haufen klassifiziert, beide auf Grund seines scheinbaren Aussehens. Man vergleiche die Bilder auf Tafel I und IV. Ein Vergleich des entsprechenden F.H.D. mit einem der Diagramme, die typischen Kugelhaufen angehören, zeigt, daß M. 11 kein typischer Kugelhaufen sein kann. Er steht, wie der weitere Vergleich mit dem F.H.D. für den offenen Haufen M. 37 zeigt, zwischen den typischen Kugelhaufen und den typischen offenen Haufen.

Bei M. 11, der noch am meisten Verwandtschaft mit den typischen Kugelhaufen zeigt, hat das F.H.D. einen nach rechts unten verlaufenden Ast von Sternen, der sich zwischen a 5 und f 5 vom geneigten Riesenast loslöst. Dieser Ast stellt den Ast der Zwergsterne des Haufens dar. Bei M. 37 liegt eine ganz ähnliche Erscheinung vor; der Ansatz der Zwergsterne ist mehr nach der blauen Seite zu verschoben, entsprechend der bedeutend größeren Anzahl früherer Spektraltypen in M. 37 im Vergleich zu M. 11. (Nach einer eingehenden Untersuchung von Trümpler[3]) scheinen die Shapleyschen Farbenindizes der hellen Sterne in M. 11 systematisch zu groß zu sein. Das F. H. D. von M. 11 dürfte daher noch mehr mit demjenigen von M. 37 übereinstimmen.) Hier sind die Sterne schwächer als $13^m.5$ bestimmt Zwerge.

Auf Grund der F.H.D. können wir nun die Hypothesen von Shapley, Charlier und Schouten vergleichen. — Bei der Bestimmung *relativer* Parallaxen nach Shapleys Methode geht entweder die Hypothese ein, daß die Cepheiden der einzelnen Haufen physikalisch identisch seien, oder man setzt die Vergleichbarkeit der Riesensterne der Haufen voraus. Die große Ähnlichkeit der F.H.D. von M. 13 und M. 3 scheint für diese Arbeitshypothese zu sprechen. Was die Bestimmung *absoluter* Parallaxen betrifft, so liegt ihr die natürliche, nicht weiter zu prüfende Hypothese der Vergleichbarkeit aller Riesensterne, wo sie sich auch im Universum befinden mögen, zugrunde;

---

[1]) Vgl. Anm. 15, S. 3.
[2]) Vgl. Anm. 4, S. 7.
[3]) Vgl. Anm. 16, S. 3.

eine Hypothese, deren Berechtigung kaum angezweifelt werden wird. Es liegen somit keine Bedenken gegen die Grundhypothese Shapleys vor. Nach Charlier müßten wir die Sterne der Kugelhaufen als Zwerge ansehen. Dann ergibt sich aber ein völliger Widerspruch zwischen dem Zusammenhang von Helligkeit und Farbe bei den Zwergen der Kugelhaufen und denen des Sternsystems. Nach allen empirischen Untersuchungen steht es außer Zweifel, daß die Zwerge des Sternsystems an Helligkeit abnehmen, je röter ihre Farbe ist. Die Diagramme für Kugelhaufen würden aber genau das Gegenteilige für die Zwerge der Sternhaufen zeigen. Charliers Parallaxen dürften somit schon aus diesem Grunde viel zu groß sein. Was die Methode Schoutens anbetrifft, so zeigt der Vergleich der F.H.D. für die einzelnen Sternhaufen untereinander und mit dem F.H.D. des Sternsystems sofort die Unhaltbarkeit der hier gemachten Arbeitshypothese. Wir haben es bei den Sternhaufen mit Gruppen von Sternen ausgewählter Eigenschaften zu tun, nicht mit einer Durchmischung, die, wie im Sternsystem, auf „zufällige" Verteilungen führt. *Die F.H.D. der Sternhaufen sprechen also eindeutig für die Richtigkeit der Größenordnung der Parallaxen Shapleys.*

b) Die Ableitung der Haufenparallaxen aus den F.H.D. Die überraschende Ähnlichkeit des F.H.D. von M. 37 mit dem Diagramm für die Sterne des Sternsystems, wie es z. B. im Annual Report of the Director of the Mt. Wilson Obs. für 1921 sich findet, legt die Möglichkeit nahe, die F.H.D. von Sternhaufen zu Parallaxenabschätzungen zu benutzen.

Wenn auch hinsichtlich der Farbe der Ansatz des Zwergastes bei den Haufen M. 11 und M. 37 etwas variiert — eben abhängig von der Reichhaltigkeit der Sterngruppe an blauen Spektraltypen, oder (nach Trümpler) verursacht durch einen systematischen Fehler in den Farbenindizes der hellen Sterne von Messier 11 — so scheint doch die Hypothese, daß *die Ablösung des Zwergastes vom Ast der Riesen bei allen Haufen bei der gleichen absoluten Helligkeit geschieht wie bei den Sternen des Sternsystems*, große Wahrscheinlichkeit zu besitzen und jedenfalls brauchbar zu sein, um die Parallaxen von Sternhaufen der Größenordnung nach abzuschätzen. Die hier gemachte Hypothese ist im wesentlichen die gleiche, wie diejenige, welche Shapleys Methode zugrunde liegt. Sie sind beide in der ganz allgemeinen Annahme enthalten, daß das physikalische Verhalten der Sterne unabhängig von ihrem Ort im Universum sei. Bei Shapley handelt es sich um das Verhalten der δ Cephei-Sterne, hier um das Abbiegen der Riesensterne in den Ast der Zwerge.

Die Loslösung des Zwergastes vom horizontalen Riesenast findet bei den Sternen des Sternsystems bei einer absoluten Helligkeit von $+ 2^{\mathrm{m}}0$ ($\pi = 0.''1$) statt. Bei den offenen Haufen M. 11 und M. 37 ist es möglich, diejenige scheinbare Helligkeit ziemlich genau festzulegen, bei der sich der Ast der Zwergsterne vom Ast der Riesensterne loslöst. Indem man nun — nach der gemachten Hypothese — diesen abgelesenen scheinbaren Helligkeiten die absolute Helligkeit $+ 2^\mathrm{m}\!.0$ zuordnet, hat man eine Abschätzung der Parallaxe gewonnen. Es ist bemerkenswert, daß diese Methode der Entfernungsbestimmung gerade bei den offenen Haufen sehr sicher zu sein scheint; versagt doch gerade hier sowohl die „Durchmessermethode", als auch die „Cepheidenmethode". Bei den Kugelhaufen M. 13 und M. 3, für welche Diagramme gezeichnet werden konnten, liegt die Sache nicht so einfach. Hier kann man nur diejenige scheinbare Helligkeit angeben, oberhalb welcher sicher kein Abtrennen der Zwerge möglich ist. Dies liefert dann Maximalparallaxen. Besonders bei M. 13 sind viel zu wenig schwache Sterne vermessen, um sagen zu können, ob sich in dem beobachteten Helligkeitsintervall überhaupt schon ein Zwergast loslöst. Wieweit bei einer Gruppe gleich alter Sterne ein Ast der Zwerge ausgebildet ist, wird wesentlich vom Alter der Sterngruppe abhängen. Ist das Alter der Gruppe kleiner als die Entwicklungsdauer eines Sternes normaler Masse vom roten Riesen bis zum f-Zwerg, so kann kein Zwergast auftreten. Die Schwierigkeit bei diesen Betrachtungen liegt darin, daß man keinerlei zuverlässige Abschätzung der Zeit bei den Vorgängen der Stellarastronomie machen kann. Es soll nur angedeutet werden, daß theoretisch sehr wohl eine Sterngruppe denkbar ist, deren F.H.D. plötzlich abbricht. Bei den typischen Kugelhaufen ist dies vielleicht der Fall.

Im folgenden handelt es sich daher bei M. 13 und M. 3 um Maximalparallaxen, bei den offenen Haufen um eine Abschätzung der wirklichen Parallaxen. Aus den Diagrammen findet man, daß der absoluten Helligkeit $+ 2^\mathrm{m}\!.0$ in den Sternhaufen:

Messier	3	13	11	37
die scheinbaren Helligkeiten	16.0	15.5	14.0	13.0

entsprechen. Aus der Gleichung

$$M = m + 5 + 5 \cdot \log \pi$$

erhält man dann sofort die Parallaxenwerte

Tabelle 10.

Messier	π	π (Shapley)	π (Schouten)
3	$\leqq 0''.00016$	$0''.00007$	$0''.00055$
13	$\leqq\ \ 00020$	00009	00075
11	$=\ \ 00025$	00014	00055
37	$=\ \ 00063$	00040	00250

Zum Vergleich sind in den letzten Spalten die Parallaxen von SHAPLEY und SCHOUTEN angegeben.

Wir wollen nun umgekehrt vorgehen und bestimmen, bei welcher scheinbaren Helligkeit in den einzelnen Haufen die Trennung von Zwergen und Riesen stattfinden müßte, unter Annahme der SHAPLEYschen und SCHOUTENschen Parallaxen.

Tabelle 11. SHAPLEYS Parallaxen.

Messier	m (für $M = + 2\overset{m}{.}0$)	Bemerkung
3	+ 17.75	Shapleys Parallaxen vielleicht
13	17.25	zu klein
11	16.25	Shapleys Parallaxen bestimmt
37	14.00	zu klein

Tabelle 12. SCHOUTENS Parallaxen.

Messier	m (für $M = + 2\overset{m}{.}0$)	Bemerkung
3	+ 13.30	fast lauter Zwerge unmöglich
13	12.60	lauter Zwerge
11	13.30	möglich
37	10.00	lauter Zwerge, unmöglich

Die Bemerkungen in der letzten Spalte ergeben sich sofort aus den Deutungen, die wir den Diagrammen der Haufen gegeben haben.

Es ist interessant, noch die Parallaxe anzuführen, die KOPFF[1]) für M. 13 gefunden hat bei Benutzung der KAPTEYN-SCHOUTENschen Methode. In dem von ihm benutzten Helligkeitsintervall scheint die ausgeglichene Helligkeitskurve gut mit der KAPTEYNschen übereinzustimmen. KOPFF hat nur die äußeren Teile des Haufens benutzt, um die unbestimmten Verhältnisse im Zentrum des Haufens zu vermeiden, während in SCHOUTENS Arbeiten Zählungen über den ganzen Haufen vorgenommen wurden. Als Parallaxe von M. 13 fand er $0\overset{''}{.}0003$, ein Wert, der der Grössenordnung nach besser mit dem aus dem Farbenhelligkeitsdiagramm bestimmten Maximalwert $0\overset{''}{.}0002$ übereinstimmt als die SHAPLEYsche oder SCHOUTENsche Parallaxe.

Das Studium der Farbenhelligkeitsdiagramme von Sternhaufen macht es wahrscheinlich, daß die SHAPLEYschen Parallaxen mit 1.5 bis 2.0 multipliziert werden müssen. Dies deckt sich mit allen neueren Erfahrungen. SHAPLEY selbst hält eine Division seiner Entfernungen mit 1.5 bis 2.0 für möglich.

Die SCHOUTENschen Parallaxen sind bei den Kugelhaufen viel zu groß. Bei dem offenen Haufen M. 11 können sie mögliche Werte darstellen. Bei M. 37 ist die SCHOUTENsche Parallaxe ebenfalls bestimmt zu groß.

---

[1]) Vgl. Anm. 6, S. 30.

Zusammenfassung.

1. Die scheinbare Verteilung der Haufen am Himmel: Die Kugelhaufen befinden sich fast ausschließlich auf *einer* Halbkugel des Himmels, mit einem Konzentrationspunkt in der Sternwolke im Sagittarius. Aus der Verteilung der Haufen in galaktischer Länge läßt sich auf eine völlig exzentrische Stellung der Sonne zum System der Kugelhaufen schließen. Die offenen Haufen sind gleichmäßiger in galaktischer Länge verteilt. Sie bevorzugen die Milchstraßenregion. Für beide Systeme von Sternhaufen — das der kugelförmigen und das der offenen — bildet die Milchstraßenebene eine Symmetrieebene, was aus ihrer Verteilung in galaktischer Breite hervorgeht.

2. Die Parallaxenbestimmungen der Sternhaufen: Von den Methoden von SHAPLEY, CHARLIER und SCHOUTEN dürfte die SHAPLEYsche Methode diejenigen Parallaxen liefern, die der Größenordnung nach am meisten Wahrscheinlichkeit haben. Die Hypothesen CHARLIERS und SCHOUTENS sind unvereinbar mit allen neueren Untersuchungen über die Häufigkeitskurve der absoluten Leuchtkräfte und der Verteilung der Helligkeit und Farbe der Sterne in den Sternhaufen.

3. Das Studium der Farbenhelligkeitsdiagramme von Sternhaufen macht es wahrscheinlich, daß die SHAPLEYschen Parallaxen — zum mindesten bei den offenen Haufen — etwa verdoppelt werden müssen. Für die Parallaxen der Kugelhaufen ist eine Multiplikation mit 1.5 wahrscheinlich.

Zweiter Abschnitt.

Über die Dichtegesetze der Sternhaufen.

Erstes Kapitel.

Über Dichtegesetze kugelförmiger Sternhaufen.

§ 1. Verteilung der Sterne in der Projektion.

Die Untersuchungen über die Entfernungen der Kugelsternhaufen haben ergeben, daß diese als selbständige, außerhalb des engeren Sternsystems stehende Sterngruppen aufzufassen sind. Damit entsteht die interessante Aufgabe, ihren inneren Aufbau genauer zu studieren. Es wird sich dabei zuerst darum handeln, festzustellen, ob verschiedene Haufen nach verschiedenen Gesetzen aufgebaut sind oder ob sich ein gemeinsames Aufbaugesetz finden läßt. Sind diese Gesetze gefunden, so wird ein weiterer Schritt darin bestehen, eine physikalische Erklärung für den gefundenen Aufbau zu geben, eventuell sogar kosmogonische Schlüsse über die Weiterentwicklung dieser Sterngruppen zu ziehen.

Naturgemäß wird man die hier angedeuteten Untersuchungen beginnen mit dem Studium der Verteilung der Haufensterne auf der photographischen Platte, also in der Projektion der räumlichen Sterngruppen am Himmel.

Die Arbeiten[1][2][3], die sich ausschließlich mit der Untersuchung der Verteilung der Sterne von Sternhaufen in der Projektion befassen, bilden die ersten Versuche, in das Wesen dieser Himmelsobjekte tiefer einzudringen. Es wird in ihnen diskutiert, wie die Verteilung der Sterne in der Projektion von Haufen zu Haufen wechselt, ob Verschiedenheiten oder gleiche Gesetze in der Verteilung der hellen und schwachen Sterne eines Haufens bestehen. Mit diesen Problemen wollen wir uns im folgenden beschäftigen.

Vor allem die reichsten Sternhaufen ω Centauri, 47 Tucanae und M. 13 wurden mehrfach und eingehend studiert. Gewöhnlich wird dabei so vorgegangen, daß man die Projektion eines Haufens in kon-

---

[1] Vgl. Anm. 2, S. 24.

[2] PICKERING, E. C.: Distribution of stars in clusters. Ann. of the astron. observ. of Harvard College. Bd. 26, S. 213. 1897.

[3] PLUMMER, W. E.: The great cluster in Hercules. Monthly notices of the Roy. astron. soc., London. Bd. 65, S. 810. 1905.

zentrische Kreisringe einteilt, mit der geschätzten Mitte des Haufens als Mittelpunkt. Durch Abzählen der Sterne in den einzelnen Ringen läßt sich auf einfache Weise eine Abhängigkeit der Sterndichte in der Projektion vom Abstand vom Zentrum gewinnen.

Diese Methode bildet auch das sicherste Mittel, um die Ausdehnung eines Haufens abzuschätzen, eine Größe, die für alle weiteren Untersuchungen grundlegend ist und bei der es deshalb auf möglichst große Genauigkeit ankommt. BAILEY[1]) und TRÜMPLER[2]) haben diese Methode ausgebaut und benutzt. Man trägt als Abszisse den Abstand vom Zentrum (r), als Ordinate die Sterndichte in der Projektion auf. Die hierdurch entstehende Kurve hat die Eigenschaft, daß sie mit wachsendem r immer mehr parallel der Abszissenachse verläuft. Durch denjenigen Punkt der Kurve, in welchem Parallelität eintritt, ist die Haufengrenze festgelegt. Seine Ordinate liefert gleichzeitig die Dichte der Vordergrundsterne, d. h. der Sterne des engeren Sternsystems, die sich zufällig auf die untersuchte Gegend des Himmels projizieren. Es sei gleich hier darauf hingewiesen, daß durch die Vordergrundsterne öfters in den statistischen Resultaten kleine Verfälschungen entstehen können, weil es in der Regel nicht möglich ist, die eigentlichen Haufensterne von den nur scheinbar zu ihnen gehörenden Vorder- oder Hintergrundsternen zu trennen. Mit Vorsicht sind besonders in dieser Hinsicht ganz offene Sterngruppen zu behandeln.

Bei der eben geschilderten Ableitung eines Dichtegesetzes für die Projektion eines Haufens wird vorausgesetzt, daß in der Projektion Kreissymmetrie herrscht. Nun zeigt aber schon ein flüchtiger Blick, daß dies sicher bei manchen Haufen (z. B. M. 5) nicht erfüllt ist, daß dort vielmehr eher eine elliptische Verteilung vorliegt. Man wird also als zweite Näherung die Projektion nicht nur in Kreisringe, sondern außerdem noch in Sektoren einteilen und dann auf die gleiche Weise den Dichteabfall in den einzelnen Sektoren bestimmen. Dadurch wird dann gleichzeitig die Grenze des Haufens in verschiedenen Richtungen vom Zentrum aus festgelegt. Die Projektion wird man nun nicht mehr durch einen Kreis, sondern durch eine Ellipse abzugrenzen suchen. Dies führt uns jedoch schon auf die im folgenden Kapitel besprochenen Probleme und soll deshalb erst später noch genauer ausgeführt werden.

Betrachten wir nun die Resultate der ersten Untersuchungen auf diesem Gebiet. PICKERING fand auf Grund eines wenig umfangreichen Materials, daß die Verteilung der Sterne in verschiedenen Haufen annähernd die gleiche sei. Außerdem kam er zu dem Ergebnis, daß sich zwischen der Anordnung der hellen und schwachen Sterne kein Unterschied zeige. Wir wissen heute, daß dies nicht richtig ist. Die verschiedene Anordnung der Sterne verschiedener Helligkeit hat viel-

---

[1]) Vgl. Anm. 2, S. 24.
[2]) Vgl. Anm. 3, S. 5.

mehr zu wertvollen Arbeiten geführt (Kap. 1, § 4, 5, Kap. 2, § 4), die zeigen, wie man Massenverhältnisse von verschiedenen Sterntypen mit verhältnismäßig großer Sicherheit aus der Verteilung der Sterne in den Kugelhaufen gewinnen kann. Alle früheren Arbeiten haben den Mangel, daß die Untersuchungen sich nur auf eine verhältnismäßig kleine Zahl von Sternen beschränken. Man hat dabei keine Gewißheit, daß gerade die bei den Untersuchungen aus dem Haufen ausgesonderten helleren Sterne seine wesentlichen Züge wiedergeben.

Ehe wir jedoch übergehen zu den Arbeiten, die aus der beobachteten Sternverteilung in der Projektion die räumliche Verteilung der Sterne ableiten wollen, und hierfür dann eine physikalische Erklärung zu finden suchen, müssen wir noch eine Arbeit Baileys erwähnen[1]), in der die Dichtegesetze der Projektionen der Haufen N. G. C. 104, 362, 5272, 5986, 6205, 6266, 6809, 7078, 7089, 7099 eingehend untersucht werden. Besonders beachtenswert, im Hinblick auf Untersuchungen über eine elliptische Struktur der Haufen, dürfte in der Baileyschen Arbeit die Veröffentlichung der Sternzählungen für diese zehn Haufen sein. Bei den Zählungen wurde die Projektion eines Haufens in ein Netz von flächengleichen Quadraten eingeteilt. Der Baileysche Katalog gibt für jedes Quadrat die Koordinaten des Mittelpunktes und die Anzahl der in jedem Quadrat enthaltenen Sterne. Auf Grund dieser Zählungen kann man nicht nur, wie Bailey es getan hat, eine Dichtekurve für die Projektion als Ganzes ableiten, sondern direkt Dichtekurven für 8 Sektoren der Projektion aufzeichnen.

Damit ist die Möglichkeit gegeben, die Abhängigkeit der Sterndichte von der Richtung vom Zentrum aus zu studieren. Die Einteilung der Projektion in Sektoren setzt immer schon eine möglichst genaue Kenntnis des Mittelpunktes voraus. Deshalb ist es, vor allem bei Sternzählungen, die so angelegt sind, wie diejenigen Baileys, in vielen Fällen wichtiger, den Dichteabfall in horizontalen und vertikalen Streifen der Projektion zu studieren und aus diesen Dichtekurven Randpunkte der Projektion zu bestimmen, während der Mittelpunkt erst nachträglich graphisch, oder durch Ausgleichung (siehe Kap. 2) gefunden wird. Bestimmt man aus den Baileyschen Zählungen Exzentrizitäten für die Projektionen der Haufen, so ergeben sich diese durchweg größer, als aus den viel umfangreicheren Mt. Wilson-Zählungen. Es zeigt sich somit, daß zu einem genaueren Studium der Sternverteilung in den Sternhaufen selbst die 4000 hellsten Sterne — in N. G. C. 104 hat Bailey diese Anzahl abgezählt — nicht ausreichen. Sie scheinen noch kein zuverlässiges Bild der Ausdehnung und Gestalt eines Haufens zu geben. Der Dichteabfall, vor allem in seiner Abhängigkeit von der Richtung vom Zentrum, wird wesentlich

---

[1]) Vgl. Anm. 2, S. 24.

geändert, wenn man die Zählungen (bei den reichsten Haufen) ausdehnt auf 10 000 oder noch mehr Sterne, wie dies auf den Mt. Wilson-Platten geschehen ist.

Einen weiteren großen Vorteil bietet die Art der Veröffentlichung der BAILEYschen Zählungen bei den Problemen über die Bestimmung der Sterndichte in einem ellipsoidförmigen Haufen aus derjenigen der Projektion. Wie später gezeigt werden soll, braucht man dazu Sternanzahlen in gewissen Bezirken der Projektionsebene. Die BAILEYschen Quadrate in der Projektion der Haufen können unmittelbar als die dort geforderten Bezirke genommen werden.

§ 2. Dichteverteilung im Raum.

Die ersten Anregungen, die räumliche Dichteverteilung der Sterne in einem Sternhaufen auf Grund der Gesetze der Gastheorie zu erklären, stammen wohl von Lord KELVIN. Die Gedanken Lord KELVINS konnten verwirklicht werden, als es gelungen war, die *räumliche Dichteverteilung der Sterne aus der Dichte in der Projektion abzuleiten*. Die Lösung dieser Aufgabe hat v. ZEIPEL [1]) gegeben. Sie soll hier nur kurz skizziert werden.

Ist R der Radius des Sternhaufens — wir setzen von jetzt an den Haufen als kugelförmig voraus —, $F(r)$ die Dichte in der Projektion in einer Entfernung r vom Zentrum, $f(\varrho)$ die räumliche Dichte in der Entfernung ϱ vom Mittelpunkt und z die Projektionsrichtung, d. i. die Richtung der Gesichtslinie, so findet man, daß zwischen den Dichtefunktionen $F(r)$ und $f(\varrho)$ die Gleichung besteht:

$$F(r) = 2 \int\limits_0^{\sqrt{R^2 - r^2}} f(\varrho)\, dz.$$

Dabei ist ϱ eine Funktion von z, gegeben durch die Gleichung:

$$z^2 = \varrho^2 - r^2.$$

Führt man ϱ statt z als Integrationsvariable ein, so wird:

$$F(r) = 2 \int\limits_r^R f(\varrho)\, \frac{\varrho\, d\varrho}{\sqrt{\varrho^2 - r^2}}. \tag{3}$$

Da hierin $F(r)$ bekannt, $f(\varrho)$ aber unbekannt ist, so hat man die Aufgabe, die Integralgleichung umzukehren. Durch geeignete Substitutionen gelingt es, die Integralgleichung zurückzuführen auf eine Gleichung, die ABEL studiert hat. Für die numerische Rechnung ist es notwendig, die ABELsche Lösung der Integralgleichung in eine andere Form zu bringen. Nimmt man an, daß $dF/dr = 0$ wird für $r = R$, so schreibt sich die Lösung in der Form:

---

[1]) v. ZEIPEL, H.: Catalogue de 1571 étoiles contenues dans l'amas globulaire Messier 3 (N. G. C. 5272). Ann. observ. Paris mém. 1908. Bd. 25, F.

$$f(\varrho) = \frac{1}{\pi} \int_\varrho^R \sqrt{r^2 - \varrho^2} \, \frac{d}{dr}\left(\frac{1}{r}\frac{dF}{dr}\right) dr . \tag{4}$$

Wir verzichten hier auf eine Ableitung dieser Gleichung, da wir unten eine andere Form der Umkehrung angeben werden. Die gemachte Annahme ist nur dann richtig, wenn man voraussetzen darf, daß $f(R) = 0$ ist, und zwar *in streng mathematischem* Sinne. Denn integriert man Gleichung (3) partiell und differenziert dann nach r, so erhält man:

$$F'(r) = -2r \frac{f(R)}{\sqrt{R^2 - r^2}} + 2r \int_r^R \frac{f'(\varrho)\,d\varrho}{\sqrt{\varrho^2 - r^2}} .$$

Ist nun
$$\lim_{r \to R} f(r) = 0 ,$$

so nimmt $F'(R)$ die Form $0/0$ an. Man findet dann:

$$F'(R) = -2R \lim_{r \to R} \frac{f(r)}{\sqrt{R^2 - r^2}} = -2R \lim_{r \to R} f'(r) \frac{\sqrt{R^2 - r^2}}{-r} = 0 .$$

Ist jedoch $\lim\limits_{r \to R} f(r)$ zwar sehr klein, aber nicht streng mathematisch $= 0$, so wird:
$$F'(R) = \infty .$$

Da aber die Kugelhaufen *keine scharfe Grenze* zu besitzen scheinen[1] und am besten vergleichbar sind, wie sich zeigen wird, mit Gaskugeln, die *unendlichen* Radius haben, R aber immer *endlich* ist, so ist die Annahme $f(R) = 0$ nie *mathematisch streng* erfüllt. Für $F'(R)$ werden daher im allgemeinen eher große Werte als kleine Werte zu erwarten sein. Wohl aus diesem Grund hat v. Zeipel in späteren Arbeiten nicht mehr die Gleichung (4) angewandt, sondern eine andere Gleichung aus der ABELschen Form abgeleitet, die diese Unbequemlichkeit nicht enthält und ebenso für die praktische Rechnung brauchbar ist[2].

Aus der Umkehrung der Integralgleichung (3) in der ABELschen Form:

$$f(r) = -\frac{1}{\pi} \int_r^R \frac{F'(\varrho)\,d\varrho}{\sqrt{\varrho^2 - r^2}} .$$

führt die Substitution
$$z^2 + r^2 = \varrho^2$$

zur Gleichung:
$$f(r) = \frac{1}{\pi} \int_0^{\sqrt{R^2 - r^2}} P\left(\sqrt{z^2 + r^2}\right) dz , \tag{5}$$

wo die Funktion $P(r)$ definiert ist durch die Gleichung:

$$P(r) = -\frac{1}{r}\frac{dF(r)}{dr} . \tag{6}$$

---

[1] Vgl. Anm. 2, S. 24.
[2] Vgl. Anm. 26, S. 3.

Die numerische Berechnung von $f(r)$ führt v. Zeipel aus mit der Summenformel

$$f(r) = \frac{\omega}{\pi}\left\{ \sum_{i=0,1,2\ldots} P\left(\sqrt{i^2\omega^2 + r^2}\right) - \frac{1}{2}P(r)\right\}. \tag{7}$$

Um sie anwenden zu können, muß man die Werte von $P\left(\sqrt{i^2\omega^2+r^2}\right)$ durch graphische Interpolation bestimmen. Besonders bei kleinen ω ist es vorzuziehen, die graphische Interpolation durch Einführung ungleicher Summenintervalle auf die folgende Weise zu vermeiden. Die Funktion $P(r)$ ist für lauter ganzzahlige Intervalle von ω gerechnet. Wir können nun doch $f(r)$ nach Gleichung (5) auffassen als das Integral über die Werte von $P(\varrho)$ längs der Sehne eines Kreises vom Radius R im Abstande $r = \mu\omega$ vom Mittelpunkt. Zeichnen wir nun konzentrische Kreise mit den Radien $n\omega$ (n eine ganze Zahl), so ist uns $P(\varrho)$ in allen den Punkten der Sehne bekannt, in denen die konzentrischen Kreise die Sehne durchschneiden. Der Abstand zweier solcher aufeinanderfolgender Punkte ist

$$\lambda_n = \omega\left\{\sqrt{(n+1)^2 - \mu^2} - \sqrt{n^2 - \mu^2}\right\}.$$

Dies seien die ungleichen Summenintervalle. Dann hat man sofort:

$$f(r) = f(\mu\omega) = \frac{1}{2\pi}\sum_{n}^{N-1}\lambda_n\left\{P(n\omega) + P((n+1)\omega)\right\},$$

wo $N\omega$ der Radius des letzten konzentrischen Kreises ist, der noch innerhalb des Kreises mit dem Radius R liegt. Die Rechnung ist nicht weitläufiger und bei kleinen ω ebenso genau, wie die v. Zeipelsche Summenformel.

Die v. Zeipelsche Lösung (4) läßt sich übrigens auch auf folgendem elementaren Wege aus (3) erhalten, ohne Benutzung des Abelschen Theorems[1].

Aus der Gleichung (1):

$$F(r) = 2\int_{r}^{R}\frac{f(\varrho)\varrho\,d\varrho}{\sqrt{\varrho^2 - r^2}}$$

folgt durch partielle Integration

$$F(r) = 2f(R)\sqrt{R^2 - r^2} - 2\int_{r}^{R}\sqrt{\varrho^2 - r^2}\cdot f'(\varrho)\,d\varrho.$$

Diese Gleichung wird nach r differenziert. Dann ergibt sich

$$F'(r) = -2f(R)\frac{r}{\sqrt{R^2 - r^2}} + 2r\int_{r}^{R}\frac{f'(\varrho)\,d\varrho}{\sqrt{\varrho^2 - r^2}}.$$

[1] Vgl. Anm. 26, S. 3.

Multiplikation mit $\dfrac{dr}{\sqrt{r^2-r_1^2}}$,

wo $r_1 < R$ ist, und Integration in bezug auf r von r_1 bis R ergibt:

$$\int_{r_1}^{R}\frac{F'(r)\,dr}{\sqrt{r^2-r_1^2}} = -f(R)\int_{r_1}^{R}\frac{2r\,dr}{\sqrt{(R^2-r^2)\,(r^2-r_1^2)}} + 2\int_{r_1}^{R}\frac{r\,dr}{\sqrt{r^2-r_1^2}}\int_{r}^{R}\frac{f'(\varrho)\,d\varrho}{\sqrt{\varrho^2-r^2}}.$$

Bei dem zweiten Integral der rechten Seite ist das Integrationsgebiet ein Dreieck in der $r\varrho$-Ebene, das von den Geraden

$$r = r_1, \qquad r = \varrho, \qquad \varrho = R$$

begrenzt wird. Hieraus folgt nach Vertauschung der Reihenfolge der Integrationen:

$$2\int_{r_1}^{R} f'(\varrho)\,d\varrho \int_{r_1}^{\varrho}\frac{r\,dr}{\sqrt{(\varrho^2-r^2)\,(r^2-r_1^2)}}.$$

Man findet sofort, daß

$$\int_{r_1}^{\varrho}\frac{2r\,dr}{\sqrt{(\varrho^2-r^2)\,(r^2-r_1^2)}} = \pi$$

ist, und zwar ganz unabhängig von der Größe von r_1 und ϱ. Damit läßt sich auch das erste Integral auf der rechten Seite vereinfachen, und man erhält:

$$\int_{r_1}^{R}\frac{F'(r)\,dr}{\sqrt{r^2-r_1^2}} = -\pi f(R) + \pi\int_{r_1}^{R} f'(\varrho)\,d\varrho = -\pi f(r_1).$$

Die Umkehrung der Integralgleichung können wir jetzt in der alten Bezeichnung schreiben

$$f(r) = -\frac{1}{\pi}\int_{r}^{R}\frac{F'(\varrho)\,d\varrho}{\sqrt{\varrho^2-r^2}}.$$

Am einfachsten jedoch ergibt sich die räumliche Dichte $f(r)$ aus der Dichte der Sterne in der Projektion, wenn man die Projektion des Haufens in Parallelstreifen einteilt[1]). $F(r)$ sei die Anzahl der Sterne in einer Ebene senkrecht zur Projektionsebene im Abstande r vom Zentrum. Dann findet sich

$$F(r) = \int_{r}^{R} 2\pi\varrho f(\varrho)\,d\varrho,$$

woraus man die Umkehrung durch Differentiation nach r erhält:

[1]) PLUMMER, H. C.: On the problem of distribution in globular star clusters. Monthly notices of the Roy. astron. soc., London. Bd. 71, S. 460. 1911.

$$f(r) = -\frac{1}{2\pi r}F'(r).$$

Diese Art der Berechnung von $f(r)$ ist zweifellos die einfachere im Vergleich mit v. Zeipels Rechnung. Sie ist frei von der Annahme $dF/dr = 0$ für $r = R$.

Um die Methode mit Erfolg anwenden zu können, ist es nötig, die Sternzählungen über den ganzen Haufen zu erstrecken und besonders eine sorgfältige Bestimmung von R vorzunehmen. Ein Abschätzen der Dichte der Vor- und Hintergrundsterne ist nicht nötig, da die Flächendichte $F(r)$ nur als Differentialquotient eingeht, also die Überlagerung einer konstanten Hintergrundsdichte des Himmels die Resultate nicht beeinflußt[1]). Als konstant kann aber die Hintergrundsdichte bei den kleinen in Betracht kommenden Flächen sicher angesehen werden.

§ 3. Sternhaufen als Gaskugeln.

Es gibt zwei voneinander verschiedene Wege, um die Gesetze der Gaskugeln auf die Sternhaufen anzuwenden. Entweder man geht von beobachteten Dichtegesetzen in der Projektion $F(r)$ aus und berechnet mit Hilfe von (4) (eigentlich mit der verbesserten Gleichung) die räumliche Dichteverteilung $f(\varrho)$. Die Funktion $f(\varrho)$ wäre dann mit den theoretischen Dichtegesetzen in Gaskugeln verschiedener polytroper Klasse, wie sie von Emden[2]) studiert worden sind, zu vergleichen. Oder aber man nimmt verschiedene räumliche Dichtegesetze aus der Theorie der Gaskugeln an und rechnet dann aus (3) die zugehörigen verschiedenen, rein theoretischen Funktionen $F(r)$. Im ersten Falle hat man also $f(\varrho)$ mit der Theorie zu vergleichen; im zweiten Falle hat man zuzusehen, ob eine der theoretisch gewonnenen Funktionen $F(r)$ mit der beobachteten Sterndichte in der Projektion übereinstimmt. Vom Standpunkt der praktischen Rechnung aus ist sicherlich der zweite Weg vorzuziehen[3]). Aber er hat einen nicht unwesentlichen Nachteil, nämlich den, daß er sich nur bequem für diejenigen Spezialfälle durchführen läßt, für welche die Differentialgleichung der polytropen Gaskugeln in geschlossener Form integriert werden kann, wo also die Theorie für $f(\varrho)$ einen geschlossenen Ausdruck liefert. Dies ist aber nur in zwei Fällen möglich: dem Gesetze von Schuster ($n = 5$), und demjenigen von Ritter ($n = 1$). In allen anderen Fällen läßt sich die Lösung der Differentialgleichung nur numerisch angeben, oder aber durch eine unübersichtliche Reihe darstellen[3]) [4]). Nachteilig bemerkbar macht sich

---

[1]) Vgl. Anm. 26, S. 3.

[2]) Emden, R.: Gaskugeln. Leipzig 1907.

[3]) Strömgren, E. und Drachmann: Über die Verteilung der Sterne in kugelförmigen Sternhaufen, mit besonderer Rücksicht auf M. 5. Publ. København observ. 1914, Nr. 16.

[4]) v. Zeipel, H.: Recherches sur la constitution des amas globulaires. Kgl. Svenska vet. akad. handlingar. Bd. 51, Nr. 5. 1913.

auch noch der Umstand, daß in die Rechnung die Unsicherheit der Dichte der Hintergrundsterne eingeht, was bei der ersten Art nicht der Fall ist, da dort nicht $F(r)$, sondern nur dF/dr vorkommt.

Der erste Versuch[1]), beobachtete Dichtegesetze in Sternhaufen physikalisch zu erklären, bestand darin, den Dichteabfall im Haufen mit demjenigen in einer isothermen Gaskugel zu vergleichen. Da die isotherme Gaskugel unendlichen Radius und unendliche Masse hat, so war zu erwarten, daß ein isothermes Gleichgewicht sicher nicht im ganzen Haufen herrschen kann. Aus den Vorstellungen der kinetischen Gastheorie ist vielmehr von vornherein klar, daß höchstens die Verteilung der Sterne im Zentrum der Haufen mit einem isothermen Gleichgewicht verglichen werden kann. Auf die sich hierbei ergebenden theoretischen Schwierigkeiten soll erst im folgenden Abschnitt eingegangen werden.

Wir sind also vor die Aufgabe gestellt, durch Vergleich der Theorie mit der Beobachtung festzustellen, bis zu welcher Entfernung vom Zentrum aus die Dichteabnahme derjenigen einer isothermen Kugel entspricht. Diese Aufgabe läßt sich natürlich auf einem der beiden oben skizzierten Wege durchführen. v. ZEIPFL, der diese Untersuchungen zuerst durchgeführt hat, hat jedoch eine etwas abgeänderte Methode benutzt, die es unmittelbar gestattet, Zentralkugeln von beliebigem Radius aus den Kugelhaufen auszuscheiden und ihre Sternverteilung für sich zu untersuchen. Er geht dabei folgendermaßen vor. Für isothermen Dichteabfall werden aus der theoretisch bekannten räumlichen Dichte $f(\varrho)$ durch mechanische Quadraturen die Funktionen

$$F(r, R) = 2 \int_0^{\sqrt{R^2 - r^2}} f\sqrt{z^2 + r^2}\, dz \qquad (8)$$

numerisch festgelegt, für verschiedene Werte von r und R. Die Funktionen $F(r, R)$ geben die Flächendichte der Sterne in der Projektion bei isothermem Gleichgewicht für verschiedene Abstände r vom Zentrum der Projektion und für Zentralkugeln mit verschiedenem Radius R.

Es sei nun $F_1(r)$ die in der Entfernung r vom Zentrum des Haufens wirklich beobachtete Flächendichte, die mit der wirklichen Raumdichte $f_1(\varrho)$ durch die Gleichung verknüpft ist:

$$F_1(r) = 2 \int_0^{\infty} f_1(\sqrt{z^2 + r^2})\, dz\,, \qquad (9)$$

wenn wir, der Einfachheit halber, den Radius des Haufens als unendlich groß annehmen. Die Flächendichte, die durch Projektion der Sterne innerhalb der Zentralkugel vom Radius R an die Himmelskugel entsteht, ist gegeben durch die Gleichung

[1]) v. ZEIPEL, H.: La théorie des gaz et les amas globulaires. Cpt. rend. hebdom. des séances de l'acad. des sciences. Bd. 144, S. 361. 1907.

$$F_{\mathrm{I}}(r, R) = F_{\mathrm{I}}(r) - 2 \int_{\sqrt{R^2 - r^2}}^{\infty} f_{\mathrm{I}}\big(\sqrt{z^2 + r^2}\big) dz \ . \tag{10}$$

Ein Vergleich der Funktionen F (r, R) mit den Funktionen $F_{\mathrm{I}}(r, R)$ ergibt dann denjenigen Wert von R, der die Größe der Zentralkugel mit isothermem Gleichgewicht bestimmt. Um aber F_{I} zu finden, müßte man zuerst die Funktion f_{I} durch Umkehrung der Integralgleichung (3) erhalten. Dieser Umweg läßt sich aber durch eine geschickte Transformation der Gleichung für $F_{\mathrm{I}}(r, R)$ vermeiden.

Wir setzen

$$F_{\mathrm{I}}(r, R) = F_{\mathrm{I}}(r) + J(r, R) , \tag{11}$$

wo

$$J(r, R) = - 2 \int_{\sqrt{R^2 - r^2}}^{\infty} f_{\mathrm{I}}\big(\sqrt{z^2 + r^2}\big) dz = - 2 \int_{R}^{\infty} f_{\mathrm{I}}(\varrho) \frac{\varrho \, d\varrho}{\sqrt{\varrho^2 - r^2}} \tag{12}$$

ist, und weiter transformiert werden muß. Nun ist aber nach Gleichung (4)

$$f_{\mathrm{I}}(\varrho) = - \frac{1}{\pi} \int_{\varrho}^{\infty} \frac{F_{\mathrm{I}}'(u) \, du}{\sqrt{u^2 - \varrho^2}} \ .$$

Setzt man dies in das Integral ein, so wird

$$J(r, R) = \frac{2}{\pi} \int_{R}^{\infty} \frac{\varrho \, d\varrho}{\sqrt{\varrho^2 - r^2}} \int_{\varrho}^{\infty} \frac{F_{\mathrm{I}}'(u) \, du}{\sqrt{u^2 - \varrho^2}} \ . \tag{13}$$

Die Integrationsvariable u läuft von ϱ bis ∞. Wir führen statt ihr die neue Veränderliche η ein, durch die Substitution

$$u = \frac{\sqrt{\varrho^2 - r^2 \sin^2 \eta}}{\cos \eta} \tag{14}$$

wodurch die Gleichung übergeht in

$$J(r, R) = \frac{2}{\pi} \int_{R}^{\infty} \int_{0}^{\pi/2} \frac{F_{\mathrm{I}}'\left(\dfrac{\sqrt{\varrho^2 - r^2 \sin^2 \eta}}{\cos \eta}\right)}{\cos \eta \sqrt{\varrho^2 - r^2 \sin^2 \eta}} \varrho \, d\varrho \, d\eta \ . \tag{15}$$

Dabei bedeutet der Akzent von F_{I} die Differentiation der Funktion F_{I} nach ihrem Argument. Nun sieht man leicht, daß

$$F_{\mathrm{I}}'\left(\frac{\sqrt{\varrho^2 - r^2 \sin^2 \eta}}{\cos \eta}\right) \cdot \frac{\varrho}{\cos \eta \sqrt{\varrho^2 - r^2 \sin^2 \eta}} = \frac{\partial F_{\mathrm{I}}}{\partial \varrho}$$

wird; also hat man

$$J(r, R) = \frac{2}{\pi} \int_{R}^{\infty} \int_{0}^{\pi/2} \frac{\partial F_{\mathrm{I}}}{\partial \varrho} \, d\varrho \, d\eta ; \tag{16}$$

oder bei Umkehrung der Integrationsordnung

$$J(r, R) = -\frac{2}{\pi} \int_0^{\pi/2} F_{\mathrm{I}}\left(\frac{\sqrt{R^2 - r^2 \sin^2 \eta}}{\cos \eta}\right) d\eta. \tag{17}$$

Das Ergebnis lautet somit, wenn man (17) in (11) einsetzt

$$F_{\mathrm{I}}(r, R) = F_{\mathrm{I}}(r) - \frac{2}{\pi} \int_0^{\pi/2} F_{\mathrm{I}}\left(\frac{\sqrt{R^2 - r^2 \sin^2 \eta}}{\cos \eta}\right) d\eta. \tag{18}$$

Diese Gleichung zeigt, wie man aus der Kenntnis nur der Funktion $F_{\mathrm{I}}(r)$ die Funktion $F_{\mathrm{I}}(r, R)$ für beliebige Werte von R finden kann. Der Umweg über die wirkliche Raumdichte ist also vermieden.

v. ZEIPEL hat auf diese Weise die Haufen ω Centauri und Messier 3 untersucht. Beim ersteren findet sich eine gute Übereinstimmung zwischen Theorie und Beobachtung bis zu einer Entfernung von $9'$ vom Zentrum, etwa $^2/_5$ des Gesamtradius; beim letzteren bis zu einer Entfernung von $3'$ vom Zentrum, die etwa $^1/_3$ des Gesamtradius ausmacht. Am Rand der Haufen liefert die Theorie, wie es bei isothermem Gleichgewicht nicht anders zu erwarten ist, zu große Werte für die Sterndichte.

Bei ω Centauri hat H. C. PLUMMER versucht[1]), die beobachtete Sterndichte in der Projektion durch das SCHUSTERsche Gesetz ($n = 5$) für die Raumdichte einer Gaskugel

$$f(r) = N (1 + r^2)^{-5/2} \tag{19}$$

darzustellen, und gelangte zu einem befriedigenden Ergebnis, während das RITTERsche Gesetz $f(r) = \sin r/r$ in keiner Weise die Beobachtungen darzustellen vermag. Das gleiche gilt für die Haufen 47 Tuc. und M. 13. Beim Kugelhaufen M. 3 endlich konnte H. C. PLUMMER feststellen, daß durch das SCHUSTERsche Gesetz außerhalb einer Zentralkugel vom Radius $R = 1'$ die Beobachtungen befriedigend wiedergegeben werden können. Innerhalb dieser zentralen Zone ist der Haufen dichter, als die nach der Polytropen $n = 5$ aufgebaute Gaskugel. Der Haufen M. 5 hat, was die Dichteverteilung der Sterne betrifft, die größte Ähnlichkeit mit M. 3. Auch bei ihm stimmt das SCHUSTERsche Gesetz gut für die äußeren Teile des Haufens, aber nicht für das Zentrum[2]). Ebenso wurde bei den Haufen N.G.C. 104, 362, 5272, 5986, 6205, 6266, 6809, 7078, 7089, 7099 versucht, die beobachtete Sterndichte am Himmel, unter Annahme des SCHUSTERschen Gesetzes für die räumliche Sterndichte der Haufen, darzustellen. Die Hauptresultate sind die folgenden: Die Haufen N.G.C. 362, 5272, 6266, 7078, 7089, 7099 zeigen im Zentrum eine viel größere Dichte, als es

---

[1]) Vgl. Anm. 1, S. 44.

[2]) Vgl. Anm. 3, S. 45.

die Theorie erfordert. Die Abweichung ist besonders groß bei M. 15 (N.G.C. 7078), wo in den zwei innersten Ringen ein Überschuß von 270 Sternen besteht, bei einer Gesamtzahl von 926 Sternen. Bei den Haufen N.G.C. 104, 5986, 6205, 6809, welche die geringsten Abweichungen im Zentrum zwischen Theorie und Beobachtung zeigen, werden auch die äußeren Teile gut durch die Theorie dargestellt. Bei den übrigen Haufen, besonders bei N.G.C. 362, 5272, scheinen die Abweichungen zwischen Beobachtung und Rechnung am Rand der Haufen systematischen Charakter zu besitzen. Die Rechnung liefert für diese beiden Haufen durchweg zu kleine Dichten.

Aus diesen Ergebnissen geht hervor, daß das SCHUSTERsche Gesetz keineswegs in allen Kugelhaufen eine so fundamentale Rolle spielt, wie dies öfters dargestellt wird. Die Überschätzung der Gültigkeit dieses Gesetzes rührt wohl zum Teil daher, daß es unter den Dichtegesetzen polytroper Gaskugeln, die sich in geschlossener Form angeben lassen, sicher dasjenige ist, das allein zu einer, wenn auch in manchen Fällen nicht sehr befriedigenden, Darstellung der Beobachtungen in Betracht kommt. Die Anwendung von Dichtegesetzen beliebiger Polytropenklasse erfordert einen großen Aufwand an Rechnungen, so daß hierüber nur wenige Untersuchungen vorliegen. Man hat sich vielfach bemüht [1][2], zu erklären, warum viele Kugelhaufen gerade nach der Polytropen $n = 5$ aufgebaut sind. Man hat auch einige ausgezeichnete Eigenschaften dieses Dichtegesetzes gefunden, die aber doch nicht zu überzeugen vermögen, daß es gerade das SCHUSTERsche Gesetz sein soll, das die Zustände in den Kugelhaufen beschreibt. Hält man an der Kugelform oder wenigstens der näherungsweisen Kugelform fest, so lassen sich die Dichtegesetze der Sternhaufen viel einfacher und natürlicher verstehen, wenn man von allgemeinen theoretischen Gesichtspunkten ausgeht (vgl. III. Abschnitt).

Die Untersuchungen von H. C. PLUMMER haben gezeigt, daß sowohl am Rand als im Zentrum mancher Haufen systematische Abweichungen der Sterndichte von der Dichteverteilung nach der Polytropen $n = 5$ auftreten. Wir wollen im folgenden zusehen, ob sich diese Abweichungen durch theoretische Überlegungen verstehen lassen. Wir beginnen mit den Abweichungen zwischen Theorie und Beobachtung am Rand der Haufen.

Was das Dichtegesetz der Randteile der Haufen in der Projektion betrifft, so hat JEANS versucht, es in die Form cr^{-3} zu bringen [3]. Der Versuch gründet sich auf theoretische Überlegungen, die wir im fol-

---

[1] EDDINGTON, A. S.: The distribution of stars in globular clusters. Monthly notices of the Roy. astron. soc., London. Bd. 76, S. 572. 1916.

[2] JEANS, J. H.: On the theory of starstreaming and the structure of the universe. Ebenda Bd. 76, S. 70, 552. 1915 und 1916.

[3] Derselbe: On the law of distribution in star clusters. Ebenda Bd. 76, S. 567. 1916.

genden Abschnitt ausführlich diskutieren werden. Hier wollen wir nur kurz auf die Grundidee der JEANSschen Betrachtungen hinweisen. Eine wesentliche Eigenschaft der Gaskugel $n = 5$, die diese vor anderen polytropen Kugeln auszeichnet, ist ihre *endliche Masse bei unendlichem Radius*. Man kann nun viele Dichtegesetze angeben, die die ausgezeichnete Eigenschaft besitzen, daß Gaskugeln, die nach ihnen aufgebaut sind, ebenfalls endliche Masse und unendlichen Radius haben. Sie sind dabei aber von wesentlich allgemeinerem Typus als das SCHUSTERsche Gesetz. Das allgemeinste derartige Dichtegezetz verhält sich, wie JEANS zeigt, in großen Entfernungen (r) vom Zentrum wie $\frac{1}{r^4}$; also die Dichte in der Projektion, als Integral über die Raumdichte, wie $\frac{1}{r^3}$. In der Tat ergibt sich mit dem Dichteabfall cr^{-3} für die Randzone eine viel bessere Übereinstimmung zwischen Theorie und Beobachtung, als bei H. C. PLUMMER. Wir führen hier die Differenzen zwischen Beobachtung und Rechnung an, wie sie sich bei H. C. PLUMMER und JEANS finden, für die Haufen N. G. C. 362 und 5272.

Tabelle 13.

r	Plummer[1]		Jeans[2]	
	N. G. C. 362	N. G. C. 5272	N. G. C. 362	N. G. C. 5272
11	+ 0.18	+ 0.6	+ 0.07	— 0.10
12	+ 18	+ 6	+ 06	00
13	+ 12	+ 6	00	+ 10
14	+ 11	+ 5	00	— 10
15	+ 08	+ 4	— 03	+ 07
16	+ 02	+ 3	— 07	00
17	+ 06	+ 3	— 02	00
18	+ 09	+ 2	+ 01	— 02
19	+ 01	+ 1	— 06	— 05
20	+ 0.03	+ 0.1	— 0.04	— 0.11

Das interessanteste und wichtigste Ergebnis aller Untersuchungen über die Dichteverhältnisse in Sternhaufen ist nicht, daß die Gaskugel der Polytropenklasse $n = 5$ eine so ausgezeichnete Rolle zu spielen scheint, die man sich physikalisch kaum zu erklären vermag, sondern es ist das viel allgemeinere Resultat, daß die *Verteilung der Sterne in den Sternhaufen am besten durch Dichtegesetze beschrieben werden kann, die immer auf endliche Masse bei unendlichem Radius des Systems führen.* Bei den kosmogonischen Untersuchungen des folgenden Abschnittes werden wir hierauf noch näher einzugehen haben.

<hr>

[1]) Vgl. Anm. 1, S. 44.
[2]) Vgl. Anm. 3, S. 49.

Wir kommen nun zu der Betrachtung der Verhältnisse im Zentrum der Sternhaufen. Das Ergebnis der Untersuchungen von H. C. Plummer war, daß bei manchen Haufen ein verhältnismäßig großer Überschuß an Sternen im Zentrum gegenüber der theoretisch gegebenen Zentraldichte für einen Aufbau nach der Polytropen $n = 5$ vorliegt. Man müßte also schließen, und hat dies auch vielfach getan, daß die Gültigkeit des Schusterschen Gesetzes an der Oberfläche einer Zentralkugel aufhört. Dieser Schluß hat jedoch keinen physikalischen Sinn. Denn es lassen sich im Zentrum nicht Sterne hinzufügen, ohne daß der Gleichgewichtszustand des ganzen Systems geändert wird. Es hat keinen Sinn zu sagen, daß nur Teile des Haufens nach der Polytropen $n = 5$ aufgebaut seien. Vielmehr deuten die Ergebnisse von H. C. Plummer gerade darauf hin, daß der Aufbau der Sternhaufen nicht durch ein so einfaches Dichtegesetz völlig beschrieben werden kann.

Von einer ganz anderen Seite aus als den Betrachtungen von Jeans hat v. Zeipel versucht[1]), für den Dichteabfall in Sternhaufen eine bessere Darstellung zu erhalten, als sie das Schustersche Gesetz zu geben vermag. Wenn man Aufnahmen von stark konzentrierten Sternhaufen betrachtet, so sieht man sofort, daß es unmöglich ist, die Sternzählungen bis ins Zentrum der Haufen fortzusetzen. Man kann deshalb auch nichts Bestimmtes aussagen über den Dichteverlauf innerhalb einer Zentralkugel, deren Größe, je nach der Konzentration, von Haufen zu Haufen schwankt. Es liegt nahe, zu versuchen, ob es nicht möglich ist, von vornherein auf die Darstellung der Dichteverhältnisse im Zentrum zu verzichten und die für die Randteile gültige Lösung an gewisse Oberflächenbedingungen auf einer Zentralkugel anzupassen. Dies hat v. Zeipel getan.

Die Differentialgleichung, die den polytropen Aufbau einer Gasmasse bestimmt, ist von der zweiten Ordnung. Die allgemeine Lösung besitzt deshalb zwei willkürliche Integrationskonstanten. Die bisher ausschließlich betrachteten Dichtegesetze sind keineswegs die allgemeine Lösung des Problems. Sie wurden aus der Schar der zwiefach unendlichen Zahl von Lösungskurven des allgemeinen Integrals ausgesondert durch die Bedingung, daß die Dichte im Zentrum der Kugel endlich sei. Eine Lösungskurve des allgemeinen Integrals erhalten wir, indem wir von irgendeinem Punkt der ϱ, r-Ebene (ϱ die Dichte, r der Abstand vom Zentrum) ausgehen und dabei $\dfrac{d\varrho}{dr}$ willkürlich vorgeben. Wenn wir diese Lösung in das Zentrum, also bis $r = 0$, fortsetzen, so wird ϱ im allgemeinen nicht mehr endlich bleiben. Denn für die allgemeine Lösung ist der Punkt $r = 0$ eine singuläre Stelle, und es ist äußerst unwahrscheinlich, daß $\dfrac{d\varrho}{dr}$ gerade so gewählt wurde, daß wir eine parti-

---

[1]) Vgl. Anm. 4, S. 45.

kuläre Lösung der oben betrachteten Art erhalten. Die spezielle Mittelpunktsbedingung, die auf die Dichtegesetze der vollkommenen Gaskugeln führt, wird man im allgemeinen Falle durch eine Oberflächenbedingung ersetzen, so daß man z. B. für $r = 1$ die Werte von ϱ und $\dfrac{d\varrho}{dr}$ vorgibt. Die physikalische Bedeutung ist die, daß man dadurch auch „Gaskugeln mit starrem Kern" erfaßt, wobei ϱ und $\dfrac{d\varrho}{dr}$ an dessen Oberfläche durch seine Masse, seinen Radius und seine Temperatur bestimmt sind.

v. Zeipel überträgt nun formal die Theorie der „Gaskugeln mit starrem Kern" auf die Sternhaufen, und die Lösungskurve wird bestimmten Oberflächenbedingungen an der Oberfläche einer aus dem Haufen ausgeschnittenen Zentralkugel angepaßt. Über die Verhältnisse innerhalb dieser Zentralkugel wird nichts ausgesagt, da sie auch empirisch nicht einwandfrei erfaßt werden können.

Die Lösung hängt nun von zwei Parametern ab: n und α, hat also die Form:

$$\varrho = \varPhi_n(r, \alpha).$$

n bestimmt wieder die Klasse des polytropen Aufbaus, α wird aus der Oberflächenbedingung zu bestimmen sein und ist aus praktischen Gründen so definiert, daß für $r = 1$ die Gleichung

$$\varrho = \alpha^n$$

besteht. Die erste Näherung für den Parameter α wird auf graphischem Wege gewonnen, indem $n = 5$ gesetzt wird, was sicher eine gute Annäherung ist. Genauere Werte ergeben sich dann mit Hilfe der Ausgleichungsrechnung. Auf Einzelheiten einzugehen würde zu weit führen, da es sich hier, sobald $n \geqq 5$ ist, gleich um sehr weitläufige Reihenentwicklungen handelt; kann doch die Lösung selbst bei den vollkommenen Gaskugeln nicht mehr in geschlossener Form angegeben werden. Was uns hier neben den Werten von α interessiert, sind die aus der Ausgleichung hervorgehenden verbesserten Werte von n. v. Zeipel fand für

$$
\begin{aligned}
\text{Messier 2:} \quad & n = 5.148 \pm 0.346 \quad \text{und} \quad & \alpha = 0.9299 \pm 0.0051 \\
3: \quad & n = 5.051 \pm 0.283 \quad \text{,,} \quad & \alpha = 0.8313 \pm 0.0044 \\
13: \quad & n = 4.923 \pm 0.261 \quad \text{,,} \quad & \alpha = 0.8873 \pm 0.0030 \\
15: \quad & n = 5.079 \pm 0.612 \quad \text{,,} \quad & \alpha = 0.8827 \pm 0.0070,
\end{aligned}
$$

also nur Abweichungen vom Werte $n = 5$, die völlig innerhalb der mittleren Fehler liegen.

Aus dem Schusterschen Gesetz $n = 5$ läßt sich die Dichte ϱ in der Entfernung $r = 1$ ausrechnen. Dieser Dichte kann man formal die Größe $\alpha_0 = \varrho^{1/5}$ zuordnen, und findet den Wert

$$\alpha_0 = 0.9306.$$

Vergleicht man hiermit die aus der Ausgleichung gefundenen Werte für α, so sieht man, daß sie alle kleiner sind als α_0. EDDINGTON[1] hat darauf aufmerksam gemacht, daß dies einem Überschuß von Sternen im Zentrum gegenüber der Verteilung nach dem SCHUSTERschen Gesetz entspricht. Die äußeren Teile der Haufen sind also vergleichbar mit einer nach der Polytropen $n = 5$ aufgebauten Atmosphäre, die über einem Kern lagert, dessen Gesamtmasse im wesentlichen durch die Größe von α bestimmt wird. Dabei ist die Masse des Kernes größer als die Masse einer volumgleichen Zentralkugel eines ganz nach dem SCHUSTERschen Gesetz aufgebauten Gases. Das durch diese Untersuchungen gefundene Aufbaugesetz der Sternhaufen erinnert stark an das Modell, das ROCHE seinen kosmogonischen Untersuchungen zugrunde gelegt hat.

Den Zahlen n kann man durch die Gleichung

$$k = 1 + \frac{1}{n}$$

neue Größen k zuordnen. Betrachten wir keinen polytropen Aufbau, sondern einen adiabatischen (beide genügen bekanntlich der gleichen Differentialgleichung), so hat k die Bedeutung des Verhältnisses der spezifischen Wärmen. Bei adiabatischem Aufbau wären also die Sternhaufen einem Gase mit dem Verhältnis der spezifischen Wärmen

$$k = 1.2$$

zu vergleichen. Für einatomige Gase ist $k = 1.67$, für zweiatomige wird $k = 1.4$ und für dreiatomige $k = 1.33$. Nur durch die Annahme sehr vieler Doppelsterne, einer großen Dichte und großer Geschwindigkeiten der einzelnen Sterne in den Haufen wäre der Wert $k = 1.2$ zu erklären. Es scheint indessen nicht, als ob es viel Zweck habe, die Ergebnisse der Gastheorie in so wörtlichem Sinne auf die Probleme der Sternhaufen zu übertragen. Letzten Endes liegen doch in den Sternhaufen ganz andere Bedingungen vor als in einem Gase, wenn wir z. B. nur an die Voraussetzung elastischer Zusammenstöße denken, die in der Gastheorie, und deshalb auch bei der Abschätzung der Werte von k, immer gemacht wird. Es ist wohl natürlicher, k nicht als Verhältnis der spezifischen Wärmen aufzufassen, sondern lediglich als eine in das Dichtegesetz eingehende mathematische Konstante. Man muß sich mit dem Resultat begnügen, daß die Dichtegesetze der Sternhaufen mit dem SCHUSTERschen Gesetz $n = 5$ *formal* gut übereinstimmen.

Wir müssen hier endlich noch einen Versuch von HERTZSPRUNG[2]

---

[1] Vgl. Anm. 1, S. 49.
[2] HERTZSPRUNG, E.: Photographische Messung der Lichtverteilung im mittleren Gebiet des kugelförmigen Sternhaufens M. 3. Astron. Nachr., Kiel. Bd. 207, S. 89. 1918.

erwähnen, aus dem Abfall des integrierten Lichtes eines Sternhaufens von der Mitte zum Rand auf den Abfall der Sterndichte zu schließen. Zur Messung der Verteilung des integrierten Lichtes werden extrafokale Aufnahmen der Haufen verwendet. Das extrafokale Bild des Haufens wird in parallele Streifen eingeteilt und die Intensitätssumme für jeden einzelnen Streifen gebildet. HERTZSPRUNG geht so vor, um die einfache Methode von PLUMMER (siehe S. 44) anwenden zu können, aus der Intensitätsverteilung in der Projektion diejenige im Raum abzuleiten. Dies ist, worauf hier besonders hingewiesen sei, nicht hypothesenfrei möglich. Bezeichnet man nämlich mit $\psi(M, \varrho)\, dM$ die Dichte der Sterne des Haufens in der Entfernung ϱ vom Zentrum, deren Leuchtkraft zwischen M und $M + dM$ liegt, so ist offenbar, nach PLUMMER, die Intensitätssumme (ausgedrückt in absoluten Größen) in einem Streifen der Breite dr im Abstand r von der Mitte der Projektion gegeben durch die Gleichung:

$$J(r)\, dr = 2\,\pi\, dr \int_{r}^{R} \varrho \int_{-\infty}^{+\infty} M\, \psi(M, \varrho)\, dM\, d\varrho. \tag{20}$$

Wie man sieht, ist die Bestimmung der Funktion $\psi(M, \varrho)$ aus der Funktion $J(r)$ gar nicht eindeutig möglich.

Wir können die Integralgleichung nur dann umkehren, wenn wir für $\psi(M, \varrho)$ den speziellen Ansatz machen

$$\psi(M, \varrho) = \varphi(M) \cdot f(\varrho), \tag{21}$$

d. h. die Verteilung der Sterne nach ihrer absoluten Leuchtkraft soll unabhängig sein von der Entfernung vom Zentrum der Haufen. Der Ansatz entspricht den Voraussetzungen von SEELIGER, SCHWARZSCHILD und KAPTEYN in ihren Untersuchungen über den Aufbau des engeren Sternsystems. Wir erhalten dann

$$J(r) = 2\,\pi \int_{-\infty}^{+\infty} M\, \varphi(M)\, dM \int_{r}^{R} \varrho f(\varrho)\, d\varrho,$$

oder als Umkehrung, durch Differentiation nach r:

$$f(r) = -\frac{1}{2\,\pi\,r} \cdot \frac{J'(r)}{\displaystyle\int_{-\infty}^{+\infty} M\, \varphi(M)\, dM}. \tag{22}$$

Durch Vergleich der so gefundenen Funktion $f(r)$ mit der Dichtefunktion, wie sie z. B. v. ZEIPEL aus Sternzählungen für einzelne Haufen abgeleitet hat, muß sich ergeben, ob der hypothetische Ansatz

$$\psi(M, \varrho) = \varphi(M) \cdot f(\varrho)$$

berechtigt ist. Dabei kommt es auf die Kenntnis der Funktion $\varphi(M)$ gar nicht an, da ja $f(r)$ nur bis auf einen konstanten Faktor bekannt zu sein braucht. In der Tat fand HERTZSPRUNG für den kugelförmigen

Sternhaufen Messier 3 eine überraschend gute Übereinstimmung mit den Resultaten von v. Zeipel, wie die folgende Tabelle zeigt.

Tabelle 14.

r	$\log f(r)$ (Hertzsprung)	$\log f(r) + c$ (v. Zeipel)
0.0	3.75	3.78
0.5	3.40	3.36
1.0	2.89	2.86
1.5	2.48	2.46
2.0	2.13	2.20
2.5	(1.83)	1.97
3.0	(1.44)	1.77
3.5	(1.07)	1.57

Die eingeklammerten Werte sind unsicher. Wir könnten also schließen, wie es Hertzsprung tut, daß in Messier 3 helle und schwache Sterne die gleiche Dichteverteilung zeigen. Das Alter des Haufens müßte dann so groß sein, daß eine völlige Durchmischung aller Sterne stattgefunden hat. Wir müßten auch schließen, daß der Haufen z. B. keine starke Rotation als ganzes System besitzen kann. Denn dies würde sofort eine Abhängigkeit der Verteilung von der Masse der Sterne, also auch von ihrer Leuchtkraft bedingen.

Das hier erhaltene Resultat widerspricht in gewisser Weise den Resultaten von Untersuchungen, die wir in dem nächsten Paragraphen besprechen werden. Der Widerspruch ist jedoch nur scheinbar. Denn der von Hertzsprung erfaßte Teil der Projektion des Haufens entspricht nur etwa $^1/_9$ der Gesamtfläche. Wir sahen aber schon, daß v. Zeipel bei M. 3 eine isotherme Dichteverteilung fand, bis zu einem Abstand von 3' vom Zentrum. Isotherme Verteilung bedeutet aber völlige Durchmischung, so daß hierdurch das Hertzsprungsche Resultat bestätigt wird. Außerhalb dieser Zentralkugel hört aber die isotherme Verteilung auf, und so wird sich dort auch eine Abweichung der Hertzsprungschen Dichtefunktion von der v. Zeipelschen zeigen müssen. Die Differenzen (Hertzsprung-v. Zeipel) scheinen tatsächlich einen systematischen Gang zu besitzen.

Die Hertzsprungsche und v. Zeipelsche Methode zur Bestimmung der Funktion $f(\varrho)$ können sich in guter Weise ergänzen. Im Zentrum, wo wegen der Sternfülle die Sternzählungen aufhören und deshalb von Zeipels Methode nicht mehr mit Erfolg angewandt werden kann, besitzt Hertzsprungs Methode die größte Genauigkeit. Andererseits versagt die Messung des integrierten Lichtes in den Randgebieten, wo sich dagegen die Sternzählungen exakt durchführen lassen. Wir müssen dabei allerdings voraussetzen, daß, wenigstens im Zentrum, die Verteilungsfunktion $\psi(M, \varrho)$ die Form (21) hat.

§ 4. Die Verteilung der Sterne verschiedener Leuchtkraft und verschiedener Spektraltypen in den Sternhaufen.

Die Grundvoraussetzung aller bisherigen empirischen und theoretischen Betrachtungen war, daß allen Sternen in einem Haufen im Durchschnitt die gleiche Masse zugesprochen wurde. Wir wissen heute, daß dies bei genaueren Untersuchungen sicher nicht zulässig ist. Die Masse der Sterne zeigt einen Gang mit der Leuchtkraft und dem Spektraltypus. Um somit exakt vorzugehen, muß man die Verteilung der Riesen der einzelnen Spektraltypen und der Zwerge der einzelnen Spektraltypen gesondert untersuchen. Ein Sternhaufen kann dann nicht mehr verglichen werden mit einem einzelnen Gase, sondern höchstens mit einem Gasgemisch. Auf die theoretische Seite des Problems kommen wir im nächsten Paragraphen nochmals zurück. Hier wollen wir die rein empirischen Resultate in dieser Richtung besprechen.

Die Möglichkeit der Trennung der Sterne eines Haufens in Gruppen nach Leuchtkraft und Spektraltypus (bzw. Farbenindex) wurde erst durch die photometrischen Arbeiten, vor allem SHAPLEYs, geschaffen. Für die von ihm ausführlich untersuchten Kugelhaufen Messier 3 und Messier 13 und die offenen Haufen Messier 11 und Messier 67 hat SHAPLEY für verschiedene Entfernungen vom Zentrum Mittelwerte der Farbenindizes und dazu gehörige mittlere photovisuelle Helligkeiten angegeben. Der Gang dieser Größen mit der Entfernung wird davon abhängen, wie sich die Sterne des Haufens nach Leuchtkraft und Spektraltypus verteilen. Bei den Kugelhaufen M. 3 und M. 13, in denen nur Riesensterne beobachtet sind, wird man, auf Grund der Riesen-Zwerg-Theorie in ihrer neuen Form, unter Berücksichtigung des Massenverlustes durch Strahlung während der Entwicklung, erwarten müssen, daß der mittlere Farbenindex mit der Entfernung vom Zentrum aus abnimmt, ebenso die mittlere scheinbare Helligkeit. Wir können aber nicht erwarten, daß der Gang sehr groß ist, da der Massenunterschied zwischen Riesensternen verschiedener Spektraltypen kaum sehr groß sein dürfte. Die Tabelle 15 enthält die Ergebnisse der Untersuchungen SHAPLEYs für Messier 3 und Messier 13.

Die Resultate stimmen, wenigstens was die zentralen Teile betrifft, völlig mit den erwarteten überein. In den Randteilen können beträchtliche Störungen durch Vordergrundsterne auftreten, so daß dadurch der in den zentralen Teilen ausgesprochen vorhandene Gang von Helligkeit und Farbenindex mit der Entfernung verwischt wird. Es ist schade, daß bei M. 3 die Mittelwerte nicht für die mittelsten Zonen gebildet werden konnten. Diese Zahlen würden besonders interessieren als Vergleich mit den Ergebnissen von HERTZSPRUNG und v. ZEIPEL, die wir am Schluß des vorigen Paragraphen besprochen haben. Jedenfalls deutet der Gang der mittleren Farbenindizes bei M. 3 mit der Ent-

Tabelle 15.

r	Messier 3		Messier 13	
	$\overline{m}$	$\overline{\text{F.I.}}$	$\overline{m}$	$\overline{\text{F.I.}}$
0.0			$13^{\text{m}}67$	$+1^{\text{m}}30$
0.5			14.19	0.87
1.0			14.49	0.67
1.5	$15^{\text{m}}32$	$+0^{\text{m}}68$	14.58	0.62
2.0	15.66	0.64	14.73	0.50
2.5	15.44	0.66	14.57	0.58
3.0	15.74	0.61	} 14.69	0.57
3.5	15.68	0.56		
4.0	15.79	0.54	14.90	0.62
5.0	15.76	0.52	14.59	0.58
6.0	15.70	0.48	14.73	0.56
7.0	15.41	0.54		
9.0	15.20	0.61		
∞				

fernung im Gebiet $1.5 < r < 7.0$ darauf hin, besonders auch im
Zusammenhang mit dem Ergebnis bei M. 13, daß in diesem Haufen
ein deutlicher Unterschied in der Verteilung der Sterne verschiedener
Massen vorliegt. Allerdings ist der Gang in den mittleren scheinbaren
Helligkeiten weit weniger ausgeprägt. *Es ist eben nur deshalb möglich,
mit dem Ansatz* (21)

$$\psi(M, \varrho) = \varphi(M) \cdot f(\varrho)$$

aus der Intensitätsverteilung in der Projektion die Funktion $f(\varrho)$ *in
Übereinstimmung mit* v. ZEIPELs *Methode abzuleiten, weil man in den
Kugelhaufen immer nur die Riesensterne erfaßt* und diese bekanntlich
nur über ein verhältnismäßig kleines Intervall der Leuchtkräfte verteilt sind. Man kann verschiedener Ansicht über die Reichhaltigkeit
der Kugelhaufen an Zwergsternen sein (wir kommen darauf im Abschnitt IV § 1 noch zurück). Jedenfalls gelingt es mit den heute zur
Verfügung stehenden instrumentellen Hilfsmitteln kaum, ein annähernd
vollständiges Bild über die Verteilung der schwachen Sterne, etwa
zwischen der 16. und 20. Größe, nach Leuchtkraft und Spektraltypus
zu erhalten. Man muß sich dessen bewußt sein bei allen Rechnungen
über Dichteverhältnisse in Kugelsternhaufen.

Den Ergebnissen für zwei typische Kugelhaufen wollen wir zum
Vergleich die Resultate für den typischen offenen Haufen M. 37 in
der Aurigawolke gegenüberstellen[1]). Der Haufen steht uns so verhält-
nismäßig nahe, daß es hier möglich ist, auch Zwergsterne zu erfassen.
Wegen des großen Intervalls, über welches sich die Leuchtkräfte der
Zwergsterne verteilen, wird bei offenen Haufen die obige Form von
$\psi(M, \varrho)$ nicht mehr zum Ziele führen. Deshalb ist auch die folgende
Tabelle besonders interessant. Sie ist aus den Angaben von v. ZEIPEL

---

[1]) Vgl. Anm. 26, S. 3.

und LINDGREN gerechnet. Die Breite der einzelnen Ringe beträgt etwa 93″.

Tabelle 16.

Ring	a		f		g		k	
	Riesen	Zwerge	Riesen	Zwerge	Riesen	Zwerge	Riesen	Zwerge
1, 2, 3	0.33	0.16	(0.08)	0.14	0.45	0.08	(0.00)	0.05
4, 5, 6	0.25	0.24	(0.00)	0.20	0.25	0.14	(0.29)	0.12
7, 8, 9	0.17	0.20	(0.33)	0.20	0.11	0.24	(0.43)	0.21
10, 11, 12	0.07	0.22	(0.25)	0.27	0.05	0.25	(0.14)	0.33
13, 14, 15	0.17	0.18	(0.33)	0.19	0.13	0.29	(0.14)	0.28
Gesamtzahl	174	649	12	468	38	167	7	58

Um den Gang der Anzahlen mit der Entfernung vom Zentrum für die einzelnen Gruppen vergleichbar zu machen, sind die Angaben in Bruchteilen der Gesamtzahl von Sternen der betreffenden Gruppen gemacht; und um die Genauigkeit dieser Zahlen beurteilen zu können, sind in der letzten Zeile auch die Gesamtzahlen angegeben. Die Zone, die aus den Ringen 13, 14 und 15 besteht, scheint schon ziemlich stark durch Sterne der Aurigawolke verfälscht zu sein. Es hat sich dort wohl eine Art Gleichgewicht zwischen Haufen- und Wolkensternen gebildet. Interessant ist der Vergleich der Verteilung der a-Riesen mit derjenigen der f-Zwerge, oder der Vergleich zwischen g-Riesen und g-Zwergen. Die vollkommen verschiedene Anordnung der einander gegenüber gestellten Gruppen fordert geradezu auf, aus dieser Verschiedenheit ein Verhältnis der Massen für die Sterne der einzelnen Gruppen abzuleiten. Auf die in dieser Richtung vorliegenden Versuche soll im nächsten Paragraphen eingegangen werden.

Man hat sich oft die Frage vorgelegt, inwieweit, z. B. bei M. 13, die starke Anhäufung sehr heller roter Riesen gegen das Zentrum überhaupt reell ist, oder ob wir es hier nur mit einem photographischen Effekt zu tun haben. SHAPLEY meint, daß ein Einfluß des „EBERHARD-Effektes" wohl merklich vorhanden sei[1]. Er stützt diese Ansicht auf die Ergebnisse einer Spektralarbeit von PEASE[2], die freilich nur Spektren von 40 Sternen enthält. Es erscheint allerdings zweifelhaft, ob man aus diesem Material, das keine Konzentration der roten Spektralklassen gegen die Mitte des Haufens zeigt, eine zuverlässige Abschätzung der Größe des EBERHARD-Effektes erhalten kann. Für das Folgende ist es wichtig festzustellen, daß Verfälschungen in dieser Richtung beim offenen Haufen M. 37 kaum zu erwarten sind, da er keine so starke Konzentration der Sterne zur Mitte zeigt.

---

[1] SHAPLEY, H.: Studies II. Thirteen hundred stars in the Hercules cluster (Messier 13). Contrib. Mt. Wilson. S. 116. 1916.

[2] PEASE, F. G.: Spectra of stars in the Hercules cluster M. 13. Yearbook Carnegie inst. Washington. Nr. 12, S. 219. 1913 und Publ. of the astron. soc. of the Pacific, San Francisco. Bd. 26, S. 204. 1914.

§ 5. Die Bestimmung von Massenverhältnissen von Sternen verschiedener Leuchtkraft und verschiedener Spektralklassen in Sternhaufen.

Wir beginnen damit die Hypothesen zu besprechen, auf welche sich die Ableitung von Massenverhältnissen für Sterne verschiedener Gruppen aus ihrer Anordnung in Sternhaufen gründen. Die Annahme, die gemacht werden muß, ist, *daß die Sternhaufen nicht nur einen stationären Zustand, sondern, wenigstens im Zentrum, auch einen isothermen Zustand erreicht haben.* Mehr als eine gute Arbeitshypothese, die wohl zu ersten Näherungen führen wird, kann die Annahme, wie wir zeigen werden, nicht sein. Gerade die neuesten Untersuchungen über die Verteilung der Sterne in den Kugelhaufen und offenen Haufen liefern immer mehr Ergebnisse, die auf viel kompliziertere Verhältnisse in den Sternhaufen schließen lassen, als man bisher angenommen hat. Erwähnt sei z. B., daß FREUNDLICH und HEISKANEN [1]) beim Haufen M. 13 für die Verteilung der B-Sterne, der A-, F-Sterne und der G-, K-, M-Sterne in der Projektion gegeneinander gedrehte Symmetrieachsen gefunden haben; außerdem fällt der Mittelpunkt des Systems der B-, A-, F-Sterne nicht zusammen mit demjenigen der Gruppe der G-, K-, M-Sterne. Der lineare Abstand der zwei Zentren ist, im Bogenmaß ausgedrückt, etwa $1'.13$, also recht beträchtlich im Verhältnis zum Radius der Sterngruppe, der etwa $5'.5$ beträgt. Dann sei hingewiesen auf die von FREUNDLICH in der zitierten Arbeit konstatierten Reste einer Spiralstruktur bei den B-Sternen und auf die in § 6 erhaltenen Ergebnisse in dieser Richtung für die Haufen M. 3, M. 15 und M. 37. Bei M. 3 und M. 15 zeigt sich die Spiralstruktur bei den hellsten Sternen, bei M. 37 bei den frühen Spektraltypen B und A. Es ist außer Zweifel, daß diese Resultate darauf hindeuten, daß *die Bewegungen in den Sternhaufen sich noch keineswegs ausgeglichen haben,* d. h., daß sich die Geschwindigkeiten der Sterne eben nicht nach dem Gesetze von MAXWELL verteilen, wodurch ein isothermer und deshalb stationärer Zustand bestimmt wird.

Von einem isothermen Gleichgewicht des Kernes des Haufens kann allenfalls gesprochen werden, wenn man ihn [2]) als eine, in einem begrenzten Raum eingeschlossene Sterngruppe betrachtet. Einwandfrei ist diese Vorstellung jedoch nicht. In der kinetischen Gastheorie verwendet man vollkommen reflektierende Wände für die Umgrenzung eines Gases, offenbar mit dem Sinne, daß scheinbar ebensoviele Gasmoleküle das Gefäß verlassen, wie wieder hereinkommen. Das gleiche würde bei einem nicht durch reflektierende Wände abgegrenzten Teile

---

[1]) FREUNDLICH, E. und HEISKANEN, V.: Über die Verteilung der Sterne verschiedener Massen in den kugelförmigen Sternhaufen. Zeitschr. f. Phys. Bd. 14, S. 226. 1923.

[2]) Vgl. Anm. 26, S. 3.

eines Gases von konstanter Dichte der Fall sein. Die konstante Dichte ist es, die in den Sternhaufen fehlt, und deshalb *kann auch der Kern des Haufens niemals als abgeschlossen im strengen Sinne der Gastheorie angesehen werden.* Ein Sternhaufen als Ganzes kann niemals mit dem Gleichgewichtszustand einer isothermen Gaskugel verglichen werden. Denn die isotherme Gaskugel hat unendlichen Radius und unendliche Masse; ein Sternhaufen aber hat stets eine endliche Anzahl von Sternen. Zur Hypothese des isothermen Gleichgewichts in den zentralen Teilen eines Haufens tritt nun aber noch eine weitere Annahme hinzu.

Dadurch, daß die Haufensterne nach ihrer Masse in zwei oder mehr Gruppen eingeteilt werden und nun für die Geschwindigkeitsverteilung in jeder einzelnen Gruppe die Form des MAXWELLschen Verteilungsgesetzes angenommen wird, *setzt man stillschweigend voraus, daß die Sterne verschiedener Masse sich unabhängig voneinander anordnen.* Man geht hier ebenso vor, wie in der Gastheorie bei Betrachtung eines Gasgemisches. Bei den Verhältnissen in den Sternhaufen kann die Richtigkeit einer solchen Hypothese stark bezweifelt werden; ja, bei Behandlung der gleichen Aufgabe, der Gewinnung von Massenverhältnissen bei ellipsoidförmigen Haufen werden wir gerade die gegenteilige Annahme machen. Wir werden zeigen, wie man ein Massenverhältnis für Sterne verschiedener Gruppen gewinnen kann durch Abschätzung der gegenseitigen Wechselwirkung der Sterne verschiedener Massen. Die Annahme der Gültigkeit des DALTONschen Gesetzes scheint bedeutend weniger gerechtfertigt zu sein, als die Hypothese eines isothermen Gleichgewichts im Zentrum. Bei allen Anwendungen der Gastheorie auf Sternhaufen erkennt man immer wieder aufs neue, daß ihre Ansätze unzureichend sind. Wir können in den Sternhaufen weder mit elastischen Zusammenstößen rechnen, noch die gegenseitigen Gravitationswirkungen der Sterne völlig vernachlässigen.

v. ZEIPEL[1]) geht aus von der Fundamentalfunktion $F(x, y, z;$ $\xi, \eta, \zeta; \mu, t)$, die den momentanen Zustand des Sternhaufens völlig bestimmt. Dabei sind x, y, z die Koordinaten eines Sternes, ξ, η, ζ seine Geschwindigkeitskomponenten und μ seine Masse.

Die Anzahl der Sterne, deren Koordinaten zur Zeit t zwischen

$$x \text{ und } x + dx, \quad y \text{ und } y + dy, \quad z \text{ und } z + dz,$$

deren Geschwindigkeitskomponenten zwischen

$$\xi \text{ und } \xi + d\xi, \quad \eta \text{ und } \eta + d\eta, \quad \zeta \text{ und } \zeta + d\zeta,$$

und endlich deren Massen zwischen

$$\mu \text{ und } \mu + d\mu$$

liegen, ist dann gegeben durch das Produkt

$$F(x y z, \xi \eta \zeta, \mu, t) \cdot dx \, dy \, dz \, d\xi \, d\eta \, d\zeta \, d\mu.$$

---

[1]) Vgl. Anm. 26, S. 3.

Über die Funktion F werden nun zwei fundamentale Annahmen gemacht: a) Sie soll unabhängig von der Zeit t sein, d. h. wir betrachten nur stationäre Zustände, und b) sie soll von den übrigen Veränderlichen in der Form

$$F(xyz, \xi\eta\zeta, \mu) = \alpha(\mu) \cdot e^{-h\mu(\xi^2 + \eta^2 + \zeta^2 - 2V(r))} \qquad (23)$$

abhängen, wo $V(r)$ das Potential der kugelförmigen Sterngruppe im Abstand r vom Zentrum darstellt, und $\alpha(\mu)$ eine durch die relative Häufigkeit der verschiedenen Massen bestimmte Funktion ist. Die Annahme b) enthält die Hypothese isothermen Gleichgewichts.

Aus der Funktion F bilden wir durch die Integration die Funktion $f(r, \mu)$

$$f(r, \mu) = \int\limits_{-\infty}^{+\infty}\int\int F\, d\xi\, d\eta\, d\zeta \qquad (24)$$

Das Produkt $f(r, \mu)\, dx\, dy\, dz\, d\mu$ gibt nun offenbar die Anzahl Sterne beliebiger Geschwindigkeit im Volumelement $dx\, dy\, dz$ mit dem Abstand r vom Zentrum an, deren Massen zwischen μ und $\mu + d\mu$ liegen. Setzt man in (24) die angenommene Form von F ein, so wird

$$f(r, \mu) = \beta(\mu)e^{2h\mu V(r)}. \qquad (25)$$

$\beta(\mu)$ hängt auf einfache Weise mit $\alpha(\mu)$ zusammen. Insbesondere wird für $\mu = 1$

$$f(r, 1) = \beta(1) \cdot e^{2hV(r)}.$$

Also erhält man auch

$$f(r, \mu) = \gamma(\mu) \cdot \left[f(r, 1)\right]^{\mu}, \qquad (26)$$

woraus durch Logarithmieren die lineare Gleichung folgt:

$$\log f(r, \mu) = \log \gamma(\mu) + \mu \cdot \log f(r, 1). \qquad (27)$$

Die Größen $\log f(r, \mu)$ und $\log f(r, 1)$ sind dabei als bekannt anzusehen aus der Verteilung der Sterne der verschiedenen Gruppen. Dabei wählt man die Masse der Sterne einer willkürlichen Gruppe als Einheit und erhält dann die übrigen Massen auf diese Einheit bezogen. $\log \gamma(\mu)$ und μ sind zu bestimmen.

Offenbar gelingt die Lösung der Aufgabe mit Hilfe der Methode der kleinsten Quadrate, indem man die obige Gleichung für verschiedene Werte von r ansetzt und dann durch Ausgleichung die wahrscheinlichsten Werte von $\log \gamma(\mu)$ und μ zu bestimmen sucht. Die Resultate von v. Zeipel für den offenen Haufen M. 37 sind die folgenden:

	mittl. F.I.	rel. Masse μ
g-Riesen	$+ 1^m00$	2.15 ± 0.12
b- und a-Sterne	0.00	1.00
f-Zwerge	$+ 0.50$	0.673 ± 0.020
g-Zwerge	$+ 0.80$	$0.360 \pm 0.022.$

Aus der Kleinheit der mittleren Fehler schließt v. Zeipel auf die Richtigkeit der Hypothese, daß die Maxwellsche Verteilung in M. 37 wenigstens bis zu 6.2 vom Zentrum (etwa $^1/_4$ des Halbmessers) gilt. Wir sehen jedenfalls, daß sich auf Grund der gemachten Arbeitshypothesen durchaus vernünftige Massenverhältnisse für Sterne verschiedener Leuchtkraft und verschiedener Spektraltypen aus ihrer Verteilung in manchen geeigneten Sternhaufen ableiten lassen.

Den Ausgangspunkt der analogen Untersuchungen von Freundlich und Heiskanen [1]), für die Kugelhaufen Messier 3 und Messier 13, bildet das Dichtegesetz der isothermen Gaskugel:

$$\varrho_i = \varrho_0^{(i)} \cdot e^{-2hm_i V(r)}.$$

Dabei ist ϱ_i die räumliche Dichte an einer bestimmten Stelle einer kugelförmig gebauten Gasart mit dem Atomgewicht m_i; $V(r)$ der Wert des Potentials an dieser Stelle. Bei beiden Haufen werden die Sterne in zwei Gruppen eingeteilt. Die erste Gruppe umfaßt alle Sterne mit Farbenindizes kleiner als $+$ 0.80, die zweite Gruppe alle diejenigen, deren Farbenindizes größer als $+$ 0.80 sind. Da es sich in den Kugelhaufen nur um Riesensterne handelt, so genügt es wohl in erster Näherung, die Sterne nur nach ihrer Farbe und nicht auch nach ihrer Helligkeit einzuteilen. Will man in den Kugelhaufen jedoch genauere Massenabschätzungen haben, so darf man die verschiedene Helligkeit nicht mehr unberücksichtigt lassen. Gerade die Farbenhelligkeitsdiagramme zeigen, daß die Farbe allein kein ausreichendes Kriterium für die Masse sein kann. Sie wäre es wohl, wenn sich nicht der eine rote Ast von Riesensternen nach der blauen Seite zu in zwei Äste aufspalten würde, wie es die Farbenhelligkeitsdiagramme von Messier 3 und Messier 13 zeigen. Der obere blaue Ast setzt sich offenbar aus „Übergiganten", der untere aus den gewöhnlichen Riesen zusammen. Bei den a- und f-Sternen wird sich deshalb vor allem die Ungenauigkeit der Einteilung bemerkbar machen. Die Übergiganten und gewöhnlichen Riesen erhält man nicht getrennt. Die Abschätzung Freundlichs will jedoch nichts anderes sein, als eine erste Annäherung, da das Beobachtungsmaterial nicht ausreichen würde, um eine genauere Einteilung vorzunehmen.

ϱ_A^ν sei die räumliche Dichte der Sterne der ersten Gruppe in der Entfernung r_ν vom Zentrum. Eine analoge Bedeutung hat ϱ_K^u für die Sterne der zweiten Gruppe. Ferner seien m_A und m_K die durchschnittlichen Massen der Sterne der ersten und zweiten Gruppe. Dann ergibt sich aus dem logarithmierten isothermen Dichtegesetz sofort die Beziehung:

$$\frac{m_A}{m_K} = \frac{\log \varrho_A^\nu - \log \varrho_A^u}{\log \varrho_K^r - \log \varrho_K^u}.$$

---

[1]) Vgl. Anm. 1, S. 59.

Die räumlichen Dichten ϱ sind nach der v. ZEIPELschen Formel berechenbar. Dann kennt man aber auch die linke Seite der Gleichung. Mit M_i soll der Quotient m_K/m_A bezeichnet werden, der gewonnen wird aus dem Vergleich der Dichten in den Abständen $r = i'$ und $r = (i + 1)'$. Die Ergebnisse von FREUNDLICH und HEISKANEN sind die folgenden:

Tabelle 17.

M_i	Messier 13	Messier 3
$i = 2'$	1.420	1.761
$= 3'$	1.135	1.865
$= 4'$	1.240	1.518
$= 5'$	1.215	1.326
$= 6'$	1.490	—

Durch Bildung der Mittelwerte findet sich für

$$\text{Messier } 13: \quad m_K/m_A = 1.300 \pm 0.06$$
$$\text{Messier } 3: \quad m_K/m_A = 1.618 \pm 0.12.$$

Es ist sehr bemerkenswert im Hinblick auf die kosmogonischen Betrachtungen des vierten Abschnitts und paßt ganz zu der dort entwickelten Auffassung, daß die roten Riesen in M. 13 eine kleinere Masse, bezogen auf die weißen Riesen, haben, als in M. 3. Wir schließen daraus, daß Messier 13 der ältere Haufen sein muß, was wir auf einem ganz anderen Wege noch bestätigt finden werden. Im folgenden Kapitel werden wir sehen, wie man aus dem Ellipsoidansatz ebenfalls eine Abschätzung für das Massenverhältnis finden kann. Genauere Rechnungen sind aber auch hier erst durchführbar, wenn das Beobachtungsmaterial vervollständigt sein wird.

§ 6. Über Reste einer Spiralstruktur in Sternhaufen.

Die in § 5 besprochenen Versuche, aus der Verteilung der Sterne verschiedener Leuchtkraft und verschiedener Temperatur in Sternhaufen Massenverhältnisse abzuschätzen, benutzten die Arbeitshypothese, daß für die zentralen Teile der Haufen das MAXWELLsche Geschwindigkeitsverteilungsgesetz gilt, daß diese Zonen also als „isotherm" im Sinne der kinetischen Gastheorie aufgefaßt werden dürfen. Da es nur möglich ist, bei Doppelsternen mit bekannter Parallaxe Massenbestimmungen für Sterne von verschiedenen physikalischen Eigenschaften zu erhalten, so gewinnen dadurch die eben besprochenen Arbeiten sehr an Bedeutung. Eine genauere Untersuchung über die Gültigkeit der Arbeitshypothese für die zentralen Teile ist deshalb unbedingt notwendig.

Wir haben schon darauf hingewiesen, daß FREUNDLICH und HEISKANEN in dem kugelförmigen Sternhaufen Messier 13 Reste einer Spiralstruktur zu finden glaubten. Ihre Betrachtungen sind jedoch nur rein qualitativer Art. Sie gingen dabei ebenso vor, wie dies im Folgenden geschieht, um einen ersten Überblick über die Verteilung der hellen und schwachen Sterne in einem Sternhaufen zu erhalten. Dazu wurden nach den Bonner Katalogen die hellen und schwachen Sterne für sich auf Millimeterpapier in kleinem Maßstab aufgezeichnet, und zwar für die Kugelhaufen Messier 3 und Messier 15 (siehe die Abb. 5—8). Sie

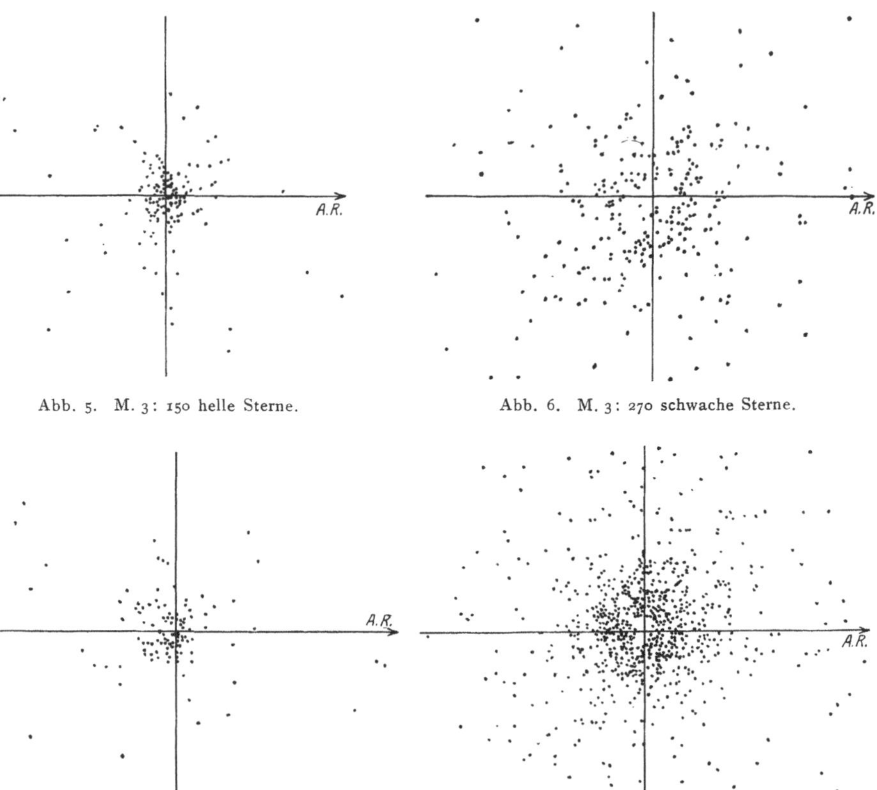

Abb. 5. M. 3: 150 helle Sterne.   Abb. 6. M. 3: 270 schwache Sterne.

Abb. 7. M. 15: 110 helle Sterne.   Abb. 8. M. 15: 760 schwache Sterne.

zeigen bei den schwachen Sternen aufs deutlichste eine elliptische und keine kreisförmige Anordnung, und mit großer Sicherheit kann die Richtung der großen Achse geschätzt werden. Die A. R. wachsen von links nach rechts, so daß die Abbildungen also keine direkten Bilder der Haufen am Himmel darstellen.

Beobachtet man dies, so findet man den Positionswinkel Φ der großen Achse, gezählt vom Deklinationskreis aus von Nord über Ost nach Süd, für beide Haufen etwa bei 45°, ein Wert, der mit den auf exakterem Wege abgeleiteten Werten in der Tabelle 24 auf S. 74 gut übereinstimmt. Dort ist für Messier 15: $\Phi = 44^\circ$, für Messier 3:

$\boldsymbol{\Phi} = 41°$, also eine, vielleicht nur zufällig, weit bessere Übereinstimmung zwischen Schätzung und Rechnung als bei SHAPLEY. Wie wir noch sehen werden, ist es vielleicht auch eine Folge davon, daß es sich bei SHAPLEYS gerechneten Werten um die Häufigkeitsachsen und nicht um die Symmetrieachsen handelt. Wir müssen jedoch hinzufügen, daß unsere Zeichnungen nur den innersten Kern der Haufen wiedergeben. In den äußeren Regionen, und auf diese beziehen sich vor allem die Arbeiten von PEASE und SHAPLEY, verwischt sich die elliptische Anordnung bei den Zeichnungen nach den Bonner Katalogen, so daß die Bestimmung von $\boldsymbol{\Phi}$ wieder unsicher wird.

Die Tatsache, daß die schwachen Sterne in der Projektion keine kreisförmige Anordnung zeigen, führt zu dem Resultat, daß alle bisherigen Untersuchungen über Dichtegesetze in Sternhaufen, die ja immer Kugelsymmetrie voraussetzen, nur erste Näherungen sein können. Wir werden dadurch auf einen ganz neuen Fragenkomplex geführt, dem das folgende Kapitel gewidmet sein wird. Was in dem jetzigen Zusammenhang interessiert, ist die Unvereinbarkeit einer MAXWELLschen Geschwindigkeitsverteilung mit einer elliptischen Haufenstruktur in den zentralen Teilen.

Betrachten wir nun die Verteilung der hellen Sterne in der Projektion der beiden Sternhaufen an Hand der Abbildungen, so fallen zwei Eigentümlichkeiten auf. Sie zeigen im allgemeinen eine starke Konzentration gegen das Zentrum, während die weiter außen liegenden Sterne sich in einer Weise anordnen, die an Spiralstruktur erinnert. Besonders bei Messier 3 ist diese Anordnung auch viel auffallender als in den Abbildungen von FREUNDLICH und HEISKANEN für Messier 13. Es verdient vielleicht noch Erwähnung, daß die Verbindungslinie der beiden einander gegenüber liegenden Loslösungspunkte der Spiralarme vom zentralen Kern in die Richtung der großen Achse der elliptischen Verteilung der schwachen Sterne zu fallen scheint. Man kann natürlich sagen, daß diese Erscheinung zufällig sei. Jedenfalls wäre es verfrüht, hieraus etwa auf irgendeinen kosmogonischen Zusammenhang der Kugelhaufen mit den Spiralnebeln schließen zu wollen. Ebenso, wie die elliptische Struktur in der Anordnung der schwachen Sterne, würde aber auch dieses Beobachtungsergebnis, falls es reell ist, darauf hindeuten, daß wir es in den Kugelhaufen noch nicht mit einem völlig ausgeglichenen Bewegungszustand zu tun haben.

Es fragt sich, ob eine vielleicht vorhandene Spiralstruktur in der Anordnung der hellen und deshalb wohl massigen Sterne eines Sternhaufens nicht quantitativ einigermaßen erfaßt werden kann. Hier führt vielleicht die folgende Überlegung zum Ziele. In der Abb. 9 sei in schematischer Weise eine Spiralstruktur wiedergegeben. Wir nehmen dabei an, daß es sich ebenso wie in allen Spiralnebeln, nur um zwei in entgegengesetzter Richtung abgehende Spiralarme handelt. Wir teilen nun den Haufen in eine Anzahl konzentrischer Ringe ein. Für jeden Ring wird gesondert die Richtung der Hauptträgheitsachse bestimmt. Da in jedem Ring die Hauptmasse der Sterne jeweils in den Spiralarmen liegt, so sieht man, daß die Hauptträgheitsachse sich gleichsinnig drehen muß, wenn man von den inneren Ringen zu den äußeren übergeht. Die Erscheinung muß sich natürlich am deutlichsten bei den massigsten Sternen eines Haufens zeigen, weil bei diesen die Zeit bis zur völligen Durchmischung der Geschwindigkeiten nach Größe und Richtung am größten sein und sich deshalb eine MAXWELLsche Geschwindigkeitsverteilung am spätesten einstellen wird.

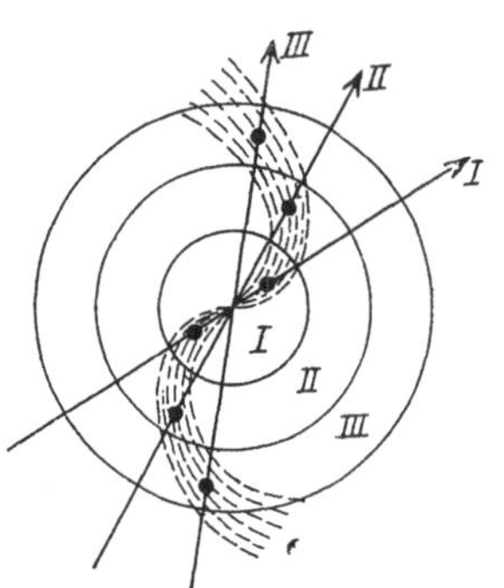

Abb. 9. Drehung der Trägheitsachse bei Spiralstruktur.

Zu einer genaueren numerischen Untersuchung in der eben skizzierten Weise enthalten jedoch die Bonner Kataloge für die Kugelhaufen M. 3 und M. 15 zu wenig Sterne, und dann ist auch die Trennung zwischen hellen und schwachen Sternen eine sehr willkürliche, so daß wir keineswegs sicher sind, Sterne von annähernd gleicher Masse herauszugreifen. Daher wurden die Reste einer Spiralstruktur näher verfolgt beim Haufen Messier 37, der allerdings schon zur Gruppe der offenen Haufen gehört. Es ist an und für sich schon interessant festzustellen, ob eine Spiralstruktur sich auch noch bei offenen Haufen zeigt, kommen wir doch immer mehr zur Ansicht, daß die offenen Haufen wesentlich älter sind als die Kugelhaufen (vgl. Abschnitt IV). Für Messier 37 existiert der umfangreiche Katalog von v. ZEIPEL und LINDGREN[1]), dessen Anlage sich zu dem hier vorliegenden Zweck ganz besonders bewährt hat. Die B- und A-Sterne sind in diesem Haufen durchschnittlich die hellsten, und nach den Erfahrungen im Sternsystem besitzen sie größere Masse als absolut schwächere Sterne der späteren Spektraltypen. Bei ihnen müßte sich somit in ihrer Verteilung in der Projektion am ehesten noch eine spiralartige Struktur zeigen. Der Haufen wurde in vier konzentrische Ringe eingeteilt. Es besteht der Ring

I aus den v. ZEIPELschen Ringen 1 und 2,
II   3, 4, 5,
III   6, 7, 8,
IV   9, 10, 11.

Aus zwei Gründen wurde hier abgebrochen, obwohl der v. ZEIPELsche Katalog 15 Ringe enthält: 1. Weil in den späteren Ringen nicht mehr alle Farbenindizes angegeben sind, und 2. weil in diesen äußersten Ringen eine starke Vermischung der Haufensterne mit den Sternen

---

[1]) Vgl. Anm. 26, S. 3.

der Aurigawolke zu erwarten war, wodurch eine Störung der wirklichen
Haufenstruktur zu befürchten ist. In der Tat haben wir auf eine solche
Vermischung schon auf S. 58 hingewiesen, bei der Ableitung der Dichtegesetze für die Sterne verschiedener Leuchtkraft und verschiedener Temperatur in diesem Haufen. Für jede der vier Ringzonen wurde gesondert
die Richtung der Hauptträgheitsachse bestimmt, und zwar nach der
bekannten Formel

$$\operatorname{tg} 2\alpha = \frac{2\,\Phi_{xy}}{\Theta_y - \Theta_x}. \tag{28}$$

Hier ist α der Richtungswinkel der Hauptträgheitsachse gegen die positive x-Achse; Φ_{xy} ist das Deviationsmoment, Θ_y das Trägheitsmoment
in bezug auf die y-Achse, Θ_x dasjenige in bezug auf die x-Achse. Wir
stellen hier die Ergebnisse der Rechnung zusammen:

Tabelle 18.

Zone	Zahl der B- und A-Sterne	α
I	126	51?0
II	236	75.4
III	194	94.1
IV	195	96.3

Geht man vom Zentrum des Haufens nach außen, so dreht sich die
Hauptträgheitsachse im entgegengesetzten Uhrzeigersinn. Diese gleich-
gerichtete Drehung ist natürlich nur eine notwendige, keine hinreichende
Bedingung für das Vorhandensein einer Spiralstruktur. Um vorsichtig
zu sein, wird man daher nur soviel mit Sicherheit sagen können, daß
sogar in den offenen Haufen Reste einer Spiralstruktur zu finden sind.
*Jedenfalls ist durch diese Untersuchungen gezeigt, daß in den Stern-
haufen auch im Zentrum noch keine stationären Zustände erreicht sind.*
Auch FREUNDLICH und HEISKANEN haben darauf hingewiesen, daß in
den Kugelhaufen viel kompliziertere Verhältnisse zu herrschen scheinen
als man bisher angenommen hat.

Man könnte fragen, wie sicher eigentlich die oben angegebenen
Winkel α berechnet werden können. Bei vollkommen kreissymmetri-
scher Verteilung der B- und A-Sterne müßte $\operatorname{tg} 2\alpha$ die unbestimmte
Form $0/0$ annehmen. Die Größen von Φ_{xy} und $\Theta_y - \Theta_x$ bilden somit
ein Maß für die Genauigkeit, mit der der Winkel α definiert ist. Zu
diesem Zweck geben wir hier noch diese Werte, in willkürlichen Einheiten gerechnet, für die einzelnen Zonen an.

Tabelle 19.

Zone	Θ_x	Θ_y	$\Theta_y - \Theta_x$	Φ_{xy}
I	10 407	9 752	— 656	+ 1548
II	129 365	139 571	+ 10 296	— 2850
III	338 576	370 358	+ 31 782	+ 2294
IV	746 690	807 191	+ 60 501	+ 6705

5*

Aus diesen Zahlen darf man wohl schließen, daß es sich nicht um eine zufällige gleichsinnige Drehung der Hauptträgheitsachse handeln kann. v. d. Pahlen hat darauf aufmerksam gemacht, daß die durch die Richtungswinkel α gegebenen Geraden und die durch die Mitten der einzelnen Zonen gehenden Kreise durch ihre Schnittpunkte eine Spirale definieren, die am besten durch die logarithmische Spirale

$$\ln r'' = + 4.37 + 2.75 \cdot \varphi$$

dargestellt werden kann. Als Differenzen zwischen Beobachtung und Rechnung findet man:

Tabelle 20.

Zone	$\Delta r/r$
I	$+ 0.01$
II	$+ 0.09$
III	$- 0.19$
IV	$+ 0.09$

Die hier aus einer etwaigen Spiralstruktur gezogenen Schlüsse lassen sich natürlich nicht umkehren, wie wir schon bemerkten. Im folgenden Kapitel werden wir sehen, daß eine Drehung der Trägheitsachsen nicht stattfinden kann, so lange die Anordnung der Sterne rotationssymmetrisch bleibt. Es ist daher durch die obigen Rechnungen jedenfalls der Nachweis geführt, daß die fraglichen Haufen weder Kugel- noch überhaupt Rotationssymmetrie besitzen.

Zweites Kapitel.
Über Probleme ellipsoidförmiger Sternhaufen.

§ 1. Die Sternzählungen von Pease und Shapley.

Das genauere Studium der Verteilung der Sterne verschiedener Leuchtkraft und Temperatur in der Projektion einiger Sternhaufen, sowie die Untersuchungen über etwaige Reste einer Spiralstruktur in der Anordnung der massigsten Sterne haben uns dazu geführt, annehmen zu müssen, daß sowohl bei den typischen Kugelhaufen, als auch bei den offenen Sterngruppen selbst im Zentrum der Haufen noch keine stationären Zustände herrschen. Die Geschwindigkeiten der einzelnen Sterne scheinen keineswegs nach Größe und Richtung willkürlich verteilt zu sein. Die gefundene spiralige Struktur läßt vielmehr auf gemeinsame Bewegung ganzer Sterngruppen im Innern der Haufen schließen. Die bei den schwachen Sternen der Kugelhaufen Messier 3 und Messier 15 auftretende elliptische Anordnung der Sterne macht ebenfalls solche gemeinsame Bewegungen wahrscheinlich. Man wird dabei an eine Rotation des ganzen Systems denken. Wie dem auch sei — jedenfalls geht die Beschreibung der Sternhaufen auf Grund

vorhandener Kugelsymmetrie und MAXWELLscher Geschwindigkeitsverteilung, wie wir sie bisher allein durchgeführt haben, von zu einfachen
Voraussetzungen aus, die wir jetzt durch allgemeinere ersetzen wollen.

Eine im Jahre 1917 erschienene Arbeit von PEASE und SHAPLEY
enthält ausführliche Sternzählungen für 12 Kugelhaufen [1]). Sie stellt die
erste Arbeit dar, in welcher die Abhängigkeit der Sternzahlen auch
von der Richtung vom Zentrum aus studiert wird. Das Hauptergeb-
nis dieser Zählungen ist, daß *die Projektion der Kugelhaufen*, wie sie
auf der photographischen Platte erscheint, *im allgemeinen keine kreisförmige, sondern vielmehr eine elliptische Anordnung der Sterne zeigt*,
die besonders hervortritt, je mehr schwache Sterne in die Zählungen
eingeschlossen werden. Dieser Verteilung der Sterne in der Projektion
dürfte im Raum eine ellipsoidische An-
ordnung der Haufensterne entsprechen.
Man könnte auch an irgendwelche andere
Figuren der Haufen denken, wie etwa an
linsenförmige Oberflächen.

Jedenfalls wird durch die Zählungen
von PEASE und SHAPLEY auch die Theorie
in neue Bahnen gewiesen. Es wird sich
darum handeln müssen, diejenigen Fragen,
die v. ZEIPEL und PLUMMER in erschöpfen-
der Weise unter Voraussetzung der Kugelform für die Sternhaufen behandelt haben,
in Angriff zu nehmen für den Fall, daß
die Sternhaufen etwa Rotationsellipsoide

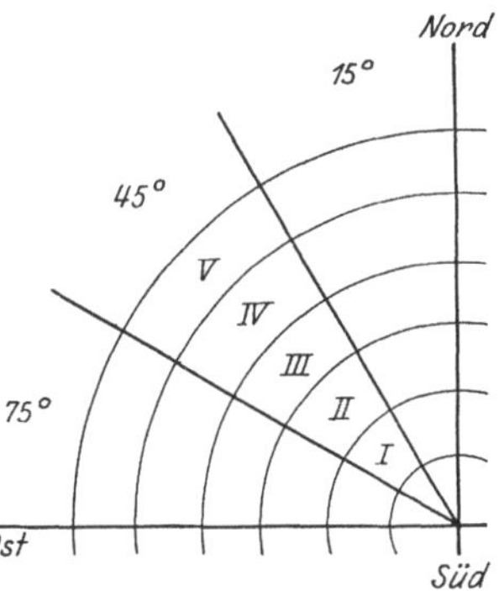

Abb. 10. Einteilung der Zählfelder
nach PEASE und SHAPLEY.

sind, Rotationsellipsoide deshalb, weil dies der nächst einfache Fall
nach der Kugel ist. Einige der im folgenden zu entwickelnden Untersuchungen haben jedoch eine allgemeinere Gültigkeit; so vor allem das
Studium der räumlichen Dichteverteilung, wenn die Verteilung der Sterne
in der Projektion gegeben ist. Aber schon im Falle der Rotationsellipsoide bieten sich Schwierigkeiten, die bisher noch ungelöst sind.

Was nun die Untersuchungen von PEASE und SHAPLEY über die
Sternverteilung in der Projektion von einigen Kugelhaufen betrifft,
so enthalten sie ausführliche Sternzählungen für die acht Haufen:
Messier 2, 3, 10, 12, 13, 15, 53 und 56 und vorläufige Ergebnisse
für die vier Haufen N.G.C. 6093, 6229, 6402 und 6934. Die Projektionen der Haufen wurden bei den Zählungen in der in der Abb. 10
angedeuteten Weise in zwölf Sektoren und fünf konzentrische Ringe
eingeteilt. Die Zählungen selbst enthalten die Sternzahl pro Ring und
Sektor, so daß auch die Abhängigkeit der Sternzahl von der Richtung bei wachsender Entfernung vom Zentrum bestimmt werden kann.

[1]) Vgl. Anm. 1, S. 5.

Die Sternzählungen wurden in der Weise durchgeführt, daß auf die photographische Platte eine Glasplatte mit Ring- und Sektoreneinteilung gelegt wurde. Der Mittelpunkt der Ringe wurde nach Schätzung mit dem Mittelpunkt der Haufenprojektion zur Deckung gebracht. Der zitierten Arbeit sind die folgenden Resultate als Beispiele dafür entnommen, wie deutlich sich eine elliptische Anordnung bei einzelnen Haufen zeigt. Die verschiedenen Sektoren sind durch die Positionswinkel ihrer Halbierungslinien bezeichnet. Es handelt sich dabei um Zählungen auf Platten, die mit dem 60zölligen Reflektor der Mt. Wilson-Sternwarte mit einer Belichtungszeit von 94^m aufgenommen wurden.

Tabelle 21.

Sektoren		15°	45°	75°	105°	135°	165°	195°	225°	255°	285°	315°	345°
Messier 13	Ring I—IV	1261	1340	1475	1590	1580	1431	1338	1343	1486	1590	1580	1361
Messier 15	Ring I—IV	1430	1357	1284	1278	1311	1322	1306	1446	1391	1316	1354	1366

Für M. 10 und M. 12 fand sich keine ausgeprägte Abhängigkeit der Sternzahl von der Richtung vom Zentrum. Bei M. 3 zeigte sich Asymmetrie.

Am eingehendsten wurde der große Haufen im Herkules (Messier 13) untersucht. Wir geben, wegen der Wichtigkeit dieser Arbeiten für das Folgende, die Sternzählungen für Messier 13 für eine Platte ausführlich wieder.

Tabelle 22. Messier 13.

Sektoren Ring	15°	45°	75°	105°	135°	165°	195°	225°	255°	285°	315°	345°
I	623 (0.87)	668 (0.93)	750 (1.04)	762 (1.06)	764 (1.06)	728 (1.03)	712 (0.99)	683 (0.95)	758 (1.05)	778 (1.08)	718 (1.00)	670 (0.93)
II	358 (0.88)	361 (0.89)	423 (1.04)	464 (1.14)	476 (1.18)	386 (0.95)	330 (0.81)	352 (0.87)	402 (0.99)	438 (1.08)	479 (1.18)	394 (0.97)
III	168 (0.79)	207 (0.98)	212 (1.00)	236 (1.11)	226 (1.07)	202 (0.95)	188 (0.89)	194 (0.91)	214 (1.01)	248 (1.17)	249 (1.17)	198 (0.93)
IV	112 (0.99)	104 (0.92)	90 (0.80)	128 (1.13)	114 (1.01)	115 (1.02)	108 (0.95)	114 (1.01)	112 (0.99)	126 (1.11)	134 (1.19)	99 (0.88)

Der innere Radius des ersten Ringes und die Breite eines jeden Ringes beträgt jeweils 2′.09. Aus der Tabelle ersieht man, daß die elliptische Struktur in allen Entfernungen vom Zentrum vorhanden ist. Um dies noch besser beurteilen zu können, wurden in Klammern die Verhältnisse der einzelnen Zahlen zur mittleren Sternzahl eines Sektors des betreffenden Ringes hinzugefügt.

Es gibt noch eine weitere Prüfung für die Tatsache, daß diese Sternzählungen auf eine in den Sternhaufen vorhandene Symmetrieebene schließen lassen, die dann wohl identisch sein würde mit der sogenannten „unveränderlichen Ebene" des Systems. Man weiß aus dem Studium der galaktischen Verteilung gewisser veränderlicher Sterne, z. B. der langperiodischen Cepheiden, daß diese die Milchstraßenzone stark bevorzugen, d. h. eine größere Symmetrie zur galaktischen Ebene zeigen als andere Sterne. Die Bevorzugung der Symmetrieebene in Sternhaufen durch eine bestimmte Gruppe von Sternen müßte sich offenbar in ihrer stärker ausgeprägten elliptischen Anordnung bemerkbar machen. In der Tat konnte dies für veränderliche Sterne in ω Centauri gezeigt werden [1]).

Mit Recht bemerken SHAPLEY und PEASE, daß es auffallend erscheint, wie eine solch ausgeprägte Elliptizität, wie z. B. bei Messier 13, einem Haufen, der so oft und so eingehend studiert worden ist, noch nicht bemerkt wurde. Den Grund dafür erblicken sie in der Tatsache, daß es zur Feststellung einer elliptischen Anordnung der Sterne nötig ist, die Zählungen auf die schwächsten Objekte auszudehnen, was bei den früheren Arbeiten nicht geschehen ist.

Diese ersten Untersuchungen wurden von SHAPLEY gemeinsam mit MARTHA B. SHAPLEY ausgedehnt auf 41 Kugelhaufen [2]). Dabei fanden sie, daß die Projektionen von 30 Haufen ausgesprochen elliptisch sind; zehn Haufen projizieren sich nahezu kreisförmig, während die Projektion von Messier 3 asymmetrisch ist. Von den 30 Haufen mit elliptischer Projektion sind die Positionswinkel der großen Achse der Projektionsellipse angegeben, wie sie sich aus Sternzählungen auf Mt. Wilson-Platten und Schätzungen mit Hilfe der FRANKLIN-ADAMS-Karten ergeben haben. Die verhältnismäßig große Anzahl von 30 Haufen mit bestimmten Positionswinkeln für die Symmetrieachse und bekannten Raumkoordinaten gibt SHAPLEY Veranlassung zu statistischen Betrachtrachtungen über die Lage der Symmetrieebenen dieser Haufen in bezug auf die Milchstraßenebene. Bekannt ist zunächst nur die Neigung der großen Achse der Projektion gegen den durch die Milchstraße am Himmel definierten größten Kreis. Die Parallelität zwischen großer Achse und galaktischem Kreis ist offenbar eine notwendige, aber nicht hinreichende Bedingung für die Parallelität der Symmetrieebene eines Haufens und der Milchstraßenebene. Da SHAPLEY zunächst

---

[1]) SHAPLEY, H.: The relation of blue stars and variables to galactic planes. Communic. from the Mt. Wilson solar observ. to the nat. acad. of sciences, Washington. Nr. 45. 1917.

[2]) SHAPLEY, H. und SHAPLEY, M. B.: Studies XIII. The galactic planes in 41 glubular clusters. Contrib. Mt. Wilson. Nr. 160. 1919.

kein anderes Kriterium für die Neigung der Symmetrieebene gegen
die Milchstraßenebene zur Verfügung steht, versucht er, ob zwischen
dem Winkel, der von der großen Achse und dem galaktischen Kreis
eingeschlossen wird, und dem Abstand der Haufen von der Milchstraßenebene eine Korrelation besteht. Wir geben in der folgenden
Tabelle seine Resultate wieder.

Tabelle 23.

Abstandsintervall (Einheit 100 Parsecs)	Anzahl der Haufen	Mittlerer Abstand	Mittlere Neigung
0 bis ± 20	5	17	23^0
± 20 bis ± 40	8	31	41
± 40 bis ± 60	5	46	64 ⎫
± 60 bis ± 80	5	67	36 ⎬ Mittel 47^0
> ± 80	7	136	42 ⎭

Wären die Neigungen zufällig verteilt, dann müßte man einen Mittelwert von 45^0 erwarten. Für die größeren Abstände von der galaktischen Ebene trifft dies offenbar zu, während in der Nähe der Milchstraße ein Gang der mittleren Neigung der großen Achse gegen den
galaktischen Kreis mit dem mittleren Abstand der Haufen von der
Milchstraßenebene angedeutet ist. Shapley äußert daher die Vermutung, daß die Symmetrieebenen der Haufen um so mehr parallel
zur Milchstraßenebene seien, je näher die Haufen dieser stehen. Die
Milchstraßenebene würde also für den inneren Aufbau der Haufen
eine bedeutende Rolle spielen. Wir werden im folgenden versuchen,
ob diese wichtigen Untersuchungen nicht noch etwas exakter durchgeführt werden können.

§ 2. Die Abhängigkeit der Gestalt eines ellipsoidförmigen Haufens und seiner Lage im Raum von der Gestalt seiner Projektion und deren Lage am Himmel.

Um ein Urteil über den Wert und die Sicherheit der statistischen
Betrachtungen Shapleys zu gewinnen, wollen wir untersuchen, inwieweit die Gestalt eines Haufens im Raum durch seine Projektion bestimmt wird, und in welcher Weise die Lage der Projektion des Haufens
am Himmel die möglichen Lagen des Haufens im Raum, insbesondere
die Lagen seiner Symmetrieebene gegen die Milchstraßenebene einschränkt. Wir werden dabei sehen, daß die Shapleyschen Betrachtungen wesentlich verschärft werden können.

Es handelt sich also zuerst darum, die Gestalt und Lage der
Projektionsellipse eines Haufens am Himmel zu bestimmen. Die ersten
Ansätze zur Festlegung der großen Achse der Projektionsellipse finden
sich in der zitierten Arbeit von H. und M. Shapley. Was die Be

stimmung der Gestalt der Projektionsellipse betrifft, so besteht außer einer rohen Schätzung der Exzentrizität der Projektion von Messier 13 (von SHAPLEY, FREUNDLICH und HEISKANEN) meines Wissens kein weiterer Versuch in dieser Richtung. Ein Grund dafür ist wohl im Mangel an ausreichendem Beobachtungsmaterial zu suchen. Außerdem treten bei der Behandlung dieser Aufgabe gewisse Schwierigkeiten zutage, die wir nun besprechen wollen. Die Dichtediagramme, die BAILEY in seiner Arbeit über Kugelhaufen[1] angegeben hat, zeigen aufs deutlichste, wie die Haufen ganz allmählich auslaufen, ohne eine scharf bestimmte Grenze zu besitzen. Dieser Umstand muß natürlich alle Untersuchungen, die sich auf die Kenntnis der Gestalt der Projektionsellipse stützen, aufs ungünstigste beeinflussen. Handelt es sich um die Bestimmung der Exzentrizität der Projektion, so trifft dies nicht im gleichen Maße zu. Da, wenn die gezählten Sternzahlen durch die Zahl der Vordergrundsterne korrigiert worden sind, die *Grenzkurve der Projektion definiert ist als die Kurve von der konstanten Dichte Null*, so brauchen wir zur Bestimmung der Exzentrizität diese unsichere Kurve nur durch eine Kurve irgendeiner anderen konstanten, aber nahe bei Null liegenden Dichte zu ersetzen. Machen wir noch die Voraussetzung, daß am Rand des Haufens die Kurven konstanter Dichte ähnlich seien, so erkennt man, daß es gelingt, die Exzentrizität abzuleiten ohne Kenntnis der Grenzkurve des Haufens. *Die Bestimmung der Exzentrizität der Projektionsellipse ist also unabhängig von der Dichte der Vorder- und Hintergrundsterne*; sie kann daher mit weit größerer Genauigkeit abgeleitet werden als die absolute Größe der Projektion.

Die Methode, nach der die Exzentrizitäten für die Projektionen von acht Haufen bestimmt wurden, ist im wesentlichen identisch mit der Art, wie TRÜMPLER die Grenze von Sternhaufen bestimmt[2], eine Methode, die wir schon auf Seite 39 ausführlich besprochen haben. Das einzige, was man braucht, um die Methode mit Erfolg anwenden zu können, sind umfangreiche Sternzählungen. Normale Sternkataloge von Haufen reichen nicht aus. Um nun eine Kurve konstanter Dichte in der Projektion eines Haufens zu finden, teilt man den Haufen in eine Anzahl Sektoren ein. Für jeden Sektor zeichnet man in der Ebene (ϱ, r) den Dichteabfall. Die Dichtekurve eines Sektors braucht man nun nur mit derjenigen Geraden $\varrho = $ const. zum Schnitt zu bringen, die jene konstante Dichte darstellt. Die Abszisse dieses Schnittpunktes — die Diagramme sind so angelegt, daß die Dichte (ϱ) als Ordinate, die Entfernung (r) als Abszisse aufgetragen ist — bestimmt diejenige Entfernung vom Zentrum, in der in der Mitte des betreffenden Sektors die Dichte ϱ angetroffen wird. Auf diese Weise erhält man für jeden Sektor einen Punkt, durch welchen die Kurve

---

[1]) Vgl. Anm. 2, S. 24.
[2]) Vgl. Anm. 3, S. 5.

der konstanten Dichte ϱ gehen muß. Nehmen wir diese Kurve hypothetisch als Ellipse an, so hat man die Aufgabe, durch eine Anzahl von Punkten (etwa zwölf Punkte bei Benutzung von zwölf Sektoren) eine Ellipse mit gegebenem Mittelpunkt (der nämlich zusammenfallen muß mit dem Schwerpunkt der Sterne in der Projektion) zu legen. Die Aufgabe wird gelöst mit Hilfe der Methode der kleinsten Quadrate.

Die Gleichung der Ellipse setzen wir in der Form an:

$$Ax^2 + Bxy + Cy^2 = 1. \tag{29}$$

Jeder Sektor der Projektion liefert eine solche Bestimmungsgleichung für die unbekannten Koeffizienten A, B und C. Diese sind durch Ausgleichung zu bestimmen. Wir haben dann nur noch aus ihnen die Achsen der Ellipse und die Richtung der großen Achse abzuleiten, Sind α und β die Achsen der Ellipse, φ der Winkel der großen Achse der Ellipse und der positiven x-Achse (die $+ y$-Achse falle in den Deklinationskreis und weise nach Norden; die $+ x$-Achse zeige nach Westen), so erkennt man die Richtigkeit der Gleichungen:

$$A = \frac{\sin^2 \varphi}{\beta^2} + \frac{\cos^2 \varphi}{\alpha^2} \qquad B = 2\left(\frac{1}{\alpha^2} - \frac{1}{\beta^2}\right)\sin \varphi \cos \varphi \left.\begin{array}{c}\\[2em]\end{array}\right\} \tag{30}$$
$$C = \frac{\cos^2 \varphi}{\beta^2} + \frac{\sin^2 \varphi}{\alpha^2}.$$

Aus den vorstehenden Gleichungen erhält man die Werte φ, α und β. Nennen wir Φ den Positionswinkel der großen Achse (der Winkel zwischen Deklinationskreis und großer Achse, gezählt vom Deklinationskreis aus von Nord über Ost nach Süd), so gilt die Gleichung:

$$\Phi = \varphi \pm 90^\circ, \tag{31}$$

$\pm$ je nachdem φ im I. oder II. Quadranten liegt. Die Exzentrizität ε der Ellipse bestimmt sich aus der Gleichung:

$$\varepsilon^2 = 1 - \frac{\beta^2}{\alpha^2}. \tag{32}$$

Auf diese Art wurden die folgenden Resultate erhalten für die acht Haufen, welche PEASE und SHAPLEY abgezählt haben:

Tabelle 24.

N.G.C.	Messier	Galaktische		Φ	ε	Shapley (Φ)
		Länge	Breite			
5024	53	307°	+79°	39°	0.575	165°
5272	3	8	+77	41	292	Asym.
6205	13	26	+40	102	360	125°
6218	12	344	+25	150	245	kf.
6254	10	343	+22	142	374	kf.
6779	56	30	+ 7	175	424	kf.?
7078	15	33	− 29	44	245	30°
7089	2	22	− 37	135	332	140°

(Bemerkung: kf. = kreisförmig.)

Die Abweichungen zwischen $\mathit{\Phi}$ und den von SHAPLEY angenommenen Werten der Positionswinkel sind recht beträchtlich. Es fragt sich, ob außer der Ungenauigkeit der Methoden selbst noch eine andere Ursache wirksam sein kann. Sie kann in der Tat darin gesucht werden, daß SHAPLEY *durch die Zählungen die Häufigkeitsachse bestimmt, diese aber nicht notwendig mit der großen Achse der Projektionsellipse zusammen zu fallen braucht.* Die Lage der Häufigkeitsachse ist wesentlich abhängig vom Dichtegesetz, das im Haufen herrscht, und wird, wenn wir nicht in allen Haufen ein gleiches Verteilungsgesetz der Sterne voraussetzen, in ihrer Lage zur großen Achse der Projektionsellipse von Haufen zu Haufen variieren. Jedenfalls scheint es nicht gestattet zu sein, von vornherein Häufigkeitsachse und große Achse zu identifizieren. Die große Achse der Projektionsellipse hat eine ganz bestimmte geometrische Bedeutung, die der Häufigkeitsachse nicht zukommt. Sie ist die Schnittlinie der Symmetrieebene des Haufens mit der Himmelskugel, und deshalb auch völlig unabhängig vom Dichtegesetz des Haufens.

Wir wollen nun den Zusammenhang zwischen der Elliptizität des Haufens und der Exzentrizität

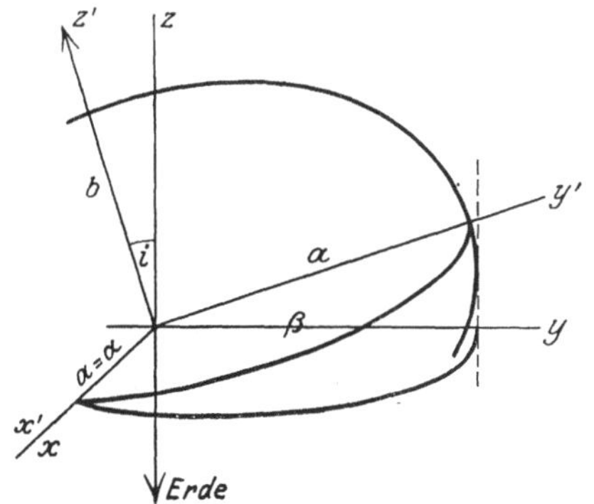

Abb. 11. Achsen des Ellipsoids und seiner Projektion.

seiner Projektion bestimmen. Wir nehmen dabei an, daß der Haufen im Raum die Gestalt eines Rotationsellipsoids besitze.

Dazu werden wir im folgenden zwei Koordinatensysteme verwenden, welche beide ihren Ursprung im Mittelpunkt des Haufens haben. Das erste System xyz ist so orientiert, daß die z-Achse mit der Richtung der Gesichtslinie zusammenfällt. Die xy-Ebene ist dann die Tangentialebene an die Himmelskugel. Die x-Achse legen wir in die große Achse der Projektionsellipse. Beim zweiten Koordinatensystem $x'y'z'$ falle die z'-Achse mit der Rotationsachse des Haufens zusammen. Die $x'y'$-Ebene bildet die Äquatorebene. Da die große Achse der Projektionsellipse die Schnittlinie der Äquatorebene mit der Himmelskugel ist, so legen wir die x'-Achse in diese Schnittlinie, so daß also x' und x zusammenfallen.

α, β, ε seien die große Achse, kleine Achse und Exzentrizität der Projektion. Mit a, b, e bezeichnen wir die entsprechenden Größen des Ellipsoids. i nennen wir die Neigung der Rotationsachse gegen die Gesichtslinie. Die Gleichung der Meridianellipse in der yz-Ebene lautet:
$$(a^2\sin^2 i + b^2\cos^2 i)y^2 + (a^2\cos^2 i + b^2\sin^2 i)z^2 - 2(a^2 - b^2)\sin i \cos i \cdot yz = a^2 b^2.$$

Die kleine Achse β der Projektion ist gleich dem Abstande der zur
z-Achse parallelen Tangente an die Meridianellipse. Um diesen Abstand zu finden, bilden wir dy/dz und setzen dies gleich Null. Man
erhält durch Einsetzen des hieraus folgenden Wertes von z in die
Ellipsengleichung:

$$y = \beta = \sqrt{a^2 \cos^2 i + b^2 \sin^2 i} \, .$$

Die zwei Gleichungen

$$\alpha = a \quad \text{und} \quad \beta = \sqrt{a^2 \cos^2 i + b^2 \sin^2 i} \tag{33}$$

geben den Zusammenhang zwischen a, b, α, β und i. Wir wollen hieraus
den Zusammenhang zwischen e, ε und i ableiten. Es ist nach Definition

$$1 - \varepsilon^2 = \frac{\beta^2}{\alpha^2} \quad \text{und} \quad 1 - e^2 = \frac{b^2}{a^2} . \tag{34}$$

Damit ergibt sich:

$$\sin i = \frac{\varepsilon}{e} \quad \text{oder} \quad e = \frac{\varepsilon}{\sin i} . \tag{35}$$

Schon die geometrische Anschauung zeigt, daß durch die Projektion
allein die Gestalt eines ellipsoidförmigen Haufens nicht eindeutig bestimmt werden kann; vielmehr tritt i mit in die Rechnung ein. Dadurch, daß über i von vornherein keine Aussagen gemacht werden
können, sind alle folgenden Untersuchungen wesentlich erschwert. Bei
der Kugel konnte die Sterndichte im Raum aus derjenigen in der Projektion unmittelbar berechnet werden. Hier dagegen muß sie sich als
Funktion der Neigung der Rotationsachse gegen die Gesichtslinie
ergeben.

Da e stets kleiner als 1 sein muß, so erkennt man aus Gleichung (35),
daß durch

$$\sin i_0 = \varepsilon \tag{36}$$

eine *Minimalneigung der Symmetrieachse gegen die Gesichtslinie* bestimmt wird. Für $i = i_0$ artet der Haufen zu einer unendlich dünnen
Scheibe aus. Für $i = 90°$ wird $e = \varepsilon$, d. h. die
Elliptizität des Haufens ist gleich der Exzentrizität der Projektion.

In welcher Weise wird nun die Lage der
Äquatorebene eines Haufens im Raum durch
die Lage seiner Projektion am Himmel bestimmt? Um dies zu untersuchen, führen wir
die folgenden Bezeichnungen ein: i sei, wie
bisher, die Neigung der Rotationsachse gegen
die Gesichtslinie; I die Neigung der Äquatorebene gegen die Ebene der Milchstraße; β die
galaktische Breite des Haufens; δ seine Deklination und endlich $\varDelta$ die
Deklination des Poles der Milchstraße. In der nebenstehenden Abb. 12
sei K der Mittelpunkt eines Kugelhaufens, KN die Richtung senkrecht

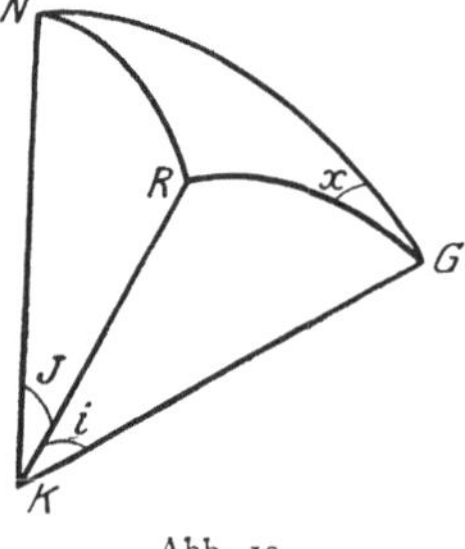

Abb. 12.

zur Milchstraßenebene, KG die Richtung der Gesichtslinie, KR die Richtung der Rotationsachse. Die drei Richtungen bilden ein Dreikant. Im sphärischen Dreieck NRG ist:

$$RG = i, \qquad NR = I, \qquad NG = 90^\circ - \beta.$$

Bezeichnen wir noch den Winkel NGR mit x, so ist der Zusammenhang zwischen i und I durch die Gleichung gegeben

$$\cos I = \sin \beta \cos i + \cos \beta \sin i \cos x. \tag{37}$$

Es handelt sich noch darum, x zu bestimmen, was folgendermaßen geschehen kann. Die Rotationsachse des Haufens projiziert sich am Himmel, wie man sofort aus Abb. 11 sieht, in die kleine Achse der Projektionsellipse. Die Ebene KRG schneidet deshalb die Himmelskugel nach einem größten Kreis, in den die kleine Achse der Projektionsellipse fällt. Die Ebene NKG endlich schneidet die Himmelskugel nach dem galaktischen Breitenkreis. Der Winkel x ist also nichts anderes, als der Positionswinkel der kleinen Achse bezogen auf den galaktischen Breitenkreis. Es bedeute in Abb. 13 A den Pol des Äquators, P denjenigen der Milchstraße, K den Mittelpunkt der Projektion des Haufens. Der Pfeil KL soll die Richtung der kleinen Achse der Projektionsellipse bedeuten und nach wachsenden A.R. zeigen. Wir müssen im folgenden zwei getrennte Fälle unterscheiden, je nachdem sich das von der Erde weggerichtete Ende der Rotationsachse auf den Teil der kleinen Achse projiziert, der nach wachsenden oder abnehmenden A.R. weist. Die zwei Fälle unterscheiden sich durch das Vorzeichen von $\cos x$. Um nun x zu bestimmen, setzen wir den Winkel zusammen aus zwei Winkeln

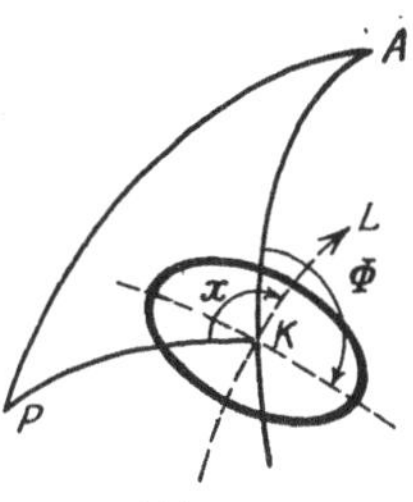

Abb. 13.

$$A = AKL \quad \text{und} \quad B = PKA.$$

Mit dieser Definition von A und B wird

$$x = A + B \quad \text{oder} \quad x = B - A, \tag{38}$$

je nachdem das nach wachsenden galaktischen Breiten zeigende Ende der Symmetrieachse sich in den Ast größerer oder kleinerer A.R. projiziert. A hängt unmittelbar mit Φ zusammen. Man hat:

$$A = \Phi - 90^\circ. \tag{39}$$

Den Winkel B findet man sofort aus dem sphärischen Dreieck PKA. In diesem ist

$$PA = 90^\circ - \Delta \qquad PK = 90^\circ - \beta \qquad AK = 90^\circ - \delta.$$

Also wird:

$$\cos B = \frac{\sin \Delta}{\cos \beta \cos \delta} - \operatorname{tg} \beta \operatorname{tg} \delta. \tag{40}$$

x ist damit bekannt. Wegen der zwei Werte von x erkennt man aus (37), daß zu jedem i im allgemeinen zwei verschiedene Werte von I gehören werden. Ist $\cos x$ positiv, so wird $\cos I$ für alle Werte von i positiv, von $i = 0^\circ$ bis $i = 90^\circ$. Bei negativem $\cos x$ dagegen gibt es eine obere Grenze für i, die durch die Gleichung gegeben ist:

$$0 = \sin\beta \cos i' - \cos\beta \sin i' \cdot |\cos x| \quad \text{oder} \quad \operatorname{tg} i' = \frac{\sin\beta}{\cos\beta \, |\cos x|} \, . \tag{41}$$

i' bestimmt also denjenigen Fall, bei welchem die Äquatorebene des Haufens senkrecht zur Milchstraßenebene steht. Uns interessiert, wegen der statistischen Untersuchungen SHAPLEYs, hier mehr der andere Extremfall: $I = 0$, also der Fall der Parallelität zwischen der Äquatorebene eines Haufens und der Milchstraßenebene. Soll $I = 0$ werden, so muß sein:

$$1 = \sin\beta \cos i + \cos\beta \sin i \cos x \, .$$

Löst man diese Gleichung nach i auf, so ergibt sich für $\operatorname{tg} i$ eine quadratische Gleichung. Die Lösung ist nur dann reell, wenn

$$\sin^2\beta \cos^2 x + \cos^2\beta \cos^2 x - 1 = \cos^2 x - 1 \gtreqless 0 \tag{42}$$

wird; d. h. die notwendige, aber nicht hinreichende Bedingung dafür, daß Parallelität eintritt, ist $x = 0$: *Die große Achse der Projektionsellipse muß parallel zur Milchstraße sein*, ein Resultat, das auch ohne jede Rechnung einzusehen ist.

Wir wollen nun die Gleichung (37) nach i auflösen. Es folgt:

$$\operatorname{tg} i = \frac{-\sin\beta \cos\beta \cos x \pm \cos I \sqrt{\sin^2\beta + \cos^2\beta \cos^2 x - \cos^2 I}}{\cos^2\beta \cos^2 x - \cos^2 I} \, , \tag{43}$$

und man erkennt hieraus, daß bei vorgegebenem Φ, β und δ *für jeden Haufen eine Minimalneigung I_0 der Äquatorebene gegen die Milchstraßenebene angegeben werden kann.* Die Minimalneigung ist bestimmt durch die Gleichung

$$\cos^2 I_0 = \sin^2\beta + \cos^2\beta \cos^2 x \, . \tag{44}$$

Wir finden also das zur Prüfung der SHAPLEYschen Resultate wichtige Ergebnis, daß alle überhaupt möglichen Neigungen (I) der Äquatorebene eines Haufens gegen die Milchstraßenebene der Beziehung

$$I \gtreqless I_0 \tag{45}$$

genügen müssen.

Für die schon oben benutzten acht Sternhaufen wurden aus den Werten von ε zuerst die Werte i_0 bestimmt, die die kleinste Neigung der Rotationsachse gegen die Gesichtslinie festlegen. Mit den Werten von Φ, β und δ wurden dann noch die Werte I_0 gerechnet, die uns in diesem Zusammenhang besonders interessieren. Bei den Rechnungen wurde derselbe Pol für die Milchstraße benutzt, wie ihn SHAPLEY in seinen Arbeiten angibt:

$$\varDelta = +27^\circ 21' \, .$$

In der folgenden Tabelle sind die erhaltenen Resultate zusammengestellt.

Tabelle 25.

N. G. C.	Messier	x	i_0	I_0	b
5024	53	$166°$	$35.1°$	$3°$	$+ 186$
5272	3	225	17.0	9	$+ 135$
6205	13	95	21.1	50	$+ 71$
6218	12	118	14.2	53	$+ 52$
6254	10	111	22.0	60	$+ 45$
6779	56	147	25.1	32	$+ 30$
7078	15	183	14.2	2.5	$- 71$
7089	2	101	19.4	51.5	$- 94$

In der letzten Kolonne ist der Abstand b der einzelnen Haufen von der galaktischen Ebene angegeben. Die Einheit beträgt 100 Parsecs. Das hier benutzte kleine Material zeigt, daß die Symmetrieebenen der drei der galaktischen Ebene am nächsten stehenden Haufen schon recht beträchtliche Neigungen gegen die Milchstraßenebene besitzen müssen. Die kleinen Werte für M. 3, 15 und 53 können, da es sich um Minimalwerte der Neigungen handelt, nichts zur Beantwortung der gestellten Frage beitragen.

Um ein umfangreicheres Material verwenden zu können, und weil es sich nur um eine Prüfung der SHAPLEYschen Rechnungen handeln soll, wollen wir im folgenden einmal, wie SHAPLEY es tut, annehmen, daß die Häufigkeitsachsen mit den großen Achsen zusammenfallen. Inwieweit dies in Wirklichkeit zutrifft, läßt sich nicht beurteilen, da sich nur bei vier Haufen die Werte Φ mit den Positionswinkeln SHAPLEYs vergleichen lassen. Auf eine systematische Differenz, vielleicht im Zusammenhange mit der Exzentrizität, läßt sich hieraus natürlich nicht schließen. Außerdem reicht die Einteilung der Projektion der Haufen in 12 Sektoren nicht aus, um die Frage sicher zu entscheiden. Setzt man nämlich in den Kugelhaufen eine axiale Symmetrie voraus, und fällt die Häufigkeitsachse nicht mit der großen Achse zusammen, so hat man nicht nur eine, sondern zwei Häufigkeitsachsen zu erwarten, die symmetrisch zur großen Achse liegen. Eine solche Erscheinung zeigt sich nur bei Messier 53 und Messier 10. Bei den anderen Haufen ist zu erwarten, daß sie sich erst dann zeigt, wenn man noch eine engere Einteilung in Sektoren vornimmt. Außer bei Messier 53 bleibt aber die mögliche Abweichung der beiden Achsen untereinander innerhalb verhältnismäßig enger Schranken ($\pm 15°$).

Machen wir nun die obige Annahme, so können wir die von SHAPLEY für 30 Haufen angegebenen „Positionswinkel der großen Achse" dazu benutzen, um nach den eben entwickelten Formeln die zugehörigen I_0 zu berechnen. Die Resultate sind in der folgenden Tabelle enthalten. Die erste Spalte gibt die Nummer des Haufens im N.G.C.; die zweite enthält die von SHAPLEY angenommenen Neigungswinkel der großen Achse der Projektion gegen den galaktischen Kreis; die dritte gibt den Abstand der Haufen von der Milchstraßenebene in Einheiten von 100 Parsecs, und die vierte endlich enthält die Minimalneigungen I_0, unter welche die Neigung der Symmetrieebene in den Haufen gegen die Milchstraße nicht heruntergehen kann.

Tabelle 26.

N.G.C.	ψ	b	I_0	N.G.C.	ψ	b	I_0
7006	85°	− 228	67°	6681	55°	− 41	53°
5024	75	+ 186	10	6809	80	− 41	65
7099	5	− 128	4	6752	65	− 39	55
1904	30	− 120	0	6362	80	− 38	70
362	15	− 109	14	6293	0	+ 37	0
7089	70	− 94	50	2808	65	− 32	23
5904	15	+ 88	13	6121	70	+ 30	68
6205	65	+ 71	43	6541	20	− 28	17
7078	10	− 71	10	6273	20	+ 25	22
6341	15	+ 69	15	6626	20	− 23	18
6093	55	+ 62	53	6266	35	+ 19	33
6171	30	+ 60	26	5139	30	+ 18	20
6402	70	+ 56	67	4372	65	− 18	59
104	45	− 47	44	6397	5	− 17	5
6715	70	− 44	67	6656	0	− 13	0

Wir wollen, um einen etwa vorhandenen Gang der Minimalneigungen I_0 mit dem Abstand von der galaktischen Ebene besser konstatieren zu können, Mittelwerte der I_0 bilden.

Tabelle 27.

Abstand Einheit 100 pars	Anzahl	mittl. Abstand	I_0		
			Mittel	Min.	Max.
0 bis ± 25	7	± 19	22° ± 7°.4	0°	59°
26 „ 40	6	24	39 12.0	0	70
41 „ 60	6	48	54 6.4	26	67
61 „ 100	6	76	31 8.2	10	53
> 100	5	154	19 12.2	0	67

Aus diesen Zahlen wird man schwer einen Schluß ziehen können auf eine irgendwie gesetzmäßige Lage der „galaktischen Ebenen" der Sternhaufen. Die Tatsache, daß schon für die milchstraßennächsten Haufen der Mittelwert für die *Mindestneigung* den Betrag von 20° übersteigt, spricht jedenfalls nicht für eine Parallelität im Sinne SHAPLEYs. Die Streuung der Werte I_0 gerade für die erste Zone zwischen 0° und 59° und für die zweite zwischen 0° und 70° legt vielmehr den Schluß auf völlig zufällige Verteilung der galaktischen Ebenen nahe. Das Mittel aus allen 30 Werten

$$I_0 = 33° \pm 4°.5$$

entspricht ebenfalls dieser Annahme.

Es ist bemerkenswert, daß, wenn man für die schon mehrfach benutzten acht Haufen Gleichung (37) graphisch darstellt (*i* als Abszisse, *I* als Ordinate), die Neigung der Kurven gegen die *i*-Achse stets kleiner als 45° bleibt, d. h., *daß das Schwankungsintervall der I immer kleiner ist, als dasjenige der i.* Besonders auffallend ist diese Erscheinung bei Messier 12 und Messier 10. Projiziert sich die Rotationsachse auf die Seite abnehmender A.R., so schwankt die Neigung der Äquatorebene gegen die Milchstraßenebene bei Messier 12 zwischen 53° und 65°, bei Messier 10 zwischen 60° und 72°. Projiziert sich die Rotationsachse auf die Seite wachsender A.R., so schwankt *I* bei Messier 12 zwischen 72° und 90°, bei Messier 10 zwischen 76° und 90°. Bei beiden Haufen lassen sich auf diese Weise, wegen der zufälligen Lage und Gestalt ihrer Projektion am Himmel, ziemlich enge Grenzen für *I* angeben. Bei weitem eher würde es somit gelingen, eine Korrelation zwischen *I* und *b* abzuleiten, wenn man aus den Exzentrizitäten der Projektionen das Schwankungsintervall der *I* ableiten könnte. Vielleicht ist es wertvoll, in diesem Zusammenhang noch darauf hinzuweisen, daß die Annahme größerer Wahrscheinlichkeit für kleine Werte von *I* bei den Haufen M. 53, 3, 13, 12, 10, 2 die Annahme großer Elliptizitäten der Haufen nach sich zieht.

§ 3. Über die Sterndichte in der Projektion und im Raum bei fehlender Kugelsymmetrie.

Wir machen im folgenden die Hypothese, daß *in einem Sternhaufen axiale Symmetrie vorhanden ist. Ob die äußere Gestalt des Haufens die eines Rotationsellipsoids ist, oder irgendeine andere Form besitzt, ist gleichgültig.* Nur um einen bestimmten Fall im Auge zu haben, wollen wir den Haufen die Form eines Rotationsellipsoids geben. Rotationssymmetrie bedeutet doch, daß, wenn man irgendeinen Punkt im Innern des Haufens herausgreift und durch ihn einen Kreis zeichnet, dessen Ebene senkrecht steht zur Symmetrieachse und dessen Mittelpunkt auf dieser Achse liegt, man in jedem Punkt dieses Kreises die gleiche Dichte vorfindet. Denkt man sich nun eine Gerade, die den Sternhaufen parallel zur Gesichtslinie durchsetzt, so herrscht auf dieser Geraden eine bestimmte Dichteverteilung. Läßt man die Gerade um die Symmetrieachse des Haufens rotieren, so entsteht ein Rotationshyperboloid, das die Eigenschaft besitzt, daß, wenn man auf ihm irgendeine Kurve zeichnet, die jeden Parallelkreis des Hyperboloids nur einmal schneidet, auf dieser Kurve die gleiche Dichteverteilung besteht, wie auf der Geraden parallel zur Gesichtslinie, Mit Hilfe dieser Eigenschaft gelingt es, wie gezeigt werden soll, die Dichte im Ellipsoid aus derjenigen in der Projektion abzuleiten. Die zwei Koordinatensysteme, die wir gebrauchen, sind die gleichen, wie wir sie schon im vorigen Paragraphen benutzt haben.

Der Fußpunkt der beliebigen Geraden G in der Projektionsebene habe die Koordinaten:

$$x = r \cos\varphi \qquad y = r \sin\varphi.$$

Die Gleichungen dieser Geraden bezogen auf das System $x'y'z'$ lauten, wenn i die Neigung der Rotationsachse gegen die Gesichtslinie bedeutet:

$$x' = r \cos\varphi \qquad y' \cos i - z' \sin i = r \sin\varphi. \qquad (46)$$

Das Rotationshyperboloid, das durch Rotation dieser Geraden um die z'-Achse entsteht, wird durch die Gleichung dargestellt:

$$x'^2 + y'^2 = \left(\frac{r \sin\varphi}{\cos i} + z' \operatorname{tg} i\right)^2 + r^2 \cos^2\varphi.$$

Die Meridianebene $y'z'$ wird von dieser Fläche in der Hyperbel

$$\frac{y'^2}{r^2 \cos^2\varphi} - \frac{\left(z' + \dfrac{r \sin\varphi}{\sin i}\right)^2}{(r \cos\varphi/\operatorname{tg} i)^2} = 1 \qquad (47)$$

geschnitten, und es ist, nach dem obigen, gleichbedeutend, ob das Integral der Raumdichten über die Gerade (46) oder die Hyperbel (47) erstreckt wird.

Das Wesen der Methode, die wir nun entwickeln wollen, besteht in der Verlegung des Integrationswegs. Wir integrieren nicht über die Gerade (46), sondern über die Hyperbel (47), die der Geraden entspricht. Beide Integrale liefern den gleichen Wert für die Flächendichte. Die Methode ist theoretisch für alle Neigungen der Rotationsachse gegen die Gesichtslinie anwendbar, ausser für Neigungen von $90°$. Bei der praktischen Rechnung jedoch stellen sich systematische Verfälschungen ein, sobald die Neigungen i nicht in unmittelbarer Nähe der Minimalneigung i_0 liegen. Aus zwei Gründen ist es, obwohl dadurch die Anwendung der Theorie eine sehr beschränkte ist, trotzdem vielleicht nicht ganz wertlos, die Methode zu entwickeln. Der erste Grund ist der, daß die Methode mit genügender Genauigkeit auf einfache Weise die Dichte im Haufen aus derjenigen in der Projektion zu berechnen gestattet, für alle i in unmittelbarer Nähe von i_0. Der zweite Grund ist, daß die Methode in weitgehendem Maße unabhängig ist von der äußeren Form des Haufens, und sich immer dann anwenden läßt, wenn Rotationssymmetrie besteht und der Haufen sich der Scheibenform nähert. Dadurch kann die Methode, vielleicht im Zusammenhang mit Dichtebestimmungen, in stark aufgelösten Spiralnebeln noch von Wert sein, und jedenfalls mit dazu beitragen, wenigstens eine rohe Abschätzung für i bei einzelnen Haufen zu erhalten.

Nennen wir die Polarkoordinaten in der xy-Ebene ϱ und ϑ; die Entfernung eines Punktes im Haufen vom Zentrum r, die Neigung dieses Radiusvektors gegen die Äquatorebene φ, so hat die Integralgleichung, die die Flächendichte mit der Raumdichte verbindet, die Gestalt (F die Flächendichte, f die Raumdichte):

$$F(\varrho,\vartheta) = \int_{z_1(\varrho,\vartheta)}^{z_2(\varrho,\vartheta)} f(r,\varphi)\,dz,$$

wo $z_1(\varrho,\vartheta)$ und $z_2(\varrho,\vartheta)$ die Abstände der Durchstoßungspunkte der Geraden

$$x = \varrho \cos\vartheta \qquad y = \varrho \sin\vartheta$$

mit der Oberfläche des Haufens von der Projektionsebene sind. Da bei der Kugel f nur eine Funktion des Radius r ist, ebenso wie F, und die Grenzen des Integrals eine sehr einfache Form besitzen, so ist dort eine Umkehrung der Integralgleichung in geschlossener Form möglich. Dies scheint hier ausgeschlossen zu sein. Mit Ausnahme der zwei Spezialfälle

$$i = i_0 + \Delta i \quad \text{und} \quad i = 90°,$$

wo Δi eine kleine Größe bedeuten soll, ist die Aufgabe aus der Dichte der Projektion diejenige im Raum abzuleiten, noch nicht gelöst. Wir wollen nun die Lösung für beide Spezialfälle skizzieren. Wir beginnen mit dem Fall

$$i = i_0 + \Delta i.$$

Wir ersetzen das Integral durch eine endliche Summe, indem wir in der folgenden Weise vorgehen: Wir denken uns den ersten Quadranten der Meridianebene $y'z'$ als eine Halbierungsebene einer Schicht von lauter gleich großen Würfeln. Die Würfel sollen so klein sein, daß praktisch in Nachbarwürfeln die Sterndichte keine grossen Schwankungen zeigt. Führt man nun die Sternanzahlen f_n in den N Würfeln als Unbekannte ein, so ist das Dichtegesetz im ganzen Haufen bekannt, wegen der herrschenden axialen Symmetrie, wenn es gelingt diese Unbekannten zu bestimmen.

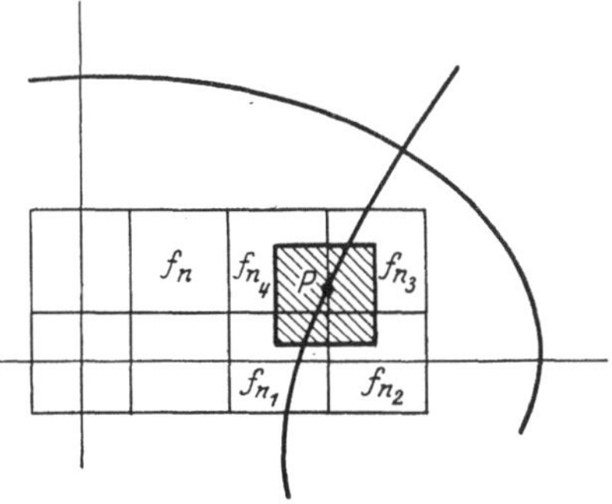

Abb. 14. Meridianellipse mit eingezeichnetem Integrationsweg.

Dazu denke man sich auf der Geraden (46) innerhalb des Haufens einen Punkt P als Mittelpunkt eines Würfels von der gleichen Dimension, wie die Würfel der Meridianebene. Dieser Würfel soll so orientiert sein, daß, wenn man ihn starr mit (46) verbunden denkt, er bei der Rotation von (46) um z' vollständig in die Würfelschicht fällt; d. h., er soll die Meridianebene nicht mit einer Ecke oder Kante durchbohren, sondern seine Seitenfläche soll ganz in die der Meridianebene fallen. Damit weiß man, welche Dichte in P

herrscht. Man braucht nur zuzusehen, welche Teile von Würfeln des Meridianschnittes der gedrehte Würfel ausfüllt. Die Dichte in P wird sich so im allgemeinen Falle in die Form bringen lassen:

$$l_1 f_{n_1} + l_2 f_{n_2} + l_3 f_{n_3} + l_4 f_{n_4} . \tag{48}$$

Mehr Glieder können nicht auftreten. Macht man die gleiche Überlegung für einen neuen Würfel, dessen Mittelpunkt auch auf (46) und dessen Grundfläche auf der Deckfläche des alten Würfels liegt, so kommt man zu einer analogen Darstellung im neuen Würfel. Dieser ist natürlich gegenüber dem alten Würfel etwas gedreht, da auch er so orientiert sein soll, daß bei Drehung von (46) seine Seitenfläche in die Meridianebene fallen soll. Fährt man so fort, bis man alle Würfel konstruiert hat, die ins Innere des Haufens fallen und deren Mittelpunkte jeweils auf (46) liegen, so ist die Dichte in einem Bezirk der Projektionsebene mit dem Mittelpunkt $\varrho \cos \vartheta$, $\varrho \sin \vartheta$ darstellbar durch eine Gleichung der Form

$$F = \mathit{\Sigma}\, l_n f_n . \tag{49}$$

Ganz streng ist diese Beziehung nicht. Ihre Genauigkeit hängt ab von der Kantenlänge der Würfel, von der Neigung i, und außerdem noch von der Wahl des Bezirks in der Projektionsebene. Die Koeffizenten l_n ergeben sich auf graphischem Weg. Die Mittelpunkte der in die Meridianebene gedrehten Würfel liegen auf der Hyperbel (47):

$$\frac{y'^2}{r^2 \cos^2 \varphi} - \frac{\left(z' + \dfrac{r \sin \varphi}{\sin i}\right)^2}{(r \cos \varphi / \operatorname{tg} i)^2} = 1 .$$

Theoretisch kann man jeden beliebigen Punkt der Hyperbel (47), entsprechend einem beliebigen Punkt der Geraden (46) als Mittelpunkt des ersten Würfels annehmen. Bei der praktischen Rechnung jedoch wird man ihn nicht beliebig wählen, sondern z. B. in den Schnittpunkt der Hyperbel mit der grossen Achse der Meridianellipse legen. Die Dichte jedes gedrehten Würfels setzt sich dann aus nur zwei „Grunddichten" zusammen, wodurch die Rechnung wesentlich vereinfacht wird. Benutzt man zum graphischen Teil der Methode Millimeterpapier, so sind die l_i direkt durch Abzählen der Anzahl bedeckter Quadratmillimeter eines „Grundquadrats" zu erhalten.

Gleichungen der Form $\mathit{\Sigma}\, lf = F$ kann man auf diesem Wege beliebig viele, zu jeder beliebigen Geraden (46), aufstellen, jedenfalls mehr als wir Unbekannte $(f_1 \ldots f_N)$ haben. Der Weg der Lösung ist damit der der Methode der kleinsten Quadrate.

Wir haben noch etwas über die Bestimmung von F zu sagen. Dies ist die Anzahl der Sterne in der Projektionsfigur der übereinander liegenden und gegeneinander gedrehten Würfel, mit den Mittelpunkten auf der Geraden (46). Diese Figur ist sehr kompliziert und unübersichtlich, und wechselt von Punkt zu Punkt. Da die Dichteverteilung der Sterne in der Projektion keine sehr großen Schwankungen zeigt, so ist es wohl erlaubt, als Bezirk in der Projektionsebene den Kreis zu nehmen, der die Projektion derjenigen Kugel darstellt, die mit einem Würfel inhaltsgleich ist. Der Radius dieses Kreises ist also gegeben durch die Gleichung

$$\frac{4}{3}\,\pi\,\varrho^3 = \alpha^3\,. \tag{50}$$

Tun wir das, und es ist die einzige Art, auf die man die Methode praktisch durchführen kann, so ist zu bedenken, daß die Würfelsäule den über dem Kreis errichteten Zylinder natürlich nicht überall dicht ausfüllt. Da die vier Hyperbeln, die zu den Werten φ, $\varphi + 90°$, $\varphi + 180°$, $\varphi + 270°$ gehören, sich zu einer zusammenfassen lassen, so ist F das Mittel aus vier Zählungen, was wieder die Genauigkeit erhöht. Die Art, wie BAILEY seine Sternzählungen in den Kugelhaufen veröffentlicht hat[1]), legt es nahe, als Bezirke in der Projektion nicht die obigen Kreise zu wählen, sondern die Quadrate BAILEYs. Man hat dann nur die Würfelkanten α passend zu wählen. Ist b die Seitenlänge eines BAILEYschen Quadrates, so bestimmen wir ϱ aus der Gleichung $b^2 = \pi\varrho^2$, also $\varrho = \dfrac{b}{\sqrt{\pi}}$. Damit erhält α, die Kantenlänge der Würfel, den Wert

$$\alpha = \left(\frac{4}{3}\right)^{1/3} \cdot \pi^{-1/6} \cdot b = 0.876 \cdot b\,. \tag{51}$$

Bei der praktischen Durchrechnung eines Beispieles hat sich jedoch gezeigt, worauf wir schon weiter oben hinwiesen, daß die Anwendbarkeit der Methode eine viel beschränktere ist, als man zunächst denken sollte. Die bei größeren i auftretende systematische Verfälschung der Resultate rührt vor allem daher, daß die Würfel mit dem Mittelpunkt auf der Hyperbel eine systematische

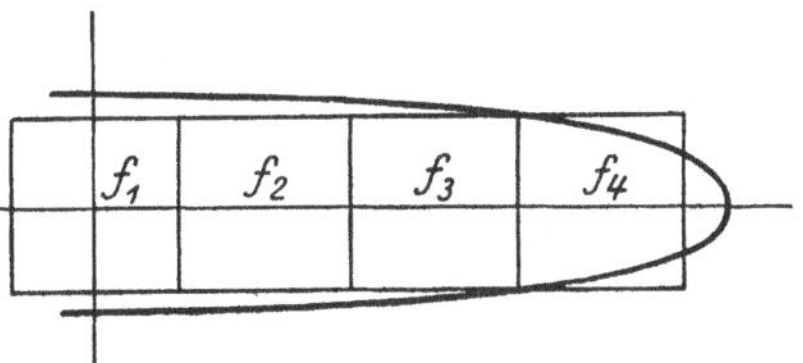

Abb. 15. Stark abgeplatteter Haufen $(i = i_0 + \varDelta i)$.

Verschiebung erleiden, wenn man vom Scheitel der Hyperbel nach außen geht. Daher beschränkt sich die Methode auf den Fall, daß i in der Nähe von i_0 liegt. Der Haufen hat dann eine stark abgeplattete Gestalt und man kann es durch Wahl der Elliptizität e stets so einrichten, daß im Innern des Haufens auf jeder Geraden parallel zur Gesichtslinie nur ein Würfel Platz hat, wodurch eine systematische Verfälschung ausgeschlossen wird (Abb. 15).

Der zweite Spezialfall $i = 90°$ läßt sich auf die v. ZEIPELsche Integralgleichung zurückführen. Die Äquatorebene ist nun parallel zur Gesichtslinie, und ebenso jede Ebene eines Parallelkreises des Ellipsoids

---

[1]) Vgl. Anm. 2, S. 24.

(Abb. 16). Wir betrachten nun einen Parallelkreis in der Entfernung k von der Äquatorebene. Die Dichte in der Ebene des Parallelkreises ist nur noch eine Funktion von r, der Entfernung von der Rotationsachse. Wir bezeichnen diese Dichte mit $f_k(r)$. Bedeutet $F_k(\varrho)$ die Dichte in der Projektion in der Entfernung k von der großen Achse, und ϱ von der kleinen, oder Rotationsachse, so ist

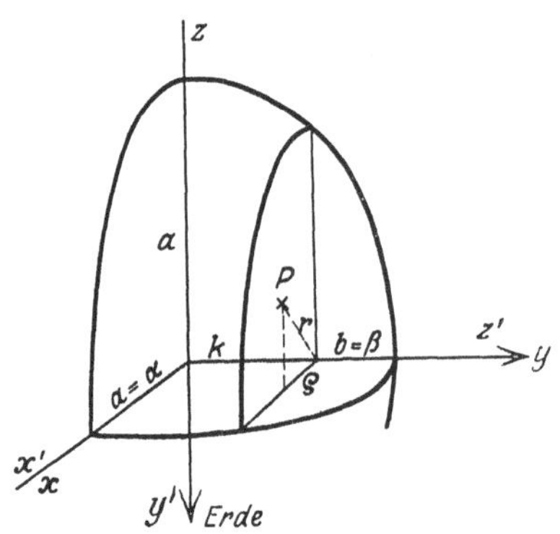

Abb. 16. Rotationsachse senkrecht zur Gesichtslinie ($i = 90°$).

$$F_k(\varrho) = 2 \int_0^{\sqrt{R_k^2 - \varrho^2}} f_k(r)\, dz, \qquad (52)$$

wo

$$r^2 = z^2 + \varrho^2$$

ist. R_k bedeutet den Radius des Parallelkreises. Aus der Gleichung der Projektionsellipse

$$\frac{x^2}{a^2} + \frac{y^2}{b^2} = 1$$

sieht man, daß

$$R_k^2 = a^2\left(1 - \frac{k^2}{b^2}\right) \qquad (53)$$

wird. Ersetzt man die Integration nach z durch eine solche nach r, so erhält man sofort die v. ZEIPELsche Integralgleichung (3) (S. 41):

$$F_k(\varrho) = 2 \int_\varrho^{R_k} f_k(r)\, \frac{r\, dr}{\sqrt{r^2 - \varrho^2}}. \qquad (54)$$

Der einzige Unterschied zwischen diesem Falle und dem Fall der Kugel ist der, daß man für die Kugel eine einzige Integralgleichung erhält, während wir hier für jeden Parallelkreis (k) eine andere Integralgleichung haben. Im praktischen Falle wird man die Projektionsebene in eine Anzahl Streifen parallel zur großen Achse einteilen. Für jeden dieser Streifen ist eine Funktion $F_k(\varrho)$ numerisch abzuleiten. Nennt man nun $A_k(\varrho) \cdot dk$ die Zahl der Sterne in einem schmalen Rechteck von der Länge ϱ und der Breite dk, das in der Projektionsebene in der Entfernung k vom Mittelpunkt senkrecht zur Rotationsachse liegt, so ist

$$F_k(\varrho)\, dk\, d\varrho = \{A_k(\varrho + d\varrho) - A_k(\varrho)\}\, dk,$$

oder also

$$F_k(\varrho) = \frac{dA_k(\varrho)}{d\varrho}.$$

Diese Beziehung ist einfacher als die entsprechende Gleichung bei v. ZEIPEL, und man kann der Lösung der Integralgleichung nun die Form geben [vgl. Gleichung (5), S. 42]:

$$f_k(\varrho) = \frac{1}{\pi} \int_0^{\sqrt{R_k^2 - \varrho^2}} P_k\left(\sqrt{z^2 + \varrho^2}\right) dz, \qquad (55)$$

wo die Funktion P_k definiert ist durch die Gleichung

$$P_k(r) = -\frac{1}{r} \cdot \frac{d^2 A_k(r)}{dr^2} \,. \tag{55a}$$

$P_k(r)$ ist einfach durch numerische Differentiation der Sternzahlen $A_k(r)$ zu finden. Für $f_k(\varrho)$ gibt v. Zeipel die Summenform an [Gleichung (7), S. 43]:

$$f_k(r) = \frac{\omega}{\pi}\left\{ \sum_i P_k(\sqrt{i^2\omega^2 + r^2}) - \frac{1}{2}P_k(r)\right\}.$$

Ist ω klein, so ziehen wir die Form mit ungleichen Intervallen vor (S. 43):

$$f_k(\mu\omega) = \frac{\omega}{2\pi}\sum_\mu^{N-1}n\left\{ P_k(n\omega) + P_k((n+1)\omega)\right\}\left\{ \sqrt{(n+1)^2 - \mu^2} - \sqrt{n^2 - \mu^2}\right\},$$

weil sie uns die graphische Interpolation der Werte von P_k erspart.

Vielleicht noch mehr als der erste Spezialfall erfordert der zweite umfangreiches Beobachtungsmaterial, damit auch bei schmalen Parallelstreifen mit einiger Sicherheit eine Funktion F_k oder P_k abgeleitet werden kann. Bei Versuchen, die für M. 15 auf Grund des Bonner Katalogs ausgeführt wurden, zeigte sich, daß dies Material nicht ausreicht, um ein Dichtegesetz für die beiden Extremfälle mit Sicherheit abzuleiten. Die Hauptschwierigkeit liegt darin, aus dem Material eine sichere Grenze für den Haufen abzuleiten. Auch die Sternzählungen Baileys reichen kaum zu diesem Zwecke aus. Es ist natürlich nicht möglich, Kataloge von 5000—16000 Sternen von verschiedenen Haufen herzustellen. Zählungen jedoch, wie sie von Bailey veröffentlicht worden sind[1]), reichen, ihrer Anlage nach, vollkommen aus. Es muß späteren Untersuchungen vorbehalten bleiben, das Material, das Shapley benutzte, in der oben angedeuteten Richtung zu verwerten.

Im Anschluß an die Betrachtungen über Dichteverteilungen in ellipsoidischen Sternhaufen sei noch kurz über eine Möglichkeit berichtet, wie man aus der verschiedenen Anordnung der hellen und schwachen Sterne in Kugelhaufen zu einer Abschätzung ihrer Massen gelangen kann. Die von Freundlich und Heiskanen zuerst angestellte Betrachtung[2]) gründet sich auf die von Shapley gefundene Tatsache, daß in den Sternhaufen nur eine kleine Anzahl der hellsten Sterne kugelsymmetrisch verteilt ist, während die schwachen Sterne ellipsoidförmig angeordnet sind. Um nun wenigstens eine untere Grenze des Massenverhältnisses zwischen den zwei Sterngruppen zu erhalten, hat man nur nötig die Bedingung anzusetzen, daß die Äquipotentialflächen im Zentrum der Sternhaufen so wenig

---

[1]) Vgl. Anm. 2, S. 24.
[2]) Vgl. Anm. 1, S. 59.

von Kugeln abweichen, daß ihre Abflachung nicht nachweisbar ist. Das Massenverhältnis muß so bestimmt werden, daß die ellipsoidische Anordnung der schwachen Sterne die kugelsymmetrische Verteilung der hellen Sterne nicht stört. Bei einer genaueren Betrachtung der Verhältnisse kann indessen, wie wir sahen, jedes Resultat, also auch das Massenverhältnis verschiedener Sterntypen, auf Grund eines Ellipsoidansatzes nur als Funktion der Neigung der Rotationsachse gegen die Gesichtslinie gefunden werden. Für die beiden Fälle $i = 90°$ und $i = i_0$ läßt sich die Dichte im Ellipsoid aus derjenigen der Projektion bestimmen, und damit hat man, wenigstens in diesen zwei Extremfällen, die Möglichkeit eines genaueren potentialtheoretischen Ansatzes, der ganz analog aussieht, wie der FREUNDLICHsche Ansatz. Da außerdem die Grundannahme der Kugelsymmetrie der helleren Sterne sich als nicht zutreffend erweist, legen FREUNDLICH und HEISKANEN ihren rohen Abschätzungen, die auf Massen von 500 Sonnenmassen für die hellen B-Sterne führen, keinen Wert bei. Es erübrigt sich, die Betrachtungen hier weiterzuführen. Eine genaue Durcharbeitung muß der Zukunft überlassen bleiben.

Vielleicht ist es sogar nicht ganz unangebracht, den Gedanken umzukehren. Die Möglichkeit der Gewinnung eines Massenverhältnisses zwischen Sterntypen, die sich in den Haufen verschieden anordnen, gibt offenbar *einen ersten Anhaltspunkt über die Größenordnung von i.* Man wird „nämlich der Rotationsachse eine solche Neigung gegen die Gesichtslinie zu geben haben, daß man ein mit den übrigen Erfahrungen übereinstimmendes Massenverhältnis erhält.

Zusammenfassung.

1. Dichteprobleme bei Haufen mit kugelförmiger Symmetrie:

a) Die Versuche, die Sternhaufen mit Gaskugeln in adiabatischem Gleichgewicht zu vergleichen, haben ergeben, daß das SCHUSTERsche Dichtegesetz der Gaskugel $n = 5$ die beobachtete Sternverteilung am besten darzustellen vermag. Im Zentrum und am Rande zeigen sich jedoch oft erhebliche Abweichungen, so daß wir nicht auf eine Allgemeingültigkeit des SCHUSTERschen Gesetzes für alle Kugelhaufen schließen können. Diese Abweichungen lassen sich jedoch durch allgemeinere Dichtegesetze beschreiben, die mit dem SCHUSTERschen Gesetz das gemein haben, daß sie für *die Haufen eine endliche Masse, aber einen unendlichen Radius* liefern. Vergleiche mit isothermen Gaskugeln können höchstens für die zentralen Teile vorgenommen werden, weil die isotherme Gaskugel unendliche Masse, ein Sternhaufen aber stets eine endliche Anzahl einzelner Sterne besitzt.

b) Der strenge Standpunkt fordert bei einem Vergleich der Verhältnisse in Sternhaufen mit physikalischen Gesetzen eine Trennung der Sterne nach ihrer Masse. Die Dichte im Haufen darf nicht einfach gleichgesetzt werden der Anzahl Sterne pro Volumeinheit. *Aus der verschiedenen Konzentration der einzelnen Sterntypen in den Sternhaufen ist auf Massenverhältnisse geschlossen worden.* Die Schlüsse beruhen auf dem Ansatz der MAXWELLschen Geschwindigkeitsverteilung, also eines isothermen Gleichgewichts, und außerdem auf der Annahme, daß sich die einzelnen Sterntypen unabhängig voneinander anordnen. Beide Annahmen sind sicher, streng genommen, nicht erfüllt. Trotzdem scheinen diese Massenschätzungen gute Näherungen zu liefern.

c) Eine graphische Untersuchung der Kugelhaufen Messier 3, 13 und 15 läßt es wahrscheinlich erscheinen, daß die hellen Sterne der Haufen in ihrer Verteilung in der Projektion *Reste einer Spiralstruktur* zeigen. Eine eingehende quantitative Untersuchung über die Anordnung der *B*- und *A*-Sterne im offenen Haufen Messier 37 hat den sicheren Beweis erbracht, daß diese massigsten Sterne weder kugel- noch rotationssymmetrisch angeordnet sind.

2. *Dichteprobleme ellipsoidförmiger Haufen*:

a) Bei *Annahme eines Rotationsellipsoids für die äußere Gestalt* der Haufen geht die Neigung der Symmetrieachse gegen die Gesichtslinie als Unbekannte in die Rechnung ein. Die Dichteverteilung ist nur als Funktion dieser Neigung zu erhalten. Die Aufgabe, aus der Dichte der Projektion die Dichte im Haufen zu finden, kann gelöst werden für die Spezialfälle, daß der Haufen sich der Scheibenform nähert und daß die Rotationsachse senkrecht zur Gesichtslinie steht. Im ersten Fall führt eine numerisch graphische Methode zum Ziel, im zweiten Fall läßt sich die Aufgabe auf die Integralgleichung von v. ZEIPEL zurückführen.

b) Durch einen potentialtheoretischen Ansatz kann auch hier aus der verschiedenen Anordnung der hellen und schwachen Sterne deren Massenverhältnis erhalten werden. Der Ansatz ist frei von der Annahme eines isothermen Gleichgewichts und des DALTONschen Gesetzes. Vielmehr beruht der Ansatz gerade auf der Abschätzung der gegenseitigen Gravitationswirkung der verschieden angeordneten Gruppen von Haufensternen.

Dritter Abschnitt.

Allgemeine theoretische Untersuchungen zum Aufbau der Sternhaufen.

§ 1. Betrachtungen zu einem isothermen Gleichgewicht der Sternhaufen.

Im ersten Kapitel des vorigen Abschnittes wurden eingehend die empirischen Resultate besprochen, die sich beim Vergleich des Aufbaus der Sternhaufen mit dem Aufbau von Gaskugeln ergaben. Wir hatten gesehen, daß unter allen polytropen Gaskugeln nur die Kugel $n = 5$ die Beobachtungen näherungsweise darzustellen gestattet. Es ergab sich aber gleichzeitig, aus dem Studium der Verteilung der Sterne verschiedener Masse in den Sternhaufen, daß die wirklichen Verhältnisse wahrscheinlich sehr komplizierter Art sind und die Beschreibung des Aufbaus durch ein einfaches polytropes Gesetz deshalb nur eine grobe Näherung sein kann. — Der Zweck dieses Paragraphen soll sein, die Schwierigkeiten zu diskutieren, die sich vom Standpunkt der Gastheorie aus bei der Betrachtung der Dichtegesetze in den Kugelhaufen ergeben. Das theoretische Problem, das zu behandeln wäre, ist, eine Erklärung dafür zu finden, warum gerade das polytrope Dichtegesetz $n = 5$ die beste Annäherung an die Beobachtungen liefert.

Stellen wir uns auf den Standpunkt der statistischen Mechanik, so ist für eine Sterngruppe, wenigstens für ihre zentralen Teile, nur *ein* Endzustand (stationärer Zustand) verständlich, nämlich der des isothermen Gleichgewichts, dargestellt durch das MAXWELLsche Verteilungsgesetz der Geschwindigkeiten; ein Zustand, von dem in der statistischen Mechanik gezeigt wird, daß seine Entropie ein Maximum ist. Alle Bemühungen, die Verteilung der Sterne in den zentralen Teilen der Sternhaufen durch ein isothermes Gleichgewicht darzustellen, waren vergeblich. FREUNDLICH und HEISKANEN [1]) haben einen Versuch gemacht, diese Tatsache zu erklären. Sie weisen mit Recht darauf hin, daß streng genommen die Dichte der Sternverteilung nicht gleichgesetzt werden darf der Anzahl Sterne pro Volumeinheit, da damit implizite die Voraussetzung gleicher Masse aller Sterne gemacht wird. Es ist zweifellos richtig, daß hierin ein Mangel der bisherigen Untersuchungen liegt, den zu beseitigen gelingen wird, sobald von einer genügend

---

[1]) Anm. 1, S. 59 und FREUNDLICH, E.: Zur Dynamik der kugelförmigen Sternhaufen. Physikal. Zeitschr. Bd. 24, S. 221. 1923.

großen Anzahl von Sternen eines Haufens genau bestimmte Helligkeiten und Farbenindizes vorliegen. *Man kann daher in den Kugelhaufen nicht die einfachen Dichtegesetze von Gaskugeln einer einzigen Gasart erwarten.* Deshalb versuchen FREUNDLICH und HEISKANEN das beobachtete Dichtegesetz zusammenzusetzen aus den Dichtegesetzen von Sterngruppen verschiedener mittlerer Masse, d. h. die Sternhaufen in Parallele zu setzen zu einem Gemisch von Gasen verschiedenen Molekulargewichts. Sie teilen zu diesem Zweck in Messier 3 und Messier 13 die Haufensterne in zwei Klassen nach ihren Farbenindizes: a—f und g—m. Jede Klasse für sich ergibt dann linearen Verlauf von $\log \varrho$ mit der Entfernung r vom Zentrum, so daß das Dichtegesetz jeder Gruppe von der Form ist:

$$\varrho = \frac{a^2}{4\,\pi} e^{-\beta^2\, r}\,. \tag{56}$$

a^2 und β^2 sind aus den Beobachtungen zu bestimmende Konstante. *Ein solches Dichtegesetz kann aber nicht als dasjenige einer isothermen Gaskugel ausgelegt werden.* Denn ein isothermes Dichtegesetz ist von der Form: $\varrho \sim e^{\Phi(r)}$, wo $\Phi(r)$ das Potential in der Entfernung r vom Zentrum darstellt. Wir hätten also in diesem Falle

$$\Phi \sim r\,. \tag{57}$$

Dann ist aber die Differentialgleichung

$$\varDelta \Phi = -\,4\,\pi\varrho \tag{58}$$

im Innern der Gaskugel nicht erfüllt, d. h. der Ansatz ist unmöglich; *die von FREUNDLICH und HEISKANEN gefundene Dichteverteilung entspricht nicht einer isothermen Gaskugel.* Der Schluß auf Isothermie des Zustandes beruht auf der Annahme einer über den ganzen Bereich der Abzählung konstanten Schwerebeschleunigung, d. h. entspricht einer ebenen, unendlich ausgedehnten Atmosphäre. Bei Sternen kann man wohl, wie das SCHWARZSCHILD und andere getan haben, die Atmosphäre als ebene Schicht behandeln, weil es sich hier um Schichtdicken handelt, die maximal nur einige Prozent des Sternradius betragen. Nicht aber im vorliegenden Falle der Sternhaufen, wo die Ausdehnung der „Atmosphäre" ein Vielfaches des Radius des Kernes beträgt.

Infolgedessen beweisen auch die von FREUNDLICH und HEISKANEN gefundenen Gesetzmäßigkeiten nur, daß auch die Sterne gleicher Masse nicht im isothermen Gleichgewicht stehen. Auf Grund der bisher bekannten Beobachtungstatsachen läßt sich also sagen, daß die Sternhaufen in ihrem Aufbau weder einer isothermen Gaskugel aus einem Gas eines Molekulargewichts noch einer solchen aus einem Gemisch von zwei Gasen verschiedenen Molekulargewichts vergleichbar sind. Es erhebt sich daher die Frage, ob man das von FREUNDLICH und HEISKANEN gefundene empirische Dichtegesetz irgendwie thermodynamisch oder mechanisch verstehen kann.

Es ergibt sich sofort, daß eine Gaskugel mit dem Dichtegesetz (56)

$$\varrho = \frac{a^2}{4\pi}\cdot e^{-\beta^2 r}$$

unendlichen Radius, aber endliche Masse besitzt. Der Radius R der Kugel ergibt sich aus der Bedingung $\varrho = 0$ für $r = R$. Dies liefert in dem hier vorliegenden Fall $R = \infty$. Die Masse innerhalb einer Kugel vom Radius R ergibt sich zu:

$$M_R = 4\pi\int\limits_0^R \varrho(r)r^2 dr = a^2\int\limits_0^R r^2 e^{-\beta^2 r}\,dr.$$

Das Integral löst man durch partielle Integration und findet:

$$M_R = \frac{2a^2}{\beta^6}\left\{1 - e^{-\beta^2 R}\left(1 + \beta^2 R + \frac{1}{2}\beta^4 R^2\right)\right\}. \tag{59}$$

Wird $R = \infty$ (d. h. $\varrho = 0$), so erhält man den endlichen Wert:

$$M_\infty = M = \frac{2a^2}{\beta^6}. \tag{60}$$

Das obige Dichtegesetz hat also eine gewisse Verwandtschaft mit dem Gesetz von SCHUSTER (Polytrope $n = 5$): *Es liefert bei endlicher Sternzahl die dünnste überhaupt mögliche Sternverteilung.* Außerdem gehört es, wegen $R = \infty$, zur Gruppe derjenigen Dichtegesetze, bei denen die Geschwindigkeit eines Sternes, die erforderlich ist, um die Haufengrenze zu erreichen, übereinstimmt mit der Austrittsgeschwindigkeit des Sternes aus dem Verband des Haufens. Auf diese Dichtegesetze beziehen sich die Formeln EDDINGTONs, die wir zur weiteren Diskussion verwenden werden. Ihre Ableitung verschieben wir auf später, damit hier der Gedankengang nicht unterbrochen wird.

Wir kommen zuerst zur Bestimmung des Potentials im Innern der Sterngruppe als Funktion der Entfernung vom Zentrum. Die Differentialgleichung $\Delta\Phi = -4\pi\varrho$ schreibt sich:

$$\frac{1}{r^2}\frac{d}{dr}\left(r^2\frac{d\Phi}{dr}\right) = -4\pi\varrho = -a^2 e^{-\beta^2 r},$$

also

$$r^2\frac{d\Phi}{dr} = -a^2\int r^2 e^{-\beta^2 r}\,dr.$$

Die Integration liefert

$$r^2\frac{d\Phi}{dr} = C + \frac{2a^2}{\beta^6}e^{-\beta^2 r}\left\{1 + \beta^2 r + \frac{1}{2}\beta^4 r^2\right\}.$$

Daraus ergibt sich durch eine weitere Integration:

$$\Phi = D - \frac{C}{r} - \frac{2a^2}{\beta^6}\frac{e^{-\beta^2 r}}{r}\left\{1 + \frac{1}{2}\beta^2 r\right\}.$$

Zur Bestimmung der Integrationskonstanten D und C muß man verlangen, daß sich Φ im Unendlichen verhält, wie M/r, wo M die Gesamtmasse des Haufens ist. Also hat man für die beiden Konstanten einzusetzen:

$$D = 0 \quad C = -M$$

und erhält

$$\Phi = \frac{M}{r}\left\{1 - e^{-\beta^2 r} - \frac{1}{2}\beta^2 r e^{-\beta^2 r}\right\}. \tag{61}$$

Es sollen nun, was in bezug auf isothermes Gleichgewicht am wichtigsten ist, die Verhältnisse im Zentrum der Gaskugel untersucht werden. Wir entwickeln Φ nach dem TAYLORschen Satze an der Stelle $r = 0$. Dazu bilden wir die Größen $\Phi_{r=0}$, $\Phi'_{r=0}$, $\Phi''_{r=0}$, $\cdots$ Man erhält:

$$\left.\begin{aligned}
\Phi &= +\frac{M}{r}\left\{1 - e^{-\beta^2 r}\left(1 + \frac{1}{2}\beta^2 r\right)\right\} \\[4pt]
\Phi' &= -\frac{M}{r^2}\left\{1 - e^{-\beta^2 r}\left(1 + \frac{\beta^2}{1!}r + \frac{\beta^4 r^2}{2}\right)\right\} \\[4pt]
\Phi'' &= +\frac{2M}{r^3}\left\{1 - e^{-\beta^2 r}\left(1 + \frac{\beta^2}{1!}r + \frac{\beta^4 r^2}{2!} + \frac{\beta^6 r^3}{4}\right)\right\} \\[4pt]
\Phi''' &= -\frac{2\cdot 3 M}{r^4}\left\{1 - e^{-\beta^2 r}\left(1 + \frac{\beta^2}{1!}r + \frac{\beta^4 r^2}{2!} + \frac{\beta^6 r^3}{3!} + \frac{\beta^8 r^4}{12}\right)\right\} \\[4pt]
&\; \cdot\;\cdot\;\cdot\;\cdot\;\cdot\;\cdot\;\cdot\;\cdot\;\cdot\;\cdot\;\cdot\;\cdot\;\cdot\;\cdot\;\cdot\;\cdot\;\cdot\;\cdot
\end{aligned}\right\} \tag{62}$$

Das Bildungsgesetz ist klar. Für $r = 0$ erhält man überall zunächst die unbestimmte Form $0/0$. Nach bekannter Methode findet man daraus die folgenden Werte:

$$\Phi_0 = \frac{\beta^2}{2}M \qquad \Phi'_0 = 0 \qquad \Phi''_0 = -1\cdot\frac{\beta^6}{6}M \qquad \Phi'''_0 = +2\cdot\frac{\beta^8}{8}M \tag{63}$$

$$\Phi''''_0 = -3\cdot\frac{\beta^{10}}{10}M \cdots$$

Das Potential Φ läßt sich also im Mittelpunkt der Gaskugel durch die Entwicklung

$$\Phi = M\left\{\frac{\beta^2}{2} - 1\cdot\frac{\beta^6}{6}r^2 + 2\cdot\frac{\beta^8}{8}r^3 - + \cdots\right\} \tag{64}$$

darstellen. In einer kleinen Kugel um das Zentrum kann man somit den Wert von Φ mit hinreichender Annäherung ersetzen durch

$$\Phi = \frac{M\beta^2}{2}\left\{1 - \frac{\beta^4 r^2}{3}\right\}$$

oder, wegen Gleichung (60):

$$\Phi = \frac{a^2}{\beta^4}\left(1 - \frac{\beta^4 r^2}{3}\right). \tag{65}$$

Aus (64) erhält man den Wert für $\Delta\Phi$ und damit:

$$\varrho = -\frac{\Delta\Phi}{4\pi} = \frac{a^2}{4\pi}\left(1 - \beta^2 r + \frac{\beta^4 r^2}{2} - \cdots\right).$$

Andererseits findet man aus der Gleichung (65):

$$\beta^4 r^2 = 3\left(1 - \frac{\beta^4}{a^2}\Phi\right),$$

so daß man ϱ in der Form schreiben kann:

$$\varrho = \frac{a^2}{4\pi}\left\{ 1 - \sqrt{3}\,\sqrt{1 - \frac{\beta^4}{a^2}\,\varPhi} + \frac{3}{2}\left(1 - \frac{\beta^4}{a^2}\,\varPhi\right)\right\}. \tag{66}$$

ϱ ist reell, wenn

$$1 > \frac{\beta^4}{a^2}\,\varPhi \quad \text{oder} \quad \frac{a^2}{\beta^4} > \varPhi$$

ist. Dies ist wegen Gleichung (65) erfüllt. *Mit adiabatischem oder isothermem Gleichgewicht hat diese Beziehung zwischen ϱ und $\varPhi$ nichts zu tun.* Hieraus läßt sich nun auf einfache Weise das Verteilungsgesetz der Geschwindigkeiten für die Sterne gleicher Masse in der Umgebung des Haufenzentrums ableiten.

EDDINGTON hat gezeigt, wie man bei demjenigen Typus von Dichtegesetzen, die auf Sterngruppen führen, bei denen die Grenzgeschwindigkeit eines Sternes gleich seiner Austrittsgeschwindigkeit wird, bei bekannter Dichte die Verteilungsfunktion der Geschwindigkeiten finden kann (vgl. hierzu § 3). Seine Formel, die wir auch wieder vorweg nehmen wollen, ist nichts anderes als die Umkehrung der Integralgleichung

$$\varrho = 4\pi \int_0^{\bar{c}} f \cdot c^2 \, dc, \tag{67}$$

wo $\bar{c}$ die Austrittsgeschwindigkeit eines Sternes und f die gesuchte „Verteilungsfunktion der Geschwindigkeiten" ist. Die EDDINGTONsche Gleichung lautet, wenn wir wieder mit $\varPhi$ das Potential bezeichnen,

$$f(z) = \frac{1}{4\pi^2}\int_0^z \frac{\varrho''\, d(2\varPhi)}{\sqrt{z - 2\varPhi}}, \tag{68}$$

wo

$$\varrho'' = \frac{d^2\varrho}{d\varPhi^2}$$

ist. Rechnen wir aus der Integralgleichung $f(z)$ für die in Gleichung (66) gefundene Dichtefunktion ϱ aus, so finden wir das „Verteilungsgesetz der Geschwindigkeiten" im Zentrum des Haufens. Wir bilden ϱ'' und finden:

$$\frac{d\varrho}{d\varPhi} = \frac{a^2}{4\pi}\left(\frac{\sqrt{3}}{2}\,\frac{\beta^4}{a^2}\cdot\frac{1}{\sqrt{1 - \frac{\beta^4}{a^2}\,\varPhi}} - \frac{3}{2}\,\frac{\beta^4}{a^2}\right); \quad \frac{d^2\varrho}{d\varPhi^2} = \frac{\sqrt{3}}{8\pi}\,\beta^4\,\frac{\frac{1}{2}\,\frac{\beta^4}{a^2}}{\left(1 - \frac{\beta^4}{a^2}\,\varPhi\right)^{3/2}}.$$

Zur Abkürzung werde gesetzt:

$$\frac{\sqrt{3}}{16\pi}\cdot\frac{\beta^8}{a^2} = A \quad \text{und} \quad \frac{1}{2}\,\frac{\beta^4}{a^2} = C.$$

Dabei sind A und C wesentlich positive Konstanten. Dann wird

$$\frac{d^2\varrho}{d\varPhi^2} = \frac{A}{(1 - C\,2\varPhi)^{3/2}}$$

stets reell und positiv sein; denn für alle Φ in der Umgebung des Zentrums ist nach (65) $C\,2\Phi < 1$, d. h. also, $f(z)$ wird für jedes positive z reell und positiv, wie es sein muß. Damit geht EDDINGTONS Formel über in:

$$f(z) = \frac{A}{4\,\pi^2} \int\limits_0^z \frac{d\,(2\,\Phi)}{(1 - C\,2\,\Phi)^{3/2}\sqrt{z - 2\,\Phi}}. \tag{69}$$

$f(z)$ wird somit durch ein elliptisches Integral dargestellt. *Es ist damit gezeigt, daß die Geschwindigkeiten der Sterne gleicher Masse, selbst im Zentrum der beiden Kugelhaufen Messier 3 und Messier 13, nicht nach dem Gesetze von* MAXWELL *verteilt sind*, das wir in seiner modifizierten Form, wenn keine beliebig großen Geschwindigkeiten zugelassen sind, zum Vergleich hier anschreiben:

$$\varrho = \frac{4e^{2\,\Phi}}{\sqrt{\pi}} \int\limits_0^{\sqrt{2\,\Phi}} e^{-v^2} \cdot v^2\, dv. \tag{70}$$

Daß ein isothermes Gleichgewicht auch für den Haufen als Ganzes nicht möglich ist, haben wir oben schon hervorgehoben. Wir finden jetzt, daß auch in einer zentralen Teilkugel die Bedingungen eines solchen Gleichgewichts nicht erfüllt sind. Streng genommen ist damit auch allen Untersuchungen der Boden entzogen, welche in ihren Ansätzen das MAXWELLsche Geschwindigkeitsverteilungsgesetz enthalten. Dies trifft vor allem die Versuche, aus der Verschiedenheit der Verteilung der Sterne verschiedener Farbenindizes und Leuchtkräfte auf ihre relativen Massen zu schließen.

Versuchen wir uns Rechenschaft darüber zu geben, warum die Beobachtungen sich auch im Zentrum der Haufen nicht durch ein isothermes Gleichgewicht darstellen lassen, wie man es vom statistisch-mechanischen Standpunkt aus erwarten müßte, so können wir etwa folgendes sagen: In der kinetischen Gastheorie wird gezeigt, daß ein genügend lange sich selbst überlassenes Gas nur einen Endzustand annehmen kann, den des isothermen Gleichgewichts. Er ist gleichbedeutend mit einer regellosen Verteilung der Richtungen der Geschwindigkeiten der Gasmoleküle und einer Verteilung der Größe der Geschwindigkeiten nach dem GAUSSschen Fehlergesetz. Die Folge dieser Verteilung ist ein vollkommener Ausgleich jeder Gasströmung. Daß ein Ausgleich überhaupt möglich ist, rührt her von den Zusammenstößen zwischen den Molekülen eines Gases. Nur diese sind es, die dem Gas den einzig möglichen Weg zum Endzustand in Gestalt einer MAXWELLschen Geschwindigkeitsverteilung weisen.

Die Entwicklungen der kinetischen Gastheorie beruhen zunächst auf den folgenden drei fundamentalen Voraussetzungen: 1. Die in Betracht kommenden Gasmassen sind groß gegen die Masse eines Moleküls,

2. die Dimensionen des in Betracht kommenden Raumes sind groß gegen die freie Weglänge, und 3. die in Betracht kommenden Zeiten sind groß gegen die Zeit zwischen zwei Zusammenstößen. Wie liegen nun die Verhältnisse in den Sternhaufen? Die erste Annahme kann sicherlich als erfüllt betrachtet werden. Anders steht es dagegen mit den weiteren Voraussetzungen.

Die Existenz von Sternströmen, wie der Taurusstrom oder die Ursamajor-Gruppe, bei denen die einzelnen Glieder für äußerst lange Zeiten eine parallele Bewegung im Raum besitzen, hat EDDINGTON zur Annahme geführt[1]), daß es erlaubt sei, bei statistisch-mechanischen Untersuchungen des Sternsystems die freie Weglänge eines Sternes als unendlich anzunehmen. Nun ist zweifellos die Dichte in den konzentrierten Sternhaufen viel größer als die mittlere Dichte in unserem Sternsystem. Es ist wegen der Unmöglichkeit, die Anzahl der Zwergsterne in den Haufen auch nur annähernd anzugeben, ausgeschlossen, die wirkliche Dichte in den zentralen Teilen der Haufen einigermaßen exakt abzuschätzen. Aber selbst wenn man die Dichte etwa hundert- oder tausendmal so groß annimmt wie die Dichte im Sternsystem, so kommt man doch immer noch zu freien Weglängen, die nicht klein gegenüber der Ausdehnung der Haufen genannt werden dürfen.

Die Abschätzungen von JEANS[2]) über die Zwischenzeit zweier wirklichen Zusammenstöße von Sternen in Kugelhaufen (Größenordnung $4 \cdot 10^9$ Jahre) und über die Zwischenzeit solcher Begegnungen von Sternen, bei denen die geradlinigen Bahnen Abweichungen größer als 1^0 erleiden (Größenordnung 10^8 Jahre), haben die Annahme einer großen freien Weglänge der Sterne in den Sternhaufen voll bestätigt. JEANS hat endlich auch die Zeit abgeschätzt, in welcher durch schwache Störungen der Bahnrichtung eines Sternes (kleiner als 1^0) eine vollkommene Richtungsänderung entsteht. Sie ist bei Kugelhaufen von der Größenordnung $3 \cdot 10^{10}$ Jahre. Die bei kosmogonischen Untersuchungen über die Entwicklung der Sternhaufen in Betracht kommenden Zeiträume sind von der Größenordnung der Lebensdauer eines normalen Sternes. Nach den neueren Vorstellungen (vgl. hierzu Abschnitt IV) ist diese als etwa von der Größenordnung 10^{10} bis 10^{12} Jahre anzusetzen. Vergleicht man damit die Abschätzungen von JEANS, so ergibt sich, daß auch die dritte Voraussetzung kaum als erfüllt angesehen werden darf.

Da sich selbst in dem offenen Haufen M. 37, wie wir im vorigen Kapitel gezeigt haben, noch eine deutliche Struktur nachweisen läßt und wir hinreichende Gründe haben zu der Annahme, daß die offenen Haufen älter sind als die Kugelhaufen (siehe nächstes Kapitel), so er-

---

[1]) EDDINGTON, A. S.: The dynamics of a globular stellar system. Monthly notices of the Roy. astron. soc., London. Bd. 74, S. 5. 1913.

[2]) JEANS, J. H.: Problems of cosmogony and stellar dynamics. Cambridge 1919.

kennt man, daß, wenn in den Sternhaufen überhaupt jemals ein isothermes Gleichgewicht erreicht wird, dies erst nach Zeiträumen eintritt, die von der Größenordnung der Leuchtdauer der einzelnen Sterne, ja vielleicht sogar noch größer sind. Damit verliert aber das Problem vollkommen seine praktische Bedeutung.

Neben den obigen drei Fundamentalvoraussetzungen treten in der Gastheorie noch verschiedene Hypothesen auf, die zum Teil schon erwähnt wurden und die eine Übertragung auf Sternhaufen nicht zulassen. Das ist einmal die Annahme eines völlig abgeschlossenen Raumes mit vollkommen reflektierenden Wänden und weiterhin die Annahme vollkommen elastischer Zusammenstöße. Die Konstitution der Sternhaufen ist eben so vollständig anderer Art, daß die Methoden der Gastheorie zu ihrer Beschreibung nicht angewandt werden dürfen. Hierin ist wohl der Grund für den scheinbaren Widerspruch zwischen Beobachtung und Theorie zu erblicken.

§ 2. Theoretische Untersuchungen zum Schusterschen Dichtegesetz.

Wir haben versucht, darzulegen, aus welchen Gründen man in den Sternhaufen kein isothermes Gleichgewicht erwarten darf. Wir hätten nun noch das empirische Resultat, daß die Dichteverteilung in den Kugelhaufen rein formal am besten durch die polytrope Gaskugel $n = 5$ dargestellt wird, theoretisch zu begründen. v. ZEIPEL hat, wie wir sahen, versucht, die Größe $k = 1 + \frac{1}{n}$ als das Verhältnis der spezifischen Wärmen eines Gases zu deuten. Er mußte dann aber wenig wahrscheinliche Annahmen über die Anzahl mehrfacher Sternsysteme in den Kugelhaufen und über die Größe ihrer Geschwindigkeiten machen. Diese Untersuchungen beruhen aber wesentlich auf den Grundvorstellungen der Gastheorie, vor allem auch auf der Vorstellung elastischer Zusammenstöße der Moleküle. Da wir aber sahen, daß die Verhältnisse in den Sternhaufen eine Beschreibung ihrer inneren Vorgänge durch die einfachen Methoden der Gastheorie nicht zulassen, so scheint der von v. ZEIPEL eingeschlagene Weg wenig geeignet zu sein, um dem Verständnis des inneren Aufbaues der Sternhaufen näher zu kommen.

$k = 1 + \frac{1}{n}$ darf nicht als Verhältnis der spezifischen Wärmen eines Gases gedeutet werden, sondern muß aufgefaßt werden als eine das Aufbaugesetz bestimmende mathematische Konstante. Es ist deshalb auch nicht zweckmäßig, von einem adiabatischen Aufbau der Sternhaufen zu sprechen, obwohl die adiabatischen Gasgesetze formal mit den polytropen übereinstimmen. Man hat also anzunehmen, daß dem SCHUSTERschen Gesetz in der Theorie der Dichteverhältnisse in den Sternhaufen nur eine formale Bedeutung zukommt, und daß die wirklichen Verhältnisse in den Kugelhaufen weit komplizierter sind. EDDINGTON hat zwar [1]) interessante, die Gaskugel $n = 5$ gegenüber allen anderen polytropen Gaskugeln auszeichnende Eigenschaften gefunden, die aber nicht zu zeigen vermögen, wie EDDINGTON selbst bemerkt, dass es gerade das polytrope Gleichgewicht $n = 5$ ist, nach dem sich die Sterne in den Sternhaufen anordnen sollen. Die Arbeiten EDDINGTONs und JEANS' scheinen vielmehr einen allgemeineren Weg anzudeuten, auf dem man vielleicht in der Erforschung der Dichteverhältnisse in den Kugelhaufen weiter kommen wird.

Alle weiteren statistisch-mechanischen Untersuchungen über die Sternverteilung in Sternhaufen beruhen auf einem Theorem von JEANS, das die Betrachtungen über Verteilungsgesetze der Geschwindigkeiten, die von der Form des MAXWELLschen Gesetzes abweichen, sehr vereinfacht. Für sein Theorem hat JEANS zwei Beweise gegeben [2])[3]), wovon wir einen kurz skizzieren wollen.

Es sei

$$f\,(u,\ v,\ w,\ x,\ y,\ z,\ t)$$

die Verteilungsfunktion der Sterne einer Sterngruppe (u, v, w die Geschwindigkeitskomponenten; x, y, z die Koordinaten eines Sternes; t die Zeit). Wir nehmen im folgenden an, daß in der Sterndynamik die freie Weglänge als unendlich angesehen werden darf. Dadurch wird die Sterndynamik offenbar viel einfacher als die Gasdynamik. Die Verteilungsfunktion f hat dann eine partielle Differentialgleichung zu befriedigen, die ganz analog aussieht wie die Differentialgleichung der Verteilungsfunktion in der kinetischen Gastheorie (BOLTZMANN, Vorlesungen über die Gastheorie I, S. 132); man erhält sie aus derjenigen BOLTZMANNS, indem man die Glieder, die sich auf die Zusammenstöße beziehen, wegläßt. Sie nimmt dann die Form an:

$$\frac{df}{dt} + \frac{\partial\Phi}{\partial x}\frac{\partial f}{\partial u} + \frac{\partial\Phi}{\partial y}\frac{\partial f}{\partial u} + \frac{\partial\Phi}{\partial z}\frac{\partial f}{\partial w} + u\frac{\partial f}{\partial x} + v\frac{\partial f}{\partial y} + w\frac{\partial f}{\partial z} = 0. \quad (71)$$

Φ ist dabei das Potential, aus dem sich die im Bereich $dx\,dy\,dz$ an der Stelle x, y, z wirkenden Gravitationskräfte ableiten lassen, und wie gewöhnlich so definiert, daß es im Unendlichen verschwindet. Bei stationären Sterngruppen, und als solche sollen die Kugelhaufen zunächst betrachtet werden, ist f unabhängig von t. Nach der Regel von LAGRANGE kann dann die gesuchte Funktion $f\,(x, y, z; u, v, w)$ dargestellt werden als eine willkürliche Funktion der Integrale des folgenden Systems von totalen Differentialgleichungen:

$$\frac{du}{\partial\Phi/\partial x} = \frac{dv}{\partial\Phi/\partial y} = \frac{dw}{\partial\Phi/\partial z} = \frac{dx}{u} = \frac{dy}{v} = \frac{dz}{w}. \quad (72)$$

---

[1]) Vgl. Anm. 1, S. 49.
[2]) Vgl. Anm. 3, S. 49.
[3]) Vgl. Anm. 2, S. 96.

Ein Integral dieses Systems ist das Energieintegral

$$- W \equiv \frac{1}{2}\left(u^2 + v^2 + w^2\right) - \Phi = \text{const.} \qquad (73)$$

W ist die negative Gesamtenergie, die Masse (m) aller Sterne werde als gleich vorausgesetzt. Wir setzen der Einfachheit halber $m = 1$. Bei einer Sterngruppe ohne jede Symmetrie ist das Energieintegral das einzige Integral des Systems von totalen Differentialgleichungen. Das heißt, f kann nur eine willkürliche Funktion von W sein, hat also die Form:

$$f(xyz, uvw) \equiv f(W) \equiv f\left(\Phi - \frac{1}{2}(u^2 + v^2 + w^2)\right). \qquad (74)$$

Nun ist aber die Dichte ϱ an der Stelle xyz gegeben durch die Gleichung:

$$\varrho = \int\int\int_{-\infty}^{+\infty} f \, du \, dv \, dw; \qquad (75)$$

d. h. ϱ ist nur eine Funktion von Φ, ebenso wie bei den Gleichgewichtsfiguren kompressibler Massen. Die verschiedenen Formen von $f(W)$ entsprechen verschiedenen Beziehungen zwischen ϱ und Φ. Zu jeder solchen Beziehung gibt es eine Gleichgewichtsfigur einer kompressiblen Masse. Wirken keine äußeren Kräfte — wie hier angenommen ist, weil ja f unabhängig von t sein soll —, so sind diese Gleichgewichtsfiguren kugelsymmetrisch. Das heißt aber, daß *Sterngruppen ohne jede Symmetrie nicht als stationäre Gruppen existieren können.* Ein Verteilungsgesetz der Form $f(W)$ führt somit auf kugelsymmetrische Sterngruppen. Das Theorem von JEANS sagt nun aus, daß *in einer kugelförmigen Sterngruppe, die stationär ist und auf die keine äußeren Kräfte wirken,* das Verteilungsgesetz der Sterne nach ihren Raum- und Geschwindigkeitskoordinaten die Form

$$f(W) = f\left(\Phi - \frac{1}{2}(u^2 + v^2 + w^2)\right)$$

haben muß.

Wir wollen nun auf einige Eigenschaften hinweisen, die das SCHUSTERsche Gesetz vor anderen Gesetzen polytroper Gaskugeln auszeichnen. Die Ausnahmestellung der zu $n = 5$ gehörigen Gaskugel tritt zuerst hervor, wenn man den Radius der polytropen Gaskugeln mit ihrer Masse vergleicht. Für n kleiner als 5 haben die Gaskugeln endlichen Radius und endliche Masse. Für n größer als 5 haben sie unendlichen Radius und unendliche Masse; für $n = 5$ aber unendlichen Radius und endliche Masse. Angewandt auf die Sternhaufen können wir sagen, daß *das SCHUSTERsche Gesetz für Haufen mit endlicher Sternzahl die dünnste überhaupt mögliche Verteilung darstellt.* Dies scheint der tiefste und vielleicht einzige physikalische Schluß zu sein, der aus der formalen Darstellbarkeit der Sterndichte in den Sternhaufen durch die Polytrope $n = 5$ gezogen werden darf.

Soll ein Stern dauernd zum Haufen gehören, so muß seine Gesamtenergie, die während der Bewegung des Sternes konstant bleibt (Zusammenstöße schließen wir ja aus), negativ sein.

$$W = \Phi - \frac{1}{2} c^2,$$

wo

$$c^2 = u^2 + v^2 + w^2 \qquad (76)$$

ist, muß also positiv sein. *Bei einer permamenten Sterngruppe muß W für jeden einzelnen Stern des Haufens positiv sein.* Diese Bedingung läßt auf die Existenz einer Austrittsgeschwindigkeit schließen. Denn es werden offenbar nur Sterne, deren Geschwindigkeiten (c) der Ungleichung genügen

$$c < \sqrt{2\,\Phi}$$

dauernde Glieder einer Sterngruppe sein können. Die Geschwindigkeit

$$c_1 = \sqrt{2\,\Phi}, \qquad (77)$$

die zum Austritt des Sternes aus dem Anziehungsbereich der Sterngruppe ausreicht, wollen wir *Austrittsgeschwindigkeit* nennen.

Die polytropen Weggleichungen haben die Form

$$\varrho = C \cdot V^n. \qquad (78)$$

C ist eine Proportionalitätskonstante und V im allgemeinen bis auf eine additive Konstante identisch mit dem Potential Φ. Denn ϱ und V müssen gleichzeitig verschwinden, nämlich an der Oberfläche des Haufens. Φ aber soll, nach Definition, im Unendlichen Null werden. Wir haben also

$$\Phi = V + a_n^2, \qquad (79)$$

somit

$$W = V + a_n^2 - \frac{1}{2} c^2 = \text{const}, \qquad (80)$$

eine Größe, die konstant bleibt während der Bewegung eines Sternes. Damit läßt sich neben c_1 noch ein anderer ausgezeichneter Wert für die Geschwindigkeit eines Sternes definieren. Ein Stern, der die Oberfläche des Haufens mit der Geschwindigkeit Null erreicht, hat die Gesamtenergie

$$- W = - a_n^2.$$

Wegen der Gravitationswirkung der anderen Sterne wird er aber nicht in Ruhe bleiben, sondern sich weiter bewegen. Dabei behält er die Gesamtenergie $- a_n^2$, d. h. in jedem Punkt der Bahn eines solchen Sternes ist

$$c_2 = \sqrt{2\,V}. \qquad (81)$$

Diese Geschwindigkeit wollen wir die *Grenzgeschwindigkeit* nennen. Sie reicht offenbar dazu aus, daß ein Stern in radialer Richtung bis zur Oberfläche des Haufens gelangt, dort die Geschwindigkeit Null hat und folglich wieder umkehrt.

Bei allen polytropen Dichtegesetzen, bei denen $n < 5$ ist ($n > 5$ kommt für Sternhaufen nicht in Betracht, wegen der unendlichen Masse), ist, wie man aus (77), (81) und (79) erkennt:

$$c_1 > c_2. \tag{82}$$

Nur für das SCHUSTERSche Gesetz $n = 5$ ist $c_1 = c_2$. Dies Gesetz hat also die ausgezeichnete Eigenschaft, daß *die Grenzgeschwindigkeit gleich der Austrittsgeschwindigkeit ist.*

Eine weitere interessante Eigenschaft der Gaskugel $n = 5$ hat EDDINGTON angegeben. Er hat gezeigt, daß im Falle $n = 5$ der Gehalt eines beliebigen Volumelementes des Haufens an kinetischer Energie stets gleich ist einem Viertel der potentiellen Energie, die herrührt von der Anziehung des Restes des Haufens. Die kinetische Energie eines Volumelementes ist gegeben durch

$$T = 4\pi \int_0^{\sqrt{2\Phi}} \frac{c^2}{2} f\left(\Phi - \frac{1}{2}c^2\right) c^2 dc. \tag{83}$$

Da $f(0) = 0$ ist, erhält man

$$\frac{dT}{d\Phi} = 2\pi \int_0^{\sqrt{2\Phi}} f'\left(\Phi - \frac{1}{2}c^2\right) c^4 dc. \tag{84}$$

Nun ist aber

$$\frac{df(W)}{d\Phi} = -\frac{1}{c}\frac{df(W)}{dc},$$

also

$$\frac{dT}{d\Phi} = -2\pi \int_0^{\sqrt{2\Phi}} \frac{df}{dc} \cdot c^3 dc = 6\pi \int_0^{\sqrt{2\Phi}} f(W) c^2 dc. \tag{85}$$

Aus der Definition der Dichte in Gleichung (75), welche sich in der Form schreiben läßt:

$$\varrho = 4\pi \int_0^{\sqrt{2\Phi}} f c^2 dc \tag{86}$$

erkennt man die Richtigkeit der Gleichung

$$\frac{dT}{d\Phi} = \frac{3}{2}\varrho. \tag{87}$$

Setzt man nun $T = \frac{1}{4}\varrho\Phi$, so erhält man die Differentialgleichung

$$\frac{d(\varrho\Phi)}{d\Phi} = 6\varrho,$$

deren einzige Lösung die Form besitzt

$$\varrho = C \cdot \Phi^5,$$

mithin auf das SCHUSTERSche Dichtegesetz führt.

EDDINGTON hat weiter untersucht, ob die Entropie des Haufens für $n = 5$ ein Maximum wird. Es ist zweifelhaft, ob das BOLTZMANNsche H-Theorem ohne weiteres auf Systeme übertragen werden darf, bei denen nicht jede Geschwindigkeit für die „Moleküle" möglich ist, bei denen eine Austrittsgeschwindigkeit c_1 existiert, die kleiner als unendlich ist. Für die Gesetze $\varrho = C V^n$ findet EDDINGTON ein Abnehmen von H, wenn n zunimmt. Für $n = 5$ hat H aber kein Minimum. $\dfrac{\partial H}{\partial n}$ bleibt negativ. Nur weil alle Gesetze mit $n > 5$ ausgeschlossen sind, erscheint das Gesetz $n = 5$ als das Wahrscheinlichste der polytropen Gesetze.

Ein Sternhaufen, der nach dem SCHUSTERschen Gesetze aufgebaut ist, kann somit nicht als Normalzustand im Sinne der statistischen Mechanik angesehen werden. Es ist nicht gelungen, überzeugende Gründe anzugeben, warum gerade die Polytrope $n = 5$ eine so ausgezeichnete Rolle zu spielen scheint. Nur von einer Erweiterung der theoretischen Grundlagen wird ein Fortschritt zu erhoffen sein. Man darf sich nicht mehr darauf beschränken, die Theorie der vollständigen polytropen Gaskugeln als Ausgangspunkt für das theoretische Verständnis des inneren Aufbaues der Sternhaufen zu wählen.

§ 3. Über diejenige Klasse von Dichtegesetzen, bei denen die „Grenzgeschwindigkeit" eines Sternes gleich seiner „Austrittsgeschwindigkeit" wird.

Die Verallgemeinerung der Theorie geschieht am zweckmäßigsten dadurch, daß man von der Eigenschaft, daß die „Grenzgeschwindigkeit" eines Sternes gleich seiner „Austrittsgeschwindigkeit" sein soll, ausgeht, einer Eigenschaft, die die polytrope Gaskugel $n = 5$ vor allen anderen polytropen Gaskugeln auszeichnet. Es läßt sich hieraus eine Klasse von Dichtegesetzen ableiten, denen, wie sich zeigen wird, für die hier vorliegenden Probleme eine große Bedeutung zukommt. Zu dieser Klasse von Dichtegesetzen gehört auch dasjenige, das FREUND-LICH und HEISKANEN für Sterne gleicher Masse in den Kugelhaufen Messier 3 und Messier 13 gefunden haben. Je besser und ausgedehnter unser Beobachtungsmaterial über die Sterndichte in Kugelhaufen wird, desto wichtiger dürften daher die Untersuchungen über diese Art allgemeinerer Dichtegesetze werden.

EDDINGTON und JEANS haben gezeigt, wie man, wenn das Potential Φ oder die Dichte ϱ als eine Funktion der Koordinaten gegeben ist, die allgemeine Form der Verteilungsfunktion $f\left(\Phi - \dfrac{1}{2} c^2\right)$ gewinnen kann für Sternhaufen in einem stationären Zustand, wenn also keine Sternströmung besteht. Zwischen der Dichte ϱ an einer beliebigen Stelle des Sternhaufens und der Verteilungsfunktion $f(W)$ besteht auf Grund des Theorems von JEANS die Gleichung

$$\varrho = 4\,\pi \int_0^{\sqrt{2\,\Phi}} f\left(\Phi - \frac{1}{2}\,c^2\right) c^2\,dc\,. \qquad (86)$$

ϱ ist also nur eine Funktion des Potentials Φ. Im Innern des Stern-haufens muß außerdem die Differentialgleichung

$$\Delta\,\Phi = -\,4\,\pi\varrho \qquad (88)$$

erfüllt sein.

Die Aufgabe ist nun, eine Funktion $f(z)$ zu finden, die für alle positiven Werte von z endlich und positiv wird, für jedes $z \lessgtr 0$ ver-schwindet und der obigen Gleichung (86) genügt. EDDINGTON löst die Aufgabe durch Umkehrung der Integralgleichung für f; JEANS durch eine Reihenentwicklung. Durch Differentiation und verschiedene Sub-stitutionen gelingt es EDDINGTON, die Gleichung auf einen Spezial-fall der ABELschen Integralgleichung zurückzuführen, deren Lösung bekannt ist. Die Bedingung, daß die Masse des Haufens endlich sein muß, läßt noch eine weitere Vereinfachung zu. Die schließliche von EDDINGTON angegebene Umkehrung lautet:

$$f(z) = \frac{1}{4\,\pi^2}\int_0^z \frac{\varrho''\,d\,(2\,\Phi)}{(z - 2\,\Phi)^{1/2}}\,. \qquad (89)$$

Dabei bedeutet ϱ'' den zweiten Differentialquotienten von ϱ nach Φ. Ist ϱ'' positiv und endlich für das ganze Integrationsintervall, so ist sicher $f(z)$ positiv für alle positiven Werte von z. Diese Bedingung ist hinreichend, aber nicht notwendig. Sie wird durch eine große Menge von Dichtegesetzen erfüllt. Sie alle besitzen die Eigenschaft, daß die Grenzgeschwindigkeit eines Sternes gleich seiner Austrittsgeschwindig-keit wird. Denn Gleichung (89) liefert unmittelbar die zugehörige Ver-teilungsfunktion $f(z)$, welche für $z = 0$ verschwindet. Wir wollen die Verteilungsfunktion der Geschwindigkeiten für die Polytrope $n = 5$ ausrechnen. Es ist in diesem Fall:

$$\varrho = C \cdot \Phi^5,$$

also

$$\varrho'' = C' \cdot \Phi^3,$$

und

$$f(z) = \frac{C'}{4\,\pi^2}\int_0^z \frac{\Phi^3\,d\,(2\,\Phi)}{(z - 2\,\Phi)^{1/2}}\,.$$

Die Substitution

$$\frac{2\,\Phi}{z} = \sin^2\varphi$$

liefert

$$f(z) = \frac{A}{\sqrt{z}}\int_0^1 \frac{z^4 \cdot \sin^7\varphi\,d\,(\sin\varphi)}{\cos\varphi}\,,$$

also

$$f(z) \sim z^{4-1/2} = z^{7/2}, \tag{90}$$

d. h. für die polytrope Gaskugel $n = 5$ hat die Verteilungsfunktion der Geschwindigkeiten die Form

$$f\left(\Phi - \frac{1}{2}c^2\right) = A\left(\Phi - \frac{1}{2}c^2\right)^{7/2}. \tag{91}$$

Sterne, deren Geschwindigkeit größer oder gleich $\sqrt{2\,\Phi}$ ist, gehören somit dem System nicht als dauernde Glieder an, da für diese Geschwindigkeiten $f\left(\Phi - \frac{1}{2}c^2\right) = 0$ oder imaginär wird.

Der Weg, den JEANS zur Aufstellung der allgemeinen Form von $f(z)$ einschlägt, ist ein ganz anderer, als derjenige EDDINGTONS. Den Ausgangspunkt bildet wieder die Gleichung (86)

$$\varrho = 4\,\pi \int_0^{\sqrt{2\,\Phi}} f\left(\Phi - \frac{1}{2}c^2\right)c^2\,dc.$$

Setzt man nach JEANS $c^2 = 2\,\Phi \cdot \sin^2\Theta$, so erhält man

$$\varrho = 4\,\pi\,(2\,\Phi)^{3/2} \cdot \int_0^{\pi/2} f(\Phi\cos^2\Theta) \cdot \sin^2\Theta\cos\Theta\,d\Theta. \tag{92}$$

Die Lösungen dieser Gleichung, kombiniert mit der Gleichung (88) geben die verschiedenen möglichen Verteilungen der Sterne in Kugelhaufen, ohne Sternströmung. Zur Bestimmung von f betrachtet JEANS die Verhältnisse in großer Entfernung vom Haufen. Zu diesem Zweck setzt er für das Potential eine Reihe der Form an

$$\Phi = M u\,(1 + c_1\,u + c_2\,u^2 + \cdots), \tag{93}$$

wo M die Gesamtmasse des Haufens ist, und $u = 1/r$ wird. Eine solche Entwicklung braucht aber nicht immer zu existieren. Ein Beispiel ist der Fall des Gesetzes von FREUNDLICH und HEISKANEN. Dadurch wird die Brauchbarkeit der JEANSschen Ableitung stark eingeschränkt. Indem nun der Ausdruck für ϱ in die Differentialgleichung

$$\Delta\Phi = u^4\frac{d^2\Phi}{du^2} = -4\,\pi\varrho$$

eingesetzt wird, und das Verhalten der Gleichung für lim $u = 0$ studiert wird, findet JEANS, daß $f(z)$ für $z = 0$ verschwinden muß wie $z^{5/2}$. Dies führt zum Reihenansatz:

$$\begin{aligned} f(\Phi\cos^2\Theta) &= (\Phi\cos^2\Theta)^{5/2}\{a_0 + a_1\,(\Phi\cos^2\Theta) + a_2\,(\Phi\cos^2\Theta)^2 + \cdots\} \\ &= \sum_{p=0}^{\infty} a_p\left(\Phi - \frac{1}{2}c^2\right)^{5/2+p}. \end{aligned} \tag{94}$$

Substituiert man dies in die Gleichung (92) und integriert gliedweise, so lassen sich die einzelnen Integrale auf Γ-Funktionen zurückführen und ϱ nimmt die Form an

$$\varrho = \sum_{p=0}^{\infty} A_p \, \varPhi^{p+4}. \tag{95}$$

Diese Reihe für ϱ kann aber nur dann gewonnen werden, wenn die Reihe für f gleichmäßig für $\varTheta = 0$ bis $\dfrac{\pi}{2}$ konvergiert. Im Gegensatz zu den FOURIER-Reihen ist eine Reihe, die nach Potenzen von $\cos\varTheta$ fortschreitet, nicht immer konvergent. Die Konvergenz hängt wesentlich ab von der Größe von $\varPhi$. Die Reihe (95) gibt ebenfalls eine große Menge von Dichtegesetzen, die den gestellten Forderungen genügen. Wir wollen aus ihnen noch eine ganz spezielle Klasse herausgreifen.

Der einfachste Fall ist der, wenn alle $A_p = 0$ sind, außer einem einzigen. Dann erhält man die Dichtegesetze

$$\varrho = A \, \varPhi^n, \tag{96}$$

wo $n = p + 4$ gesetzt wurde. Die Geschwindigkeiten der Sterne verteilen sich in diesen Gaskugeln nach dem Gesetz

$$f\left(\varPhi - \frac{1}{2}\,c^2\right) = A \left(\varPhi - \frac{1}{2}\,c^2\right)^{n-3/2}. \tag{97}$$

Für $n = 5$ erhält man wieder (Gleichung 91). Die Dichtegesetze $\varrho = A\,\varPhi^n$ sind jedoch im allgemeinen nicht identisch mit denjenigen der polytropen Gaskugeln, außer im Falle $n = 5$. Denn bei den hier betrachteten Gesetzen haben die Gaskugeln für jedes n unendlichen Radius, weil $\varPhi$, als Potential, also auch ϱ, erst im Unendlichen verschwindet. Die polytropen Gaskugeln aber haben für $n < 5$ endlichen Radius. Aus demselben Grunde ist auch die Differentialgleichung

$$\varDelta \varPhi + \alpha^2 \varPhi^{p+4} = 0, \tag{98}$$

in welche nun die Gleichung $\varDelta \varPhi = -4\pi\varrho$ übergeht, wenn nur der Koeffizient a_p in der Entwicklung der Verteilungsfunktion f von Null verschieden ist, nicht identisch mit der Differentialgleichung der polytropen Gaskugeln, die EMDEN studiert hat. Die polytropen Dichtegesetze haben die Form $\varrho = A\,V^n$. Die entsprechende Differentialgleichung lautet daher

$$\varDelta V + \alpha^2 V^{p+4} = 0. \tag{99}$$

Da $V = \varPhi - a_n^2$ ist, stimmen beide Gleichungen nur für $p = 1$, $n = 5$ überein, weil $a_5^2 = 0$ ist.

Die Entwicklungen (94) und (95) machen es möglich, die Abweichungen zwischen den Beobachtungen und dem SCHUSTERschen Gesetz ($p = 1$) für die Sterndichte am Rand der Haufen näher zu untersuchen. Die Verteilungsfunktion für die Polytrope $n = 5$ ergibt sich aus (94), wenn man die Koeffizienten a_0, a_2, $a_3 \ldots$ alle gleich Null setzt. In Wirklichkeit werden sie endliche, wenn auch kleine Werte besitzen. Am äußersten Rand der Haufen, für sehr großes r, wird sogar das Glied a_0

überwiegen. Dann müßte sich die Dichte der Randteile in die Form bringen lassen

$$\varrho = A_{\mathrm{o}} \cdot \Phi^4,$$

oder, da sich in diesen Teilen das Potential Φ verhält wie M/r, wo M die Gesamtmasse des Systems ist, so wird ϱ von der Form sein

$$\varrho = A_{\mathrm{o}} \cdot \Phi^4 \sim \frac{1}{r^4} ; \qquad (100)$$

d. h. in der Projektion wird die Dichte am Rand sich umgekehrt wie die dritte Potenz der Entfernung verhalten; denn die Sterndichte in der Projektion ist ein Integral über die Raumdichte. Im zweiten Abschnitt haben wir die Werte, die JEANS auf diese Weise gefunden hat, verglichen mit den Werten von PLUMMER. Wir fanden in der Tat eine viel bessere Darstellung der Beobachtungen.

Auf einem etwas verschiedenen Weg hat auch EDDINGTON für die Verteilungsfunktion f die Reihe gewonnen;

$$f\left(\Phi - \frac{1}{2}c^2\right) = \sum a_p \left(\Phi - \frac{1}{2}c^2\right)^{p + 5/2}.$$

Er bemerkt ausdrücklich, dass wir dadurch keine vollkommene Darstellung der wirklichen Verhältnisse erzielen können. Begründet liegt dies in den Konvergenzverhältnissen der benutzten Reihen. — Auch für diese allgemeineren Dichtegesetze hat EDDINGTON die Entropie der Systeme bestimmt und gefunden, daß diese keine Maximum werden kann für diejenigen Dichtegesetze, die dem SCHUSTERschen Gesetze am nächsten verwandt sind. Kugelhaufen, die sich nach Dichtegesetzen aufbauen, die zu der hier betrachteten speziellen Klasse gehören und in der Nähe der polytropen Gaskugel $n = 5$ liegen, bilden somit ebenfalls keine Normalzustände im Sinne der statistischen Mechanik.

§ 4. Über die Verhältnisse in den Kugelhaufen bei Hinzunahme äußerer Kräfte.

Alle bisherigen theoretischen Betrachtungen gingen davon aus, daß auf die Bewegungen der Sterne in den Kugelhaufen nur innere, und keinerlei äußere Kräfte einwirken. Der Wirklichkeit werden wir bedeutend näher kommen, wenn wir nicht mehr das Gravitationsfeld der Sterne des Sternsystems und aller übrigen Materie des Universums vernachlässigen.

Wir stellen uns also die Aufgabe, die Verhältnisse im Innern der Sternhaufen zu studieren bei Hinzunahme äußerer Kräfte, und fragen, ob wir auch dann noch stationäre Zustände zu erwarten haben. Diese Frage wurde zuerst beantwortet durch eine Arbeit von JEANS [1]), deren Ergebnisse wir zunächst besprechen wollen.

---

[1]) JEANS, J. H.: The dynamics of moving clusters. Monthly notices of the Roy. astron. soc., London. Bd. 82, S. 132. 1922.

Soviel bis jetzt über die Stellung der Kugelhaufen zum Milchstraßensystem bekannt ist, muß man sie ansehen als isolierte Sterngruppen, deren Dimensionen kleiner sind, als die Dimensionen des sogenannten „engeren Sternsystems". Mit dem „Milchstraßensystem" alter Auffassung (SEELIGER, KAPTEYN) zusammen bilden sie das „größere galaktische System". Dieses letztere ist im folgenden immer gemeint, wenn wir kurz vom „Sternsystem" sprechen.

Legt man durch den Schwerpunkt des Sternsystems ein beliebiges Koordinatensystem xyz und durch den Schwerpunkt des Kugelhaufens ein diesem paralleles System $\xi\eta\zeta$, so sind die Koordinaten $\xi\eta\zeta$ eines Sternes des Kugelhaufens kleine Größen erster Ordnung, im Vergleich zu den Koordinaten xyz. Die Kräfte, die auf einen Stern des Haufens wirken, lassen sich in zwei Gruppen teilen:

1. Die Kräfte, die von den übrigen Sternen des Haufens herrühren; wir nennen sie die inneren Kräfte.

2. Die Kräfte, die von der Materie des übrigen Universums herrühren; wir wollen sie die äußeren Kräfte nennen.

Im Bereich der Sterne des Kugelhaufens selbst läßt sich das Potential der äußeren Kräfte (Φ) durch die Entwicklung darstellen

$$\Phi = (\Phi)_0 + \xi\left(\frac{\partial\Phi}{\partial x}\right)_0 + \eta\left(\frac{\partial\Phi}{\partial y}\right)_0 + \zeta\left(\frac{\partial\Phi}{\partial z}\right)_0 + \frac{1}{2}\left[\xi^2\left(\frac{\partial^2\Phi}{\partial x^2}\right)_0 \right. \\ \left. + 2\xi\eta\left(\frac{\partial^2\Phi}{\partial x\partial y}\right)_0 + \cdots\right] + \cdots \tag{101}$$

Dabei hat man auf der rechten Seite der Gleichung in Φ, sowie in die partiellen Ableitungen von Φ für x, y, z die Koordinaten des Mittelpunkts des Kugelhaufens x_0, y_0, z_0 einzusetzen, was wir einfach durch den Index 0 andeuten.

Durch Differenzieren von Φ nach $\xi\eta\zeta$ erhält man die Komponenten der äußeren Kraft, die auf einen Stern des Haufens an der Stelle $\xi\eta\zeta$ wirkt. Man erhält

$$\frac{\partial\Phi}{\partial\xi} = \left(\frac{\partial\Phi}{\partial x}\right)_0 + \frac{1}{2}\frac{\partial}{\partial\xi}\left[\xi^2\left(\frac{\partial^2\Phi}{\partial x^2}\right)_0 + 2\xi\eta\left(\frac{\partial^2\Phi}{\partial x\partial y}\right)_0 + \cdots\right] + \cdots \tag{102}$$

und entsprechende Ausdrücke für $\dfrac{\partial\Phi}{\partial\eta}$ und $\dfrac{\partial\Phi}{\partial\zeta}$. Die ersten Teile der

drei Gleichungen: $\left(\dfrac{\partial\Phi}{\partial x}\right)_0, \left(\dfrac{\partial\Phi}{\partial y}\right)_0, \left(\dfrac{\partial\Phi}{\partial z}\right)_0$ bestimmen die Bewegung des Haufens als Ganzes im Raume. Man erkennt weiter, daß die Bewegung eines Sternes relativ zum Zentrum des Haufens, soweit sie von äußeren Kräften beeinflußt wird, sich ableiten läßt aus einem Potential der Form

$$\frac{1}{2}\left[\xi^2\left(\frac{\partial^2\Phi}{\partial x^2}\right)_0 + 2\xi\eta\left(\frac{\partial^2\Phi}{\partial x\partial y}\right)_0 + \cdots\right].$$

Durch eine Koordinatentransformation können wir diesem Potential die einfachere Form geben

$$\frac{1}{2}(\alpha\xi'^2 + \beta\eta'^2 + \gamma\zeta'^2). \tag{103}$$

Dabei muß dann sein

$$\alpha + \beta + \gamma = \left(\frac{\partial^2 \Phi}{\partial x^2}\right)_0 + \left(\frac{\partial^2 \Phi}{\partial y^2}\right)_0 + \left(\frac{\partial^2 \Phi}{\partial z^2}\right)_0 = 0. \tag{104}$$

Es muß also mindestens einer der Koeffizienten α, β, γ positiv sein; sagen wir α.

Zur Abschätzung der Komponenten der inneren Kräfte führen wir mit Jeans die mittlere Dichte des Sternhaufens ein. Ist M_r die Masse aller Sterne innerhalb einer Kugel vom Radius r, so ist die mittlere Dichte $\bar{\varrho}_r$ der innerhalb r eingeschlossenen Materie definiert durch die Gleichung

$$M_r = \frac{4}{3}\pi r^3 \bar{\varrho}_r. \tag{105}$$

Mit großer Annäherung sind dann die Komponenten der inneren Kräfte bekanntlich gegeben durch die Werte

$$-\frac{4}{3}\pi r^3 \bar{\varrho} \cdot \frac{1}{r^2}\frac{\xi'}{r} = -\frac{4}{3}\pi \bar{\varrho}\xi'; \quad -\frac{4}{3}\pi \bar{\varrho}\eta'; \quad -\frac{4}{3}\pi \bar{\varrho}\zeta',$$

wo

$$\xi'^2 + \eta'^2 + \zeta'^2 = r^2 \tag{106}$$

ist. Für die Bewegungsgleichungen hat man dann

$$\ddot{\xi}' = \left(\alpha - \frac{4}{3}\pi\bar{\varrho}\right)\xi'; \quad \ddot{\eta}' = \left(\beta - \frac{4}{3}\pi\bar{\varrho}\right)\eta'; \quad \ddot{\zeta}' = \left(\gamma - \frac{4}{3}\pi\bar{\varrho}\right)\zeta'. \tag{107}$$

Die Dichte ϱ hat ihr Maximum ϱ_0 im Zentrum. Ist

$$\alpha > \frac{4}{3}\pi\varrho_0, \tag{108}$$

so ist die erste Gleichung von der Form

$$\ddot{\xi}' - k^2\xi' = 0,$$

deren allgemeine Lösung lautet

$$\xi' = C_1 e^{kt} + C_2 e^{-kt}. \tag{109}$$

Das heißt: *Nach einer Anfangsperiode*, die so lange dauert, bis das zweite Glied gegenüber dem ersten verschwindet, *löst sich der Haufen in der ξ'-Richtung exponentiell mit der Zeit auf.* Etwas verschieden ist der Fall, wenn ϱ_0 so groß ist, daß $\alpha < \frac{4}{3}\pi\varrho_0$ wird. Da ϱ gegen den Rand des Haufens bis zu Null abnimmt, so läßt sich im allgemeinen immer ein Abstand r vom Zentrum des Haufens angeben, für den $\alpha = \frac{4}{3}\pi\bar{\varrho}_r$ wird; d. h. nur diejenigen Teile des Haufens, die außerhalb einer Kugel mit der mittleren Dichte $\frac{3}{4}\frac{\alpha}{\pi}$ liegen, lösen sich auf. *Ein Kern, dessen Radius sich aus dem kritischen Wert der Dichte bestimmt, kann übrig bleiben.*

Ist weiterhin z. B. β ebenfalls positiv, so lassen sich bezüglich η' die gleichen Schlüsse anwenden, d. h. es findet auch in der Richtung von η' im allgemeinen mindestens eine teilweise Auflösung statt. Wir haben dann eine Ebene, in der die Auflösung vor sich geht. Da aber, wenn α und β positiv sind, γ auf alle Fälle negativ sein muß, so lautet in der Richtung ζ' die Bewegungsgleichung

$$\ddot{\zeta}' + k^2\zeta' = 0$$

mit der allgemeinen Lösung

$$\zeta' = C_1 \sin kt + C_2 \cos kt. \tag{110}$$

Der Stern führt also senkrecht zur Ebene der Auflösung Oszillationen aus. Sind β und γ beide negativ, so ist die Bewegung des Sternes in der η'- und ζ'-Richtung eine Oszillation und die Auflösung findet nur in einer Richtung statt.

Die verschiedenen Dichtegesetze der Haufen lassen sich nun in zwei Gruppen einteilen, je nachdem sich der Haufen ganz auflöst, oder eine kugelförmige Sterngruppe großer Dichte übrig bleibt. Diejenigen Dichtegesetze, die zur völligen Auflösung führen, nennen wir die nicht stationären Gesetze. Diejenigen, bei denen sich nur äußere Teile der Haufen ablösen, nennen wir halbstationär. Es entsteht nun die Frage, zu welcher Gruppe von Dichtegesetzen das SCHUSTERsche Dichtegesetz gehört, d. h. welche Entwicklung wir für die kugelförmigen Sternhaufen zu erwarten haben, die nach unseren bisherigen Erfahrungen näherungsweise nach diesem Gesetz aufgebaut sind.

Zur Aufstellung der Bewegungsgleichungen schätzen wir die inneren Kräfte ab. Das Potential im Innern einer Kugel vom Radius R in der Entfernung r vom Zentrum ist gegeben durch die Gleichung

$$\Phi(r) = \frac{4\pi}{r} \int_0^r \varrho(p)p^2\,dp + 4\pi \int_r^R \varrho(p)p\,dp. \tag{111}$$

In unserem Falle ist

$$\varrho = \varrho_0 (1 + p^2)^{-5/2}. \tag{112}$$

Die Kraftkomponenten in den Richtungen ξ', η', ζ' sind gegeben durch

$$\frac{\partial\Phi}{\partial\xi'} = \frac{d\Phi}{dr}\cdot\frac{\partial r}{\partial\xi'} \qquad \frac{\partial\Phi}{\partial\eta'} = \frac{d\Phi}{dr}\cdot\frac{\partial r}{\partial\eta'} \qquad \frac{\partial\Phi}{\partial\zeta'} = \frac{d\Phi}{dr}\cdot\frac{\partial r}{\partial\zeta'}.$$

Wir bilden

$$\frac{d\Phi}{dr} = -\frac{4\pi}{r^2}\varrho_0 \int_0^r (1 + p^2)^{-5/2}\cdot p^2\,dp.$$

Das Integral wird durch die Substitution

$$1 + p^2 = \frac{1}{\sin^2\varphi}$$

gelöst, und hat den Wert

$$\frac{1}{3}\left(\frac{r^2}{1+r^2}\right)^{3/2}.$$

Man erhält somit

$$\frac{d\Phi}{dr} = -\frac{4}{3}\frac{\pi\varrho_0}{r^2}\left(\frac{r^2}{1+r^2}\right)^{3/2} = -\frac{4}{3}\pi\varrho_0\frac{r}{(1+r^2)^{3/2}}. \tag{113}$$

Man kann den Wert für $\dfrac{d\Phi}{dr}$ auch in sehr einfacher Weise erhalten, wenn man von der POISSONschen Gleichung ausgeht:

$$\Delta\Phi = -4\pi\varrho.$$

Da Φ nur von r abhängt, so ist

$$\Delta\Phi = \frac{1}{r^2}\frac{d}{dr}\left(r^2\frac{d\Phi}{dr}\right).$$

Man hat dann unter Einführung des empirischen Gesetzes (112) für ϱ:

$$\frac{d}{dr}\left(r^2\frac{d\Phi}{dr}\right) = -4\pi\varrho_0\frac{r^2}{(1+r^2)^{5/2}},$$

oder

$$\frac{d\Phi}{dr} = \frac{C}{r^2} - \frac{4\pi\varrho_0}{r^2}\int\frac{r^2\,dr}{(1+r^2)^{5/2}},$$

und nach Ausführung der Integration

$$\frac{d\Phi}{dr} = \frac{C}{r^2} - \frac{4\pi\varrho_0}{3r^2}\left(\frac{r^2}{1+r^2}\right)^{3/2}.$$

Hier muß noch die Integrationskonstante C bestimmt werden, und zwar aus der Bedingung, daß sich Φ für große r verhalten soll wie M/r, also $\dfrac{d\Phi}{dr}$ wie $-M/r^2$, wenn M die Gesamtmasse ist, die gegeben ist durch:

$$M = 4\pi\varrho_0\int_0^\infty\frac{r^2}{(1+r^2)^{5/2}}\,dr = \frac{4\pi\varrho_0}{3}. \tag{114}$$

Man erhält damit $C = 0$. Für $\dfrac{d\Phi}{dr}$ können wir die Reihe ansetzen

$$\frac{d\Phi}{dr} = -\frac{4\pi\varrho_0}{3}\cdot r\left\{1 - \frac{3}{2}r^2 + \frac{3\cdot5}{2\cdot4}r^4 - +\cdots\right\}. \tag{115}$$

In erster Näherung hat man somit, da

$$\frac{\partial r}{\partial\xi'} = \frac{\xi'}{r}\qquad \frac{\partial r}{\partial\eta'} = \frac{\eta'}{r}\qquad \frac{\partial r}{\partial\zeta'} = \frac{\zeta'}{r}$$

ist, als Bewegungsgleichungen eines Sternes des Haufens relativ zum Haufenzentrum

$$\left.\begin{aligned}
\ddot{\xi}' &= \left\{\alpha - M\left(1 - \frac{3}{2}r^2\right)\right\}\xi'\\[4pt]
\ddot{\eta}' &= \left\{\beta - M\left(1 - \frac{3}{2}r^2\right)\right\}\eta'\\[4pt]
\ddot{\zeta}' &= \left\{\gamma - M\left(1 - \frac{3}{2}r^2\right)\right\}\zeta'.
\end{aligned}\right\} \tag{116}$$

Dabei sind $\alpha\xi'$, $\beta\eta'$, $\gamma\zeta'$ wieder die Komponenten der äußeren Kräfte. Übrigens lassen sich diese Gleichungen auch unmittelbar aus denen von JEANS gewinnen. Wir brauchen dort nur $\bar\varrho$ zu ersetzen durch seinen definitionsgemäßen Wert

$$\bar\varrho = \frac{1}{{}^4\!/_3\,\pi r^3}\cdot\int_0^r 4\pi p^2\varrho\,dp$$

und den Wert des Integrals zu substituieren. Es findet sich dann

$$\overline{\varrho} = \frac{\varrho_0}{(1+r^2)^{3/2}} = \varrho_0 \left\{ 1 - \frac{3}{2} r^2 + \frac{3 \cdot 5}{2 \cdot 4} r^4 - + \cdots \right\}$$

und die Bewegungsgleichungen von JEANS gehen über in die für das SCHUSTERsche Gesetz geltenden.

Eine direkte Integration dieser Bewegungsgleichungen ist nicht möglich wegen des Auftretens der Glieder mit r^2. Wir wollen der einfacheren und gewohnteren Schreibweise wegen setzen:

$$\xi' = x \qquad \eta' = y \qquad \zeta' = z.$$

Dann erhält man

$$\left. \begin{aligned} \ddot{x} &= \alpha x - Mx + \frac{3}{2} M r^2 x \\[2mm] \ddot{y} &= \beta y - My + \frac{3}{2} M r^2 y \\[2mm] \ddot{z} &= \gamma z - Mz + \frac{3}{2} M r^2 z. \end{aligned} \right\} \quad (117)$$

Durch Multiplikation der ersten Gleichung mit $\dot{x}$, der zweiten mit $\dot{y}$, der dritten mit $\dot{z}$ und Addition folgt das Energieintegral in der Form:

$$2\,(T - T_0) = \alpha x^2 + \beta y^2 + \gamma z^2 - M r^2 + \frac{3}{4} M r^4. \qquad (118)$$

Nun ist, wenn X_a die Kraftkomponente der äußeren Kräfte, X_i diejenige der inneren Kräfte bedeutet:

$$\ddot{x} = X_a + X_i,$$

woraus:

$$\frac{1}{2} \frac{d^2}{dt^2} (x^2) = \dot{x}^2 + x X_a + x X_i.$$

Addieren wir hierzu die entsprechenden Gleichungen für y und z, so erhält man:

$$\frac{1}{2} \frac{d^2}{dt^2} (r^2) = 2\,T + V_a + V_i. \qquad (119)$$

T ist die lebendige Kraft des Sternes, V_a das Virial der äußeren Kräfte, V_i dasjenige der inneren Kräfte. Aus den Bewegungsgleichungen folgt:

$$X_a = \alpha x \qquad\qquad X_i = - Mx + \frac{3}{2} M r^2 x,$$

und entsprechende Ausdrücke für y und z. Also wird

$$V_a = \alpha x^2 + \beta y^2 + \gamma z^2 \qquad\qquad V_i = - M r^2 + \frac{3}{2} M r^4. \qquad (120)$$

Unsere obige Energiegleichung wird daher

$$2\,(T - T_0) = V_a + V_i - \frac{3}{4} M r^4. \qquad (118\,a)$$

Kombinieren wir sie mit der Gleichung (119), um $V_a + V_i$ zu eliminieren, so finden wir:

$$\frac{1}{2} \frac{d^2}{dt^2} (r^2) = (4\,T - 2\,T_0) + \frac{3}{4} M r^4. \qquad (121)$$

Für jeden Stern des Haufens gilt eine solche Gleichung. Wir können sie sämtlich addieren und erhalten

$$\frac{1}{2}\frac{d^2}{dt^2}(I) = (4\,T - 2\,T_0) + \frac{3}{4}\,M\sum r^4. \qquad (122)$$

Darin bedeutet nun I das gesamte Trägheitsmoment des Haufens, T die gesamte kinetische Energie. Wir wollen zeigen, daß $\frac{d^2}{dt^2}(I)$ niemals Null werden kann, sondern immer positiv sein muß. Haben wir dies gezeigt, so ist bewiesen, daß sich der Haufen immer mehr auflösen muß, denn I wächst dann mit t unbegrenzt. Es kann also nach unserer Behauptung keine Kugeloberfläche geben, an der die Auflösung des Haufens aufhört.

Wir wollen annehmen, es gäbe eine solche Fläche. In ihrem Innern wäre dann in erster Näherung der Zustand stationär. Man hat dann

$$\frac{d^2}{dt^2}(I) = 0 \quad \text{und} \quad T = T_0.$$

Denn im stationären Fall ist nach EDDINGTON[1]) die kinetische Energie gleich der negativen Gesamtenergie, die aber konstant ist. Somit ist auch T konstant. Man hat also

$$0 = 2\,T + \frac{3}{4}\,M\sum r^4,$$

was unmöglich ist, da T positiv ist, ebenso wie das zweite Glied. Dieser Beweis gilt in aller Strenge, und nicht nur näherungsweise, weil wir nur zwei Glieder der Reihe für ϱ mitgenommen haben. Es kommt nur auf das Vorzeichen an, und dieses wird durch das erste Glied entschieden.

Kugelhaufen, die nach dem SCHUSTER*schen Dichtegesetz aufgebaut sind, können also nicht übriggebliebene, stationäre Kerne größerer Haufen sein, sondern müssen sich selbst immer weiter auflösen unter der Gravitationswirkung der Sterne des übrigen Universums.* Die Frage, ob das SCHUSTERsche Dichtegesetz zur Gruppe der „halbstationären" oder „nicht stationären" Gesetze gehört, ist damit dahin gelöst, daß es zur zweiten Gruppe zu rechnen ist. Die Zentraldichte eines nach der Polytropen $n = 5$ aufgebauten Haufens reicht nicht aus, um eine völlige Auflösung zu verhindern.

Zusammenfassung.

1. Da vom statistisch-mechanischen Standpunkte aus für die zentralen Teile einer sich selbst überlassenen Sterngruppe nur ein isothermes Gleichgewicht verständlich ist, hat man vielfach versucht, *die beobachteten Dichtegesetze durch eine isotherme Gaskugel darzustellen.* Die Versuche blieben erfolglos. Man kann auch nicht unter Annahme

---

[1]) EDDINGTON, A. S.: The kinetic energy of star-clusters. Monthly notices of the Roy. astron. soc., London. Bd. 76, S. 525. 1916.

des DALTONschen Gesetzes die Sternhaufen auffassen als zusammengesetzt aus isothermen Gruppen von Sternen verschiedener Masse. Vielmehr hat das Studium der Verteilung der Sterne gleicher Masse in Messier 3 und Messier 13 gezeigt, daß im Zentrum der Haufen für Sterne gleicher Masse eine Geschwindigkeitsverteilung herrscht, die sich durch ein elliptisches Integral darstellen läßt. Der scheinbare Widerspruch zwischen der Beobachtung und den Sätzen der statistischen Mechanik verschwindet, wenn man bedenkt, daß die freie Weglänge eines Sternes in Sternhaufen als sehr groß angesetzt werden muß. Der isotherme Zustand kann dann erst nach einer Zeit erreicht werden, die von der Größenordnung der Lebensdauer eines normalen Sternes ist.

2. Da *die Gaskugel* $n = 5$ die empirische Dichte am besten darstellt — die Darstellung ist aber nicht so, daß dies Gesetz in allen Haufen und über den ganzen Bereich der Haufen Geltung hat —, so ist versucht worden, ausgezeichnete Eigenschaften für dieses Gesetz aufzudecken. Es sind die folgenden: a) Die Kugel $n = 5$ stellt für einen Sternhaufen die dünnste überhaupt mögliche Verteilung der Sterne dar. b) Definiert man als Austrittsgeschwindigkeit diejenige Geschwindigkeit, die ausreicht, damit der Stern den Anziehungsbereich des Haufens verläßt, und als Grenzgeschwindigkeit diejenige, die ein Stern haben muß, um in radialer Richtung die Haufengrenze zu erreichen, so ist für $n = 5$ die Grenzgeschwindigkeit gleich der Austrittsgeschwindigkeit und hat einen endlichen Wert. c) In jedem Volumenelement ist der Gehalt an potentieller Energie, herrührend von der Anziehung des übrigen Teils des Haufens, das Vierfache der im Element enthaltenen kinetischen Energie. d) Die Verteilung $n = 5$ besitzt unter allen Gesetzen $n \leqq 5$ den größten Wert der Entropie, bildet aber keinen Normalzustand im Sinne der statistischen Mechanik.

3. Die empirischen Ergebnisse für die Verteilung aller Sterne in den Haufen, sowie für einzelne Gruppen von Sternen gleicher Masse führen auf *Verteilungen mit unendlichem Radius.* Daher ist es wichtig, die allgemeine Form der Verteilungsfunktion der Sterne aufzustellen für Dichtegesetze von Haufen, die die drei ausgezeichneten Eigenschaften besitzen: a) Die Gesamtmasse ist endlich, b) der Radius der Gruppe ist unendlich, und c) an jeder Stelle des Haufens ist die Austrittsgeschwindigkeit gleich der Grenzgeschwindigkeit. Dann stellen die Dichtegesetze die dünnsten überhaupt möglichen Verteilungen dar.

4. Bei *Hinzunahme äußerer Kräfte* kann gezeigt werden, daß sich Sternhaufen, die irgendwo in dem größeren galaktischen System sich befinden, bei beliebigem Dichtegesetz im allgemeinen mindestens teilweise auflösen müssen. Wie weit die Auflösung stattfindet, hängt ab von der zentralen Dichte der Haufen. Beim SCHUSTERschen Dichtegesetz ist die Dichte im Zentrum nicht groß genug, um die Auflösung des ganzen Haufens zu verhindern.

Vierter Abschnitt.

Bedeutung der Sternhaufen für eine „empirische" Kosmogonie.

§ 1. Farbenhelligkeitsdiagramme von Sternhaufen.

Unter allen Resultaten, die im Vorhergehenden diskutiert wurden, sind es vor allem zwei, die besonders wichtig und entscheidend für künftige Untersuchungen über Sternhaufen sein werden. Das ist einmal die Erkenntnis, *daß die* SHAPLEY*schen Parallaxen die richtige Größenordnung für die Entfernung der Sternhaufen liefern.* Daraus folgt, daß die helleren Sterne der Kugelhaufen, die mit den heutigen instrumentellen Hilfsmitteln vorerst allein erfaßt werden können, lauter Riesen an Leuchtkraft sind. Bei vielen offenen Haufen können die Untersuchungen wegen der geringeren Entfernung dieser Haufen auch noch auf die Zwergsterne ausgedehnt werden.

Das andere wichtige Ergebnis ist, *daß die Dichteverhältnisse in den Kugelhaufen am besten verglichen werden können mit Gaskugeln von endlicher Masse, aber unendlichem Radius.* Hieraus ist auf eine sehr lockere Bindung der einzelnen Sterne in den Haufen zu schließen. Diese beiden Resultate bilden auch das wesentliche Ergebnis der Untersuchungen über die kosmogonische Stellung der Sternhaufen: die SHAPLEYschen Parallaxen führten zur Auffindung des „größeren galaktischen Systems"; die lockere Bindung der Sterne in den Kugelhaufen führt, unter Berücksichtigung der Wirkung äußerer Kräfte, herrührend von den übrigen Sternen des Universums, zur Ansicht, daß diese Himmelsobjekte sich langsam völlig auflösen müssen. Aus den konzentrierten Sterngruppen gehen also immer offenere hervor. Aber eine weitere Förderung unseres Wissens über die Stellung der Sternhaufen in der Kosmogonie kann wohl nur dadurch erwartet werden, daß das Problem von einer ganz anderen Seite aus einmal angegriffen wird, nämlich durch das vergleichende Studium der Helligkeiten und Farben der einzelnen Sterne in verschiedenen Haufen.

Es ist vielleicht nicht zwecklos, auf die große Analogie in der Entwicklung der Problemstellungen in der Theorie des Sternsystems und der Theorie der Sternhaufen hinzuweisen. Am Ende des vorigen Jahrhunderts hat SEELIGER die Aufgabe in Angriff genommen, aus den durch die Bonner Durchmusterung gegebenen Anzahlen von Sternen bestimmter scheinbarer Helligkeiten den Aufbau eines stark schematisierten Sternsystems abzuleiten. Es ist sofort einzusehen, daß die Anzahl der Sterne, die heller sind als einer bestimmten willkürlich gewählten scheinbaren Größe entspricht, und die sich auf ein beliebiges Himmelsareal projizieren, sich darstellen läßt als ein Integral über die Dichtefunktion und die Verteilungsfunktion der absoluten Leuchtkräfte. Die durch diesen Ansatz entstehende Integralgleichung für die Dichtefunktion, die uns zunächst interessiert, läßt sich aber bekanntlich nur dann lösen, wenn man ganz spezielle Annahmen über die Verteilungsfunktion der Leuchtkräfte macht. Man muß voraussetzen, daß diese Funktion unabhängig ist von der Entfernung von der Sonne.

Bei den Sternhaufen erhält man eine ganz analoge Integralgleichung für die Dichtefunktion, wenn man die Anzahl der Sterne, die heller sind als einer willkürlich gewählten Helligkeit entspricht, und die sich in ein bestimmtes Areal in der Projektion des Haufens projizieren, durch die Dichtefunktion und die Verteilungsfunktion der Leuchtkräfte auszudrücken sucht. Wieder gelingt eine Auflösung der Integralgleichung nach der unbekannten Dichtefunktion nur dann, wenn über die Verteilung der Leuchtkräfte die analoge spezielle Annahme gemacht wird. Im Falle des Sternsystems läßt sich diese Annahme einigermaßen rechtfertigen aus der Vorstellung, daß wir hier wahrscheinlich mit einer völligen Durchmischung der Sterne von verschiedenen physikalischen Eigenschaften rechnen dürfen. Dies ist sicher nicht der Fall bei den Sternhaufen. Wir hatten mehrfach Gelegenheit, darauf hinzuweisen.

Die Analogie zwischen den beiden Arbeitsgebieten läßt sich noch etwas weiter verfolgen. Die ersten Untersuchungen v. SEELIGERS beziehen sich auf das sogenannte „*schematische Sternsystem*". In ihm wird die Dichtefunktion als nur von der Entfernung von der Sonne abhängig angesetzt. Ihre Abhängigkeit von den galaktischen Koordinaten wird vernachlässigt. Die zweite Näherung an die wirklichen Verhältnisse bildet dann das „*typische Sternsystem*". Hier wird die in der scheinbaren Verteilung der Sterne am Himmel so stark hervortretende Symmetrie zur Milchstraßenebene berücksichtigt. Die Dichteverteilung der Sterne im Sternsystem wird als Funktion der Entfernung und der galaktischen Breite gesucht. Die Abhängigkeit von der galaktischen Länge wird auch hier vernachlässigt. Die Auflösung der Integralgleichungen ist nun nur dadurch möglich, daß die Sonne nahezu in der Symmetrieebene des Sternsystems zu stehen scheint und deshalb die Lösung für die einzelnen galaktischen Zonen gesondert gesucht werden kann. Den Ansätzen zum schematischen Sternsystem entsprechen die Untersuchungen über *kugelsymmetrisch gebaute Sternhaufen*. Hier bieten sich, wie wir sahen, keinerlei Schwierigkeiten. Anders ist dies, wenn man das Analogon zum typischen Sternsystem bei den Sternhaufen behandeln will, nämlich die Dichteverteilung in einem *rotationssymmetrisch gebauten Haufen*. Hier ist eine strenge Lösung auch nur dann möglich, wenn die Sonne zufällig in der Symmetrieebene des Haufens liegt,

d. h. wenn die Rotationsachse des Haufens senkrecht zur Gesichtslinie steht. Dies wird aber nur unter ganz speziellen Umständen zutreffen, so daß man bei der Theorie der Sternhaufen keineswegs immer in der gleichen glücklichen Lage ist, wie in der Theorie des Sternsystems.

Die rasche Entwicklung der Stellarastronomie in den letzten Jahrzehnten hat aber bald erkennen lassen, daß die ersten Ansätze v. SEELIGERS und KAPTEYNS zu einfach, d. h. zu schematisierend sind. Man kam zu der Erkenntnis, daß die Leuchtkraft allein nicht ausreicht zur Charakterisierung der physikalischen Eigenschaften der Sterne und daß die Durchmischung doch noch nicht so weit fortgeschritten ist, als daß sich nicht noch gewisse Gruppen von Sternen mit verschiedenen gemeinsamen Eigenschaften herausschälen ließen. Die natürliche Weiterentwicklung war daher das Aufgeben der zu allgemeinen Ansätze. Statt dessen versuchte man, das Sternsystem aufzulösen in diese einzelnen Gruppen von Sternen mit gemeinsamer Bewegung oder mit gemeinsamen physikalischen Eigenschaften. Man wurde auf diese Weise einmal zum Studium der Sternströme geführt und erhielt dadurch einen gewissen Einblick in den gegenwärtigen Bewegungszustand des Sternsystems, und dann (auf Grund des HENRY DRAPER-Katalogs) zur Untersuchung der räumlichen Verteilung und der Bewegungsverhältnisse der Sterne verschiedener Spektraltypen.

Eine ganz analoge Entwicklung wird auch in der Theorie der Sternhaufen eintreten müssen und ist zum Teil schon seit einigen Jahren im Gange. Jedenfalls ist es heute schon durchaus möglich und, wie wir sahen, schon versucht worden, die Sternhaufen aufzulösen in Gruppen von Sternen von gemeinsamen physikalischen Eigenschaften. Unmöglich bleibt, wohl auf lange Zeit hinaus, die Untersuchung der Bewegungsverhältnisse im Innern der Sternhaufen. Dazu sind diese Himmelsobjekte zu weit von uns entfernt, so daß sich bis jetzt selbst für die Haufen als Ganzes noch keine sicheren Eigenbewegungen haben ermitteln lassen. Die andere Seite, von der das Problem der Sternhaufen angegriffen werden muß, scheint deshalb die zu sein, jeden einzelnen Sternhaufen aufzufassen als ein Gemisch von Sternen der verschiedensten physikalischen Eigenschaften (wie etwa Masse, Leuchtkraft und Temperatur) und zuzusehen, ob sich bei verschiedenen Haufen — etwa konzentrierten Kugelhaufen und ganz offenen Haufen — in dieser Richtung gemeinsame Züge zeigen oder nicht.

Für viele Arbeiten über die Verteilung der Leuchtkräfte in bestimmten Sterngruppen — seien es Gruppen des engeren Sternsystems, von Milchstraßenwolken oder Sternhaufen — sind die Untersuchungen KAPTEYNS über die Leuchtkraftfunktion, wie sie für die nächste Umgebung der Sonne gilt, wichtig geworden. KAPTEYN hat aus einem Material, das im wesentlichen die Sterne innerhalb einer Kugel von 10 Parsecs Radius um die Sonne umfaßt, die Form der Verteilungsfunktion abgeleitet. Er fand, daß sich die *absoluten Größen*, also die *Logarithmen der Intensitäten* der Sterne in der Umgebung der Sonne genau nach einer GAUSSschen Fehlerkurve verteilen, d. h. nach dem Gesetz des Zufalls um eine gewisse, am häufigsten vorkommende Größe streuen. Und zwar schmiegen sich die statistisch gewonnenen Werte über einen Bereich von 18 Größenklassen mit großer Genauigkeit einer Fehlerkurve an. Diese erstaunliche Übereinstimmung führte KAPTEYN und VAN RHIJN zur Vermutung, es liege dieser merkwürdigen Verteilung der absoluten Leuchtkräfte ein Naturgesetz zugrunde; die nur für den aufsteigenden Ast der Fehlerkurve bis zum Maximum abgeleitete Verteilung sei deshalb auch richtig für den absteigenden Ast.

Die Folge dieser im Jahre 1920 ausgesprochenen Anschauung war eine Reihe von Arbeiten, die alle zum Ziel hatten, die KAPTEYNsche Kurve in verschiedenen Teilen des Sternsystems zu prüfen. Ja man dehnte die Gültigkeit der KAPTEYNschen Funktion weit über das engere Sternsystem hinaus aus. Sie sollte auch gelten in begrenzten Ansammlungen von Sternen, wie den Milchstraßenwolken und den Sternhaufen.

Die Untersuchung der Verteilungsfunktion der Leuchtkräfte in den Milchstraßenwolken und den Sternhaufen gestaltet sich viel einfacher als in Gebieten des engeren Sternsystems. Bei diesen Objekten kann man im allgemeinen annehmen, daß alle Sterne der Wolke oder des Haufens praktisch in der gleichen Entfernung von uns stehen. Die Verteilung der *scheinbaren* Helligkeiten bildet dann zugleich die Verteilung der *absoluten* Leuchtkräfte, abgesehen von einer Verschiebung der Kurve in der Richtung der Helligkeitsachse. Beim engeren Sternsystem muß man, um die Häufigkeitskurve der Leuchtkräfte aufzustellen, von den scheinbaren Helligkeiten der Sterne übergehen auf die absoluten Helligkeiten, braucht also Parallaxenwerte. Umgekehrt läßt sich, wie wir sahen, bei den Sternwolken und Sternhaufen aus der Größe der Verschiebung der Kurve längs der Helligkeitsachse auf die Parallaxe des Systems schließen.

Ausgehend von der KAPTEYNschen Vorstellung der universellen Gültigkeit des Verteilungsgesetzes der absoluten Leuchtkräfte, stoßen wir auf die Aufgabe, die Verteilungsfunktion für irgendwelche Sterngruppen mit der KAPTEYNschen Funktion zu vergleichen. PANNEKOEK[1]) hat eine interessante Methode angegeben, die diese Aufgabe löst. Ist A_m die Anzahl Sterne in einem Haufen mit der scheinbaren Größe m, h_m ihre scheinbare Helligkeit, so gibt das Produkt $h_m A_m$ die scheinbare Gesamthelligkeit (H_m) aller Sterne der Größe m. Wir nehmen an, daß sich die scheinbaren Sterngrößen in einer Wolke oder einem Haufen nach einem GAUSSschen Fehlergesetz verteilen, also etwa:

$$\log A(m) = C - r(m - m_0)^2,$$

---

[1]) Vgl. Anm. 2, S. 30.

wo C und r Konstanten sind. $1/r$ mißt die Streuung der Fehlerkurve. Dann ist:

$$H_m = h_m \cdot 10^{\,C - r(m - m_0)^2} = c \cdot 10^{\,-r(m - m_0)^2 - 0.4\,m},$$

wobei als Einheit von h die Helligkeit eines Sternes der scheinbaren Größe $0\overset{m}{.}0$ gewählt ist. Der Ausdruck für H_m hat ein Maximum für:

$$\frac{d\,H_m}{d\,m} \sim 2\,r\,(m - m_0) + 0.4 = 0,$$

oder also für:

$$m = m_1 = m_0 - \frac{0.2}{r} < m_0 .$$

Die Sterne dieser Größe m_1 tragen somit am meisten zur Gesamthelligkeit des Haufens

$$H = c \int_{-\infty}^{+\infty} 10^{\,-r(m - m_0)^2 - 0.4\,m}\, d\,m = c\,\sqrt{\frac{\pi \log e}{r}} \cdot 10^{\,-0.2 \left(2\,m_0 - \frac{0.2}{r}\right)}$$

$$= c\,\sqrt{\frac{\pi \log e}{r}} \cdot 10^{\,-0.4\,m_1 - \frac{0.04}{r}}$$

bei. Wächst m über m_1 hinaus, so nimmt H_m wieder ab. Die Anzahl der Sterne dieser schwächeren Helligkeiten wächst nicht in dem Maße, um die Abnahme der scheinbaren Helligkeit ausgleichen zu können. Die scheinbare Größe m_1 derjenigen Sterne, die am meisten zur scheinbaren Gesamthelligkeit des Systems beitragen, ist, wie man sieht, stets kleiner als diejenige Größe m_0, die unter den Sternen des Haufens am häufigsten vorkommt. $\log A(m)$ hat ein Maximum für $m = m_0$. m_1 liegt also stets auf dem aufsteigenden Ast der Verteilungsfunktion der Leuchtkräfte.

Man kann nun die scheinbare Gesamthelligkeit des Haufens ausdrücken als ein Vielfaches der Helligkeit aller Sterne des Haufens von einer beliebigen Größe m. Die Größe des Faktors F_m, mit welchem $h_m A_m$ zu multiplizieren ist, um die scheinbare Gesamthelligkeit des Haufens zu geben, hängt natürlich ab von der Größe des Produkts $h_m A_m$. Der Verlauf des Multiplikationsfaktors (F_m) wird gerade der umgekehrte sein, wie der Verlauf der Produkte $h_m A_m$. Solange (bei zunehmendem m) $m < m_1$ ist, wird (da $h_m A_m$ zunimmt) F_m monoton abnehmen, für $m = m_1$ ein Minimum erreichen und von dort an für $m > m_1$ wieder monoton wachsen. F_{m_1} hängt· in einfacher Weise mit der Streuung $\frac{1}{r}$ der GAUSSschen Kurve zusammen. Es ist nämlich einfach, wie man sofort aus dem Ausdruck für H sieht,

$$F_{m_1} = c\,\sqrt{\frac{\pi \log e}{r}},$$

d. h. je kleiner F_{m_1} ist, desto kleiner ist auch die Streuung. Als Beispiel für die Größe der angeführten Werte sei die KAPTEYNsche Kurve für die Umgebung der Sonne gewählt. Für diese ist M_0 (die am häufigsten vorkommende absolute Größe) gleich $+ 7^m.7$; M_I (die am meisten zur Gesamthelligkeit beitragende absolute Größe) gleich $+ 1^m.9$, also 5.8 Klassen heller als M_0; endlich ist $F_{M_I} = 6.3$.

Diese Methode hat PANNEKOEK angewandt auf die drei offenen Haufen Messier 11, 35 und 37. Er fand für

$$\text{Messier } 11: F_{m_I} = 2.7$$
$$\text{,, } 35: \qquad 4.5$$
$$\text{,, } 37: \qquad 2.6.$$

Würde in diesen offenen Haufen eine Verteilung nach einer KAPTEYNschen Kurve vorliegen, so müßte $F_{m_I} = 6.3$ sein. Die viel kleineren Werte von F_{m_I} deuten also auf eine viel kleinere Streuung der Leuchtkräfte um einen häufigsten Wert hin. Diese Erscheinung ist durchaus verständlich, wenn wir annehmen, daß die Haufensterne gleiches Alter besitzen. Denn eine Gruppe gleich alter Sterne wird stets eine viel geringere Streuung der Leuchtkraft ihrer Sterne um einen Mittelwert zeigen als Sterne ganz verschiedenen Alters, die sich nur zufällig in der Sonnenumgebung befinden und dadurch die KAPTEYNsche Kurve ergeben haben. Von den drei Haufen M. 11, 35 und 37 ist der zweite die offenste Sterngruppe. Bei ihr wird sich der Einfluß der Vorder- und Hintergrundsterne am meisten störend bemerkbar machen. Da für diese Sterne ein gleiches Alter nicht zutrifft, so ist die größere Streuung bei M. 35 gegenüber M. 37 und M. 11 verständlich.

Daß für die konzentrierten Kugelhaufen ebenfalls die Verteilungsfunk-

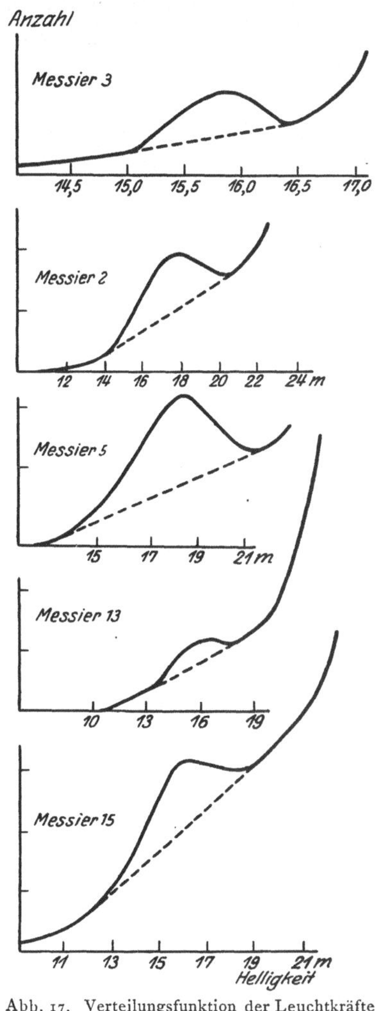

Abb. 17. Verteilungsfunktion der Leuchtkräfte im Kugelsternhaufen. Abszissen: scheinbare Größen. Ordinaten: Anzahl der Sterne.

tion der Leuchtkräfte eine andere ist als die KAPTEYNsche, wurde eingehend bei der Diskussion der KAPTEYN-SCHOUTENschen Parallaxen besprochen. Dort bestand die Abweichung nicht in einer geringeren Streuung der Verteilungskurve, sondern *im Auftreten eines sekundären Maximums*, das ganz charakteristisch für Kugelhaufen zu sein scheint (siehe Abb. 17).

Zusammenfassend können wir also feststellen, daß die Verteilung der Leuchtkräfte in den Sternhaufen im allgemeinen verschieden ist von der KAPTEYNschen Verteilungsfunktion der absoluten Leuchtkräfte, wie sie für die Umgebung der Sonne abgeleitet wurde. Bei den Kugelhaufen zeigt sich die Abweichung durch das Auftreten eines sekundären Maximums, bei den offenen Haufen durch eine viel geringere Streuung. Dies letzte Resultat ist wohl das wichtigste, da es darauf hinweist, daß ein Sternhaufen im allgemeinen nicht als zufällige Anhäufung von Sternen ganz verschiedenen Alters aufgefaßt werden kann, wie dies für die Umgebung der Sonne wohl zutreffen dürfte, sondern, daß den Haufensternen ein gemeinsamer Ursprung zugeschrieben wer-

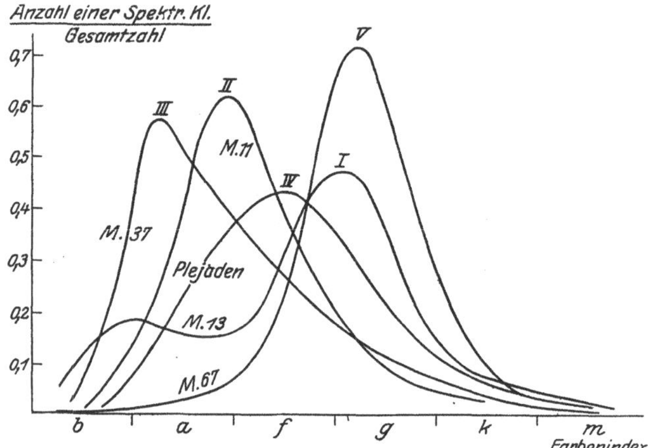

Abb. 18. Häufigkeitskurven der Farbenindizes für die Sterne der Haufen: Messier 13, 11, 37, Plejaden und Messier 67.

den muß. Eine „Einfangtheorie" für die Entstehung der Sternhaufen würde hier auf eine für sie unerklärbare Beobachtungstatsache stoßen.

Ganz analoge Fragen, wie über die Verteilung der Leuchtkräfte in verschiedenen Sternhaufen, lassen sich auch für die Verteilung der Spektraltypen oder Farbenindizes beantworten. Dazu sind in der Abb. 18 die Häufigkeitskurven der Farbenindizes für die Sterne der Haufen Messier 13, 11, 37, Plejaden und Messier 67 eingezeichnet. Die Kurven sind untereinander vergleichbar, da als Ordinate die Anzahl der Sterne einer Spektralklasse, dividiert durch die Gesamtzahl der Haufensterne, gewählt wurde. Der unter den Haufensternen am häufigsten vorkommende Farbenindex nimmt ab von Messier 13 zu Messier 11 und Messier 37. Dann nimmt er wieder zu von Messier 37 zu den Plejaden und Messier 67. Die hier gewählte Reihenfolge der Haufen ist nicht willkürlich, sondern entspricht der Konzentration der Haufen: Messier 13 ist ein konzentrierter Kugelhaufen, die Plejaden und Messier 67 sind ganz offene Sterngruppen, während Messier 11 und Messier 37 Zwischenglieder darstellen. Diese Verschiebung des am häufigsten vorkommenden Farbenindex, wenn man von konzentrierten Sterngruppen zu immer offeneren Haufen übergeht, erinnert an die Verschiebung des Spektraltypus in der Entwicklung eines Sternes vom M-Typus zum A-Typus und wieder zurück, wie es die Riesen-Zwerg-Theorie verlangt. Nun hatten wir als eines der wichtigsten Resultate der früheren Untersuchungen gefunden, daß die Sternhaufen sich in dem Kraftfeld der übrigen Sterne des Universums auflösen müssen. Den offenen Haufen käme also ein größeres Alter zu als den konzentrierteren. Man sieht somit, daß hier ein Weg zu bestehen scheint, eine empirische Prüfung der Riesen-Zwerg-Theorie vorzunehmen. Wir kommen darauf im folgenden Paragraphen eingehend zurück.

Statt der getrennten Untersuchung der Verteilung der Leuchtkräfte (M) und der Spektraltypen (S) ist es zweckmäßig, eine zweidimensionale Betrachtung einzuführen, also etwa die Leuchtkraft als Ordinate, den Spektraltypus oder Farbenindex als Abszisse aufzutragen. Es läßt sich auf diese Art für jede Sterngruppe ein „*Farbenhelligkeitsdiagramm*" (F.H.D.) entwerfen, das dann allen weiteren Untersuchungen zugrunde gelegt wird. Wir betrachten nicht mehr die Verteilungsfunktionen $\varphi(M)$ und $\psi(S)$ getrennt, sondern untersuchen das Verhalten der Verteilungsfunktion $\Psi(M, S)$. Für einen Sternhaufen kann man die absoluten Helligkeiten M durch die scheinbaren Helligkeiten m, und den Spektraltypus S durch den Farbenindex FI ersetzen. Wir haben dann also die Funktionen $\Psi(m, FI)$ für verschiedene Sternhaufen mit der Funktion $\Psi(M, S)$ für die Sterne der Sonnenumgebung zu vergleichen. Hess hat in einem Aufsatz in der Seeliger-Festschrift (1924) zuerst eine Darstellung der Funktion $\Psi(M, S)$ gegeben, die wir hier wegen ihrer großen Zweckmäßigkeit, auch für die Funktionen $\Psi(m, FI)$, übernehmen wollen. $\Psi(m, FI)$ sei die Anzahl der Sterne eines Haufens, deren scheinbare Helligkeit zwischen m und $m + dm$ und deren Farbenindex zwischen FI und $FI + d(FI)$ liegt. Diese Anzahl denken wir uns als dritte Koordinate senkrecht zur Ebene der m und FI aufgetragen im Punkte (m, FI). Die Gesamtzahl der so erhaltenen Punkte bildet die „Häufigkeitsfläche" der Helligkeiten und Farben für den betreffenden Sternhaufen.

Geometrisch wird das Bild am deutlichsten, wenn wir „Höhenlinien" in der m, FI-Ebene einzeichnen, die die Projektionen von Schnitten parallel zur m, FI-Ebene durch die Häufigkeitsfläche sind. Die Konstruktion dieser Höhenlinien geschieht am einfachsten z. B. auf die folgende Weise: Man bestimmt für Streifen parallel zur Achse der m in der Projektionsebene das Verteilungsgesetz der Helligkeiten $\varphi_{FI}(m)$ durch Abzählen der Sterne des Streifens in bestimmten Helligkeitsintervallen. Die aufeinander folgenden Kurven $\varphi_{FI}(m)$, die die

Helligkeitsverteilung der aufeinander folgenden Streifen der F.I. festlegen und im allgemeinen mindestens ein Maximum besitzen müssen,
da wir weder beliebig helle noch beliebig schwache Sterne beobachten
können, sind Schnitte durch die Häufigkeitsfläche senkrecht zur Achse
der F.I. Eine bestimmte Höhenlinie ist nun in der m, FI-Ebene fest-

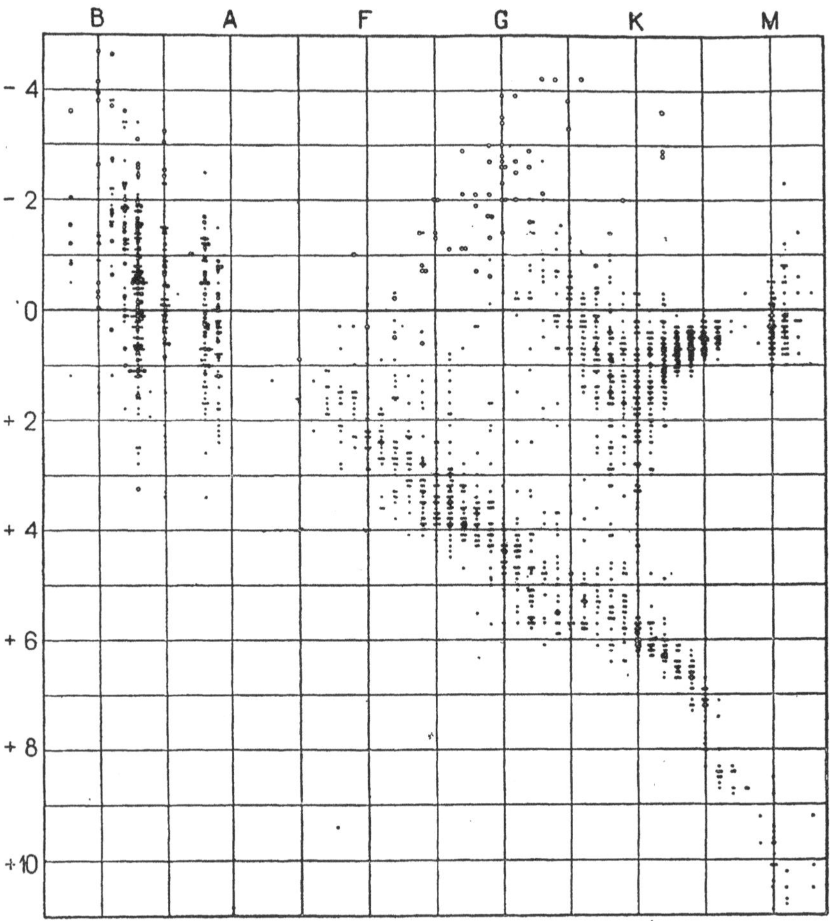

Abb. 19. Verteilung von 2000 Sternen des Sternsystems nach absoluter Leuchtkraft
und Spektraltypus (RUSSELL-Diagramm) nach Mt. Wilson Report 1921.

gelegt, wenn man aus den Kurven $\varphi_{FI}(M)$, die zu sukzessiven FI
gehören, diejenigen Werte von m bestimmt, die zu einem vorgegebenen
Wert von φ gehören. Damit ist die punktweise Konstruktion eines
Systems von Höhenlinien möglich. In die m, FI-Ebene wollen wir
noch die Projektion der „Kammlinien" der Häufigkeitsfläche einzeichnen. Eine Kammlinie definieren wir als die Verbindungslinie der
Maxima der Funktionen $\varphi_{FI}(m)$. Diese Linien gehen in der m, FI-

Ebene durch diejenigen Punkte, in denen die Höhenlinien der Fläche zur FI-Achse vertikale Tangenten besitzen.

Als Beispiel einer solchen Darstellung der Häufigkeitsfläche wählen wir die Funktion $\Psi(M, S)$ für die Umgebung der Sonne, mit der dann die entsprechenden Funktionen für verschiedene Sternhaufen zu vergleichen wären.

Die Abb. 19 gibt die Verteilung von etwa 2000 Sternen mit bekannten spektroskopischen Parallaxen der Umgebung der Sonne nach absoluter Leuchtkraft und Spektraltypus wieder. Aus ihr wäre die Verteilungsfunktion $\Psi(M, S)$ abzuleiten. Dabei ergeben sich gewisse Schwierigkeiten, von denen nur eine genannt werden soll. Diese beruht darauf, daß von den zu benutzenden Sternen die Parallaxen bekannt sein müssen, um aus ihnen und den scheinbaren Helligkeiten die absoluten Helligkeiten ableiten zu können. Nun ist aber jeder Parallaxenkatalog stets gewissen Auswahlprinzipien unterworfen: Es werden Sterne großer Eigenbewegung und großer scheinbarer Helligkeit bei Parallaxenbestimmungen bevorzugt. Diesen Umstand hat man durch Einführung von „Gewichten" zu verbessern gesucht, die die Bevorzugung gewisser Sterne ausgleichen sollen. Hess[1] hat bei dem Versuch, die Funktion $\Psi(M, S)$ für die Sterne des engeren Sternsystems abzuleiten, den folgenden Weg eingeschlagen. Die Wahrscheinlichkeit dafür, daß ein Stern mit einer scheinbaren Helligkeit zwischen m und $m + dm$ und einer Eigenbewegung zwischen μ und $\mu + d\mu$ im Parallaxenkatalog enthalten ist, wird gleich sein der Anzahl Katalogsterne dieser Art ($n_{m,\,\mu}$) dividiert durch die Anzahl aller Sterne dieser Art ($N_{m,\,\mu}$), also

$$W_{m,\,\mu} = \frac{n_{m,\,\mu}}{N_{m,\,\mu}}.$$

$n_{m,\,\mu}$ ist leicht durch Abzählen der Sterne des Katalogs zu erhalten. Die Zahlen $N_{m,\,\mu}$ können den Tafeln von Kapteyn und van Rhijn in Groninger Publ. 30 entnommen werden. Wenn man nun jedem Stern des Katalogs mit der scheinbaren Helligkeit m und der Eigenbewegung μ das „Gewicht"

$$p_{m,\,\mu} = \frac{1}{W_{m,\,\mu}} = \frac{N_{m,\,\mu}}{n_{m,\,\mu}}$$

erteilt, so werden die *systematischen* Fehler verwandelt in *zufällige* Fehler, herrührend von der verschiedenen Verteilung der Parallaxen unter den Sternen n und N.

Hess gibt in seiner Arbeit in der Seeliger-Festschrift auf S. 272 die Werte der auf diese Weise korrigierten Funktionen $\varphi_S(M)$ an, für $S = B$, A0, F0, G0, K0 und M. Die Sterne dieser Spektralbereiche hat er von halber zu halber Größenklasse abgezählt. Es ist zweck-

---

[1] Hess, R.: Astr. Nachr. 220, 65. Kiel 1923.

mäßig, seine Zählungen in Intervalle von ganzen Größenklassen zusammenzufassen. Dazu ist man um so mehr berechtigt, als das Material nicht so ausgedehnt und zuverlässig zu sein scheint, daß alle sekundären Maxima und Minima, die in den HESSschen Zahlen vorkommen, als verbürgt angesehen werden könnten. Eine Zusammenfassung der HESSschen Zahlen gibt einen glatteren Verlauf der Funktionen $\varphi_S(M)$ und damit auch ein klareres Bild der Häufigkeitsfläche, wie ein Vergleich der Abb. 20 mit HESS' Abbildung zeigt. Noch ein Punkt ist zu bedenken. Die Zählungen für die Sterne des Sternsystems beziehen sich auf Spektralklassen, während bei Sternhaufen im allgemeinen Farbenindizes zugrunde liegen. Dieser Umstand läßt sich

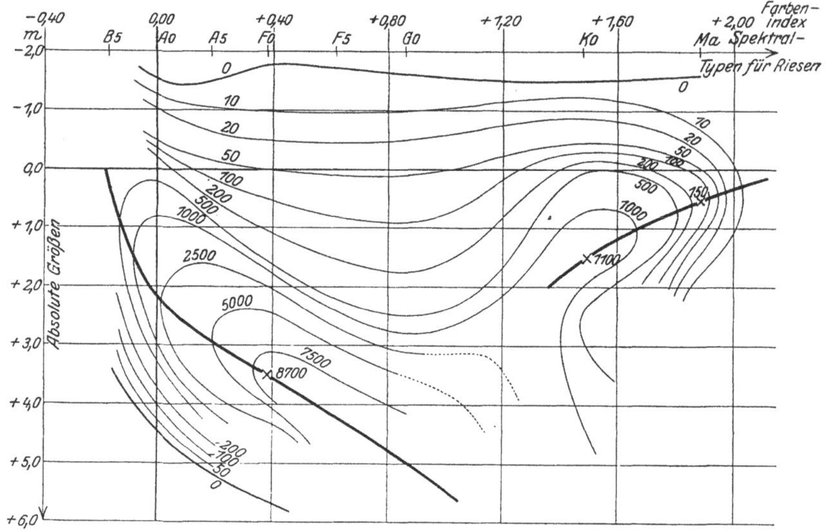

Abb. 20. Die Verteilungsfunktion $\Psi(M, S)$ der absoluten Helligkeiten und der Spektren für die Sterne des Sternsystems.

dadurch berücksichtigen, daß die Abb. 20 für die Funktion $\Psi(M, S)$ in einem verzerrten System gezeichnet wird, wie es sich aus dem Zusammenhang von Farbenindizes und Spektraltypus auf Grund von Mt. Wilson-Messungen ergibt. Tabelle 28 enthält die Abzählungen, die der Abb. 20 zugrunde liegen.

In Abb. 20 sind die Kammlinien gemäß der obigen Definition eingezeichnet. Die Kammlinie der roten Riesen bricht plötzlich ab, während die Kammlinie der blauen Riesensterne sich über den Rücken der Zwergsterne hinzieht. Im Punkte 1100 bei K0 und $+1^m\!.5$ haben wir den höchsten Punkt eines Rückens, der sich vom Hauptrücken der blauen Riesen und der Zwergsterne in der Gegend von G5 loslöst. Die Abbruchstelle der Kammlinie der roten Riesensterne läßt sich wegen der Unvollständigkeit des Materials nicht be-

Tabelle 28.

M \ S	$A\,0$	$F\,0$	$G\,0$	$K\,0$	M
-2.0 bis -1.0	0	6	3	1	1
-1.0 „ 0.0	51	18	25	38	17
0.0 „ $+1.0$	755	87	111	902	145
$+1.0$ „ $+2.0$	1598	257	132	1156	16
$+2.0$ „ $+3.0$	2417	5660	185	489	0
$+3.0$ „ $+4.0$	247	8730	5147	550	—
$+4.0$ „ $+5.0$	0	1650	8751	1060	—
Verteilungsfunktion der Helligkeiten	$\varphi_{A5}(M)$	$\varphi_{F5}(M)$	$\varphi_{G5}(M)$	$\varphi_{K5}(M)$	$\varphi_{Ma}(M)$

stimmt festlegen. Es ist nur so viel sicher, daß sie zwischen $K\,0$ und $G\,5$ liegt.

Wir wollen hier noch eine Bemerkung über die physikalische Bedeutung der Kammlinie einschalten, die später die Erklärung liefern wird für das zunächst vielleicht nicht ganz verständliche Abbrechen der rechten Kammlinie. Nach unserer Definition ist die Kammlinie die Verbindungslinie der Maxima der Funktionen $\varphi_S(M)$. $\varphi_S(M)$ bedeutet aber die Wahrscheinlichkeit, daß ein Riese vom Spektraltypus S die absolute Helligkeit M besitzt. Derjenige Wert von M, bei welchem die Funktion $\varphi_S(M)$ ihr Maximum erreicht, bestimmt somit die wahrscheinlichste absolute Helligkeit eines Sternes vom Spektraltypus S. *Die Kammlinie verbindet also im F.H.D. die wahrscheinlichsten absoluten Helligkeiten, welche die Sterne verschiedener Spektraltypen besitzen.* Deutet man — ob mit oder ohne Berechtigung, werden wir im folgenden Paragraphen sehen — das F.H.D. für die Sterne der Sonnenumgebung als Entwicklungsdiagramm der Sterne, so bedeutet die Kammlinie gewissermaßen nichts weiter als den wahrscheinlichsten Entwicklungsweg eines Sternes.

Die im Beobachtungsmaterial bei den Sternen des engeren Sternsystems liegenden Schwierigkeiten fallen zum großen Teil weg, wenn man vom engeren Sternsystem übergeht zu der statistischen Untersuchung selbständiger abgeschlossener Systeme, unter denen wir solche Sterngruppen verstehen, bei denen die gegenseitigen Entfernungen der einzelnen Sterne vernachlässigt werden können im Vergleich zur Entfernung der ganzen Gruppe von der Sonne. Bei den Sternen dieser selbständigen Systeme — wir wollen im folgenden kurz von „Sternhaufen" sprechen — ist es möglich, die scheinbare Helligkeit (m) als ein Maß für die Leuchtkraft der Sterne anzusehen, ohne einen merklichen Fehler zu begehen, eben weil die Sterne eines solchen Systems alle in praktisch der gleichen Entfernung angenommen werden können. Deshalb treten diejenigen Auswahlprinzipien gar nicht auf, durch die die Parallaxenkataloge der Sterne des Sternsystems im statistischen Sinne verfälscht werden.

Dagegen tritt bei der Wahl von *konzentrierten Kugelhaufen* zu statistischen Untersuchungen über die Verteilungsfunktion Ψ *ein anderes*

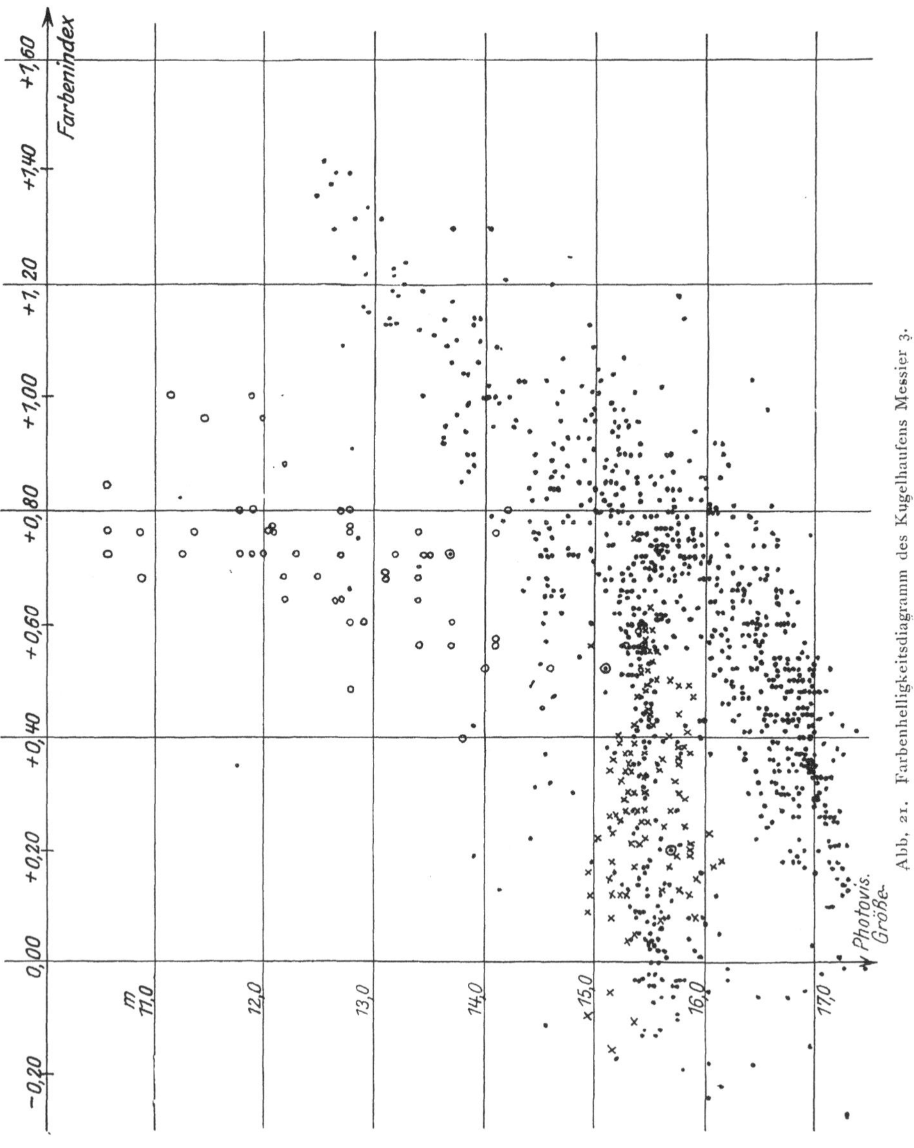

Abb. 21. Farbenhelligkeitsdiagramm des Kugelhaufens Messier 3.

Auswahlprinzip auf, nämlich dadurch, daß das Zentrum der Haufen für die Untersuchungen nicht herangezogen werden kann, weil dort die Trennung der einzelnen Sterne nicht mehr möglich ist. Die Wirkung dieser Auswahl ist einfach zu übersehen und nur bei den konzentriertesten Haufen von größerer Bedeutung. Nach den dynamischen Vorstellungen, die wir uns von einem abgeschlossenen System von Sternen machen müssen, befinden sich im Zentrum der Haufen die größten Massen. Die statistische Untersuchung kann folglich nur in der Weise gefälscht werden, daß die Sternzählungen zu wenig sehr massige, also absolut sehr helle Sterne, enthalten. Sobald das Zentrum der Haufen sich auflösen läßt, wie bei den offenen Sterngruppen und den Sternwolken, fällt auch noch dies einzige Auswahlprinzip fort, und man kann das Beobachtungsmaterial ohne weitere Korrektion diskutieren, wenn man vorher die Vollständigkeitsgrenze des Materials nach der Seite schwacher scheinbarer Helligkeiten festgelegt hat. Erschwerend ist es, daß bei den Untersuchungen der Sternhaufen die Sterne des Systems nicht von den Hinter- bzw. Vordergrundsternen getrennt werden können. Die verfälschende Wirkung der dadurch zu viel aufgenommenen Sterne ist bei den im folgenden untersuchten Haufen sehr gering; die Ergebnisse der Untersuchungen können durch sie niemals in ihren Hauptzügen verfälscht werden.

Die Abbildungen 21 bis 27 enthalten die Verteilung der Sterne nach Leuchtkraft und Farbe in den drei Kugelhaufen Messier 3, 13, 68, den offenen Haufen Messier 11, 37, 67 und N.G.C. 1647. Aus ihnen lassen sich, wie dies im folgenden Paragraphen geschehen wird, die Verteilungsfunktionen $\Psi(m, FI)$ ohne Anbringung irgendwelcher Korrektionen durch Abzählen der Sterne in verschiedenen Spektralbereichen und Helligkeitsintervallen ableiten.

Wir wollen jedoch zunächst die hier wiedergegebenen Abbildungen vergleichen mit Abb. 19 auf S. 122, die die Verteilung der 2000 Sterne mit bekannten spektroskopischen Parallaxen nach Leuchtkraft und Spektraltypus wiedergibt. Ebenso wie die Funktionen $\varphi(m)$ oder $\psi(FI)$ für Sternhaufen im allgemeinen nicht übereinstimmten mit den entsprechenden Funktionen für die Sterne des engeren Sternsystems, zeigt sich auch eine Verschiedenheit zwischen den Funktionen $\Psi(m, FI)$ und der Funktion $\Psi(M, S)$. *Die Sterne eines Sternhaufens überdecken im F.H D. immer nur einen Teil des bekannten* RUSSELL-*Diagramms für Sterne des engeren Sternsystems*, wie es Abb. 19 wiedergibt. So beschränken sich die Sterne von Messier 3 ganz auf den Riesenast, diejenigen von N.G.C. 1647 ganz auf den Zwergast. Ebenso wie aus den kleinen Werten von F_{M_1} auf S. 119 für die offenen Haufen Messier 11, Messier 35 und Messier 37, schließen wir hieraus auf *einen gemeinsamen Ursprung der Sterne eines einzelnen Haufens.*

Schon ein flüchtiger Blick auf die Diagramme zeigt, daß die Haufen in vier Gruppen zerfallen: M. 3, M. 13 und M. 68 bilden die erste Gruppe; M. 11 scheint mit M. 37 verwandt zu sein; M. 67 dagegen ist wohl eine Sterngruppe ganz anderer Art; endlich gehört wohl N.G.C. 1647 in eine besondere Gruppe. M. 3, M. 13 und M. 68 werden zu den kugelförmigen Haufen gezählt, M. 11 und M. 37 zu den offeneren, N.G.C. 1647 zu den offensten Sterngruppen, die wir kennen. M. 67

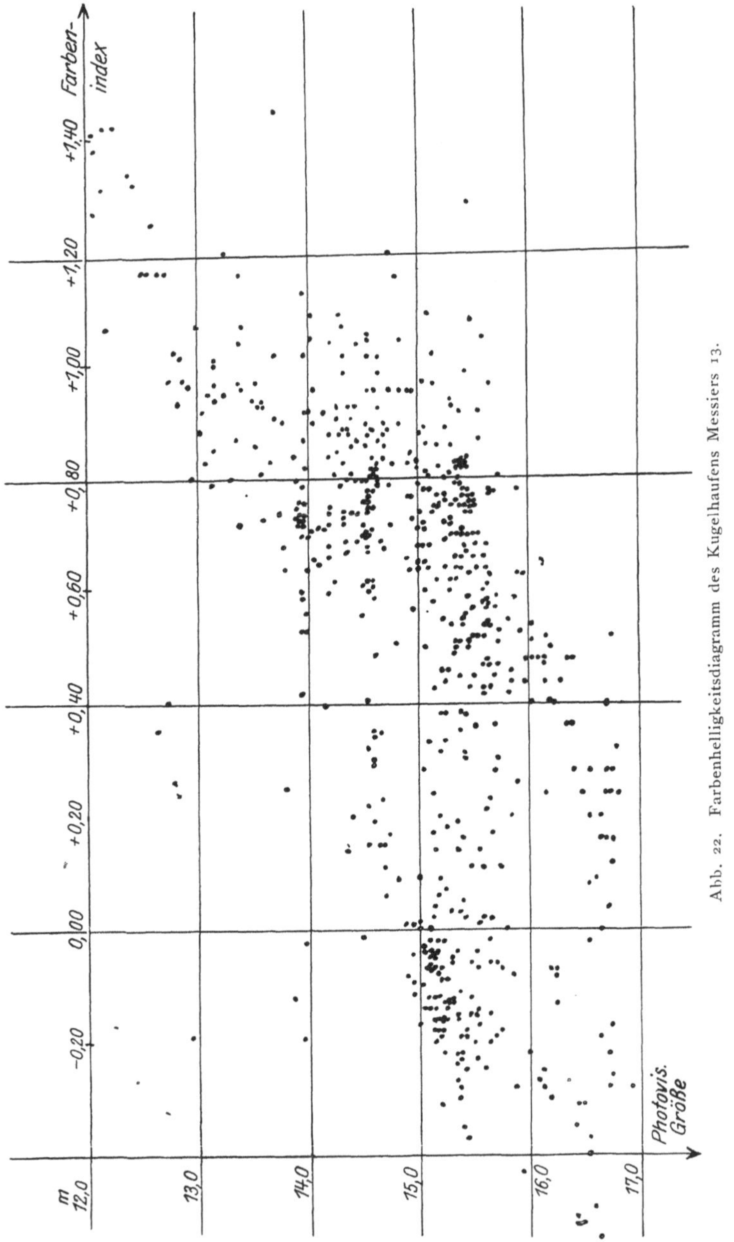

Abb. 22. Farbenhelligkeitsdiagramm des Kugelhaufens Messiers 13.

deutet SHAPLEY auf Grund von Vergleichen zwischen den Haufensternen und denen der Umgebung als „a condensation in an ordinary stellar field". Es ist damit die Möglichkeit einer exakteren Klassifikation der Haufen gegeben, als sie auf Grund ihres Aussehens am Himmel bisher möglich war. (Vgl. S. 32.)

Das Charakteristische in den F. H. D. der Kugelhaufen Messier 3, 13 und 68 ist der geneigte Riesenast, der sich nach der blauen Seite zu

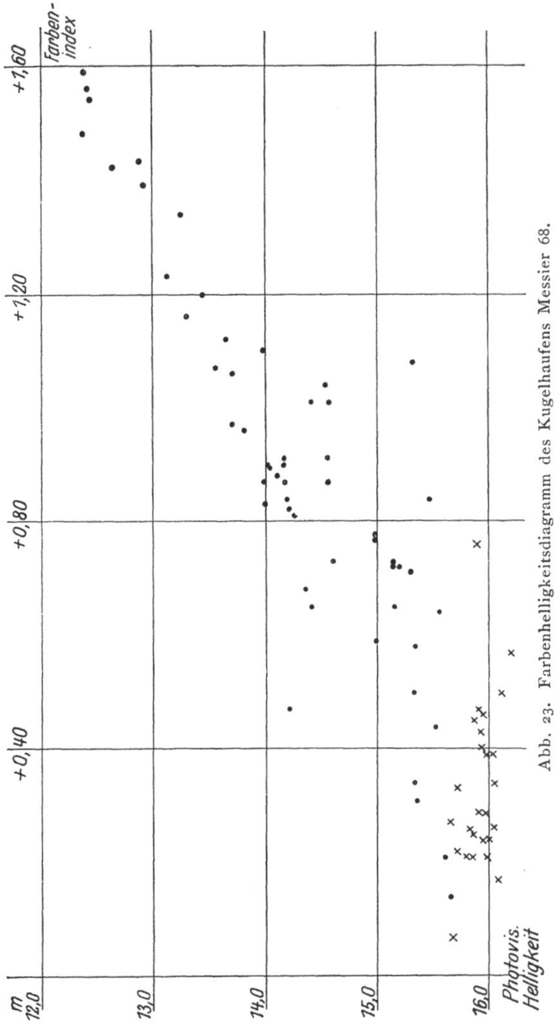

in zwei Äste aufspaltet, etwa beim Farbenindex $+ 0^{m}.70$, also bei den Spektraltypen $F7$ und $F8$. Dieser „*kritische Punkt*" ist bei M. 3 ganz deutlich ausgeprägt; bei M. 13 ist er weit weniger scharf zu erkennen wegen der geringen Anzahl vermessener schwacher Sterne. Es ist jedoch höchst wahrscheinlich, daß seine Lage in beiden Haufen nach Farbe

ten Bruggencate, Sternhaufen. 9

und absoluter Helligkeit die gleiche ist. In den F.H.D. von M. 3 und M. 68 sind die Haufenveränderlichen als Kreuze eingezeichnet. Sie

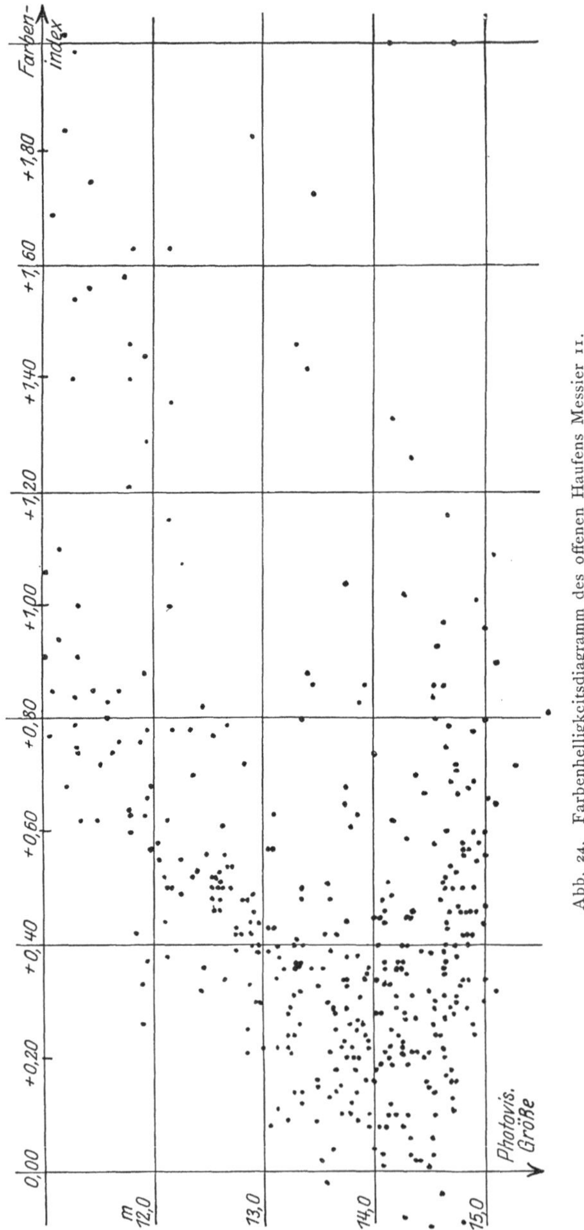

Abb. 24. Farbenhelligkeitsdiagramm des offenen Haufens Messier 11.

fallen genau zusammen mit dem sich vom geneigten Riesenast der gewöhnlichen Sterne loslösenden horizontalen Ast. Es ist bemerkens-

wert, daß bei beiden Haufen nur ein einziger Veränderlicher auf der
roten Seite des Spaltungspunktes, den wir den kritischen Punkt ge-

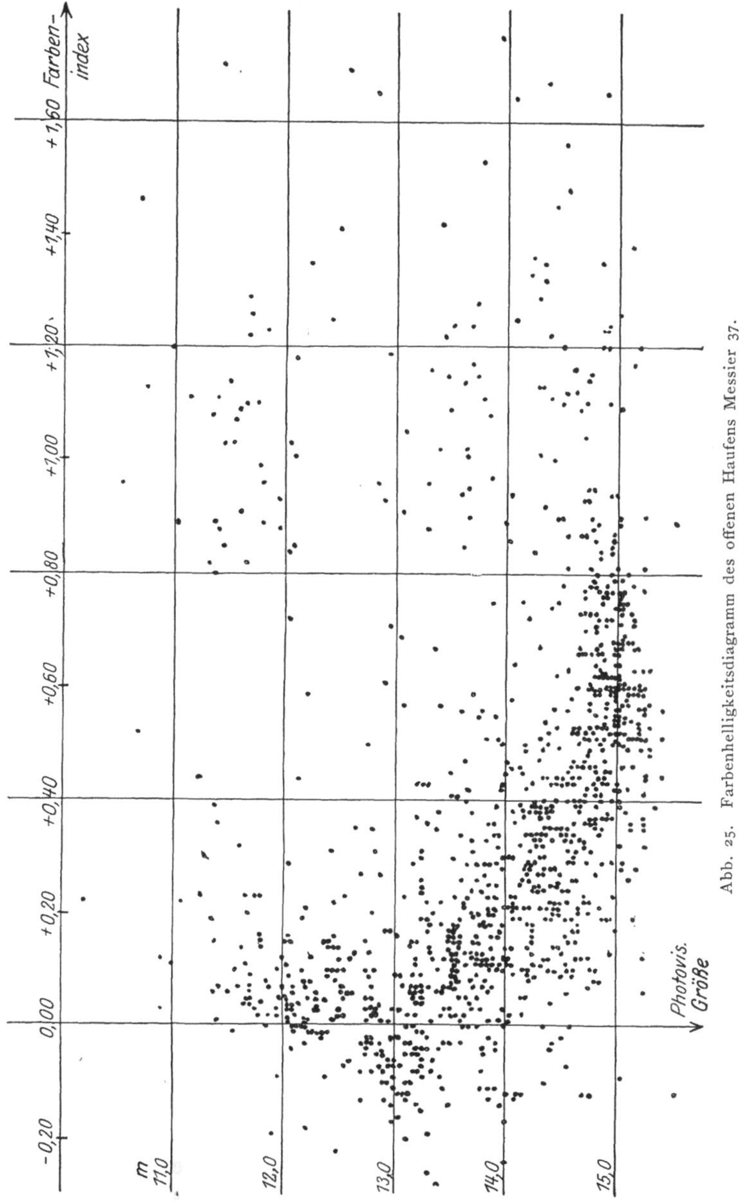

nannt haben, liegt. Und dessen Farbenindex liegt zwischen $+ 0^{m}\!.70$
und $+ 0^{m}\!.80$, während dem kritischen Punkt der Farbenindex $+ 0^{m}\!.70$
zukommt. Andererseits erstrecken sich die Veränderlichen vor bis zum

Typus B0 ($FI = -0^\text{m}.40$), und zwar liegen alle, ebenso wie die große Mehrzahl der gewöhnlichen Sterne des horizontalen Astes, in einem Streifen von der Breite einer Größenklasse. Zur Unterscheidung

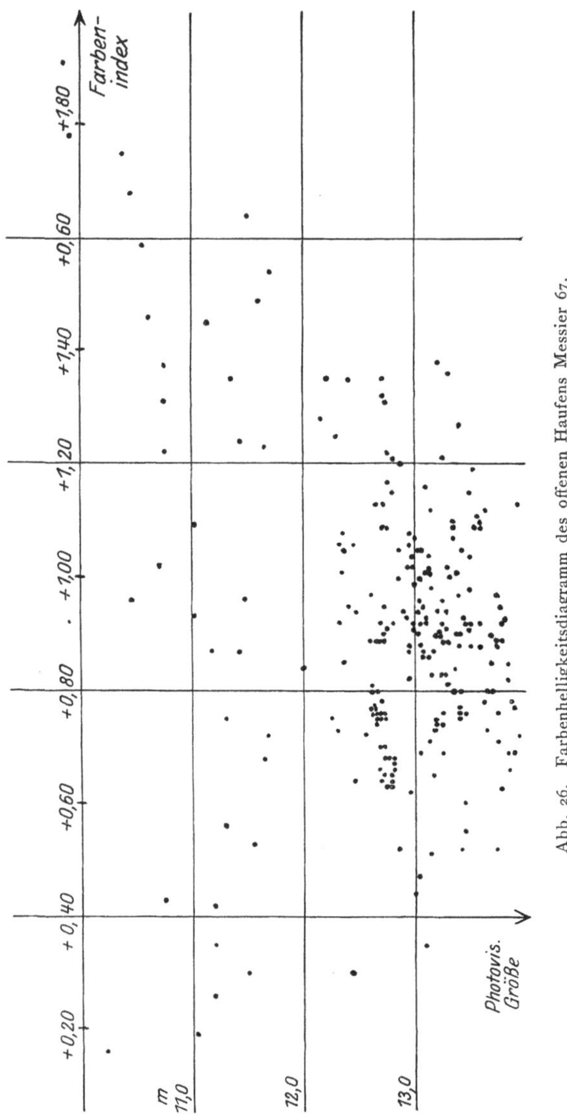

Abb. 26. Farbenhelligkeitsdiagramm des offenen Haufens Messier 67.

nennen wir daher die Sterne des horizontalen Astes „Übergiganten", die Sterne des geneigten Astes „gewöhnliche Riesen". In Abb. 28 sind die Veränderlichen der Haufen M. 3, 15 und 68 nach Helligkeit und Farbe eingezeichnet. Zur Umrechnung der beobachteten scheinbaren Helligkeiten der Veränderlichen in absolute wurden die mit 1.5

multiplizierten Parallaxen von SHAPLEY als die plausibelsten Parallaxenwerte benutzt (siehe Abschnitt I). Die Abbildung beweist, daß sich die

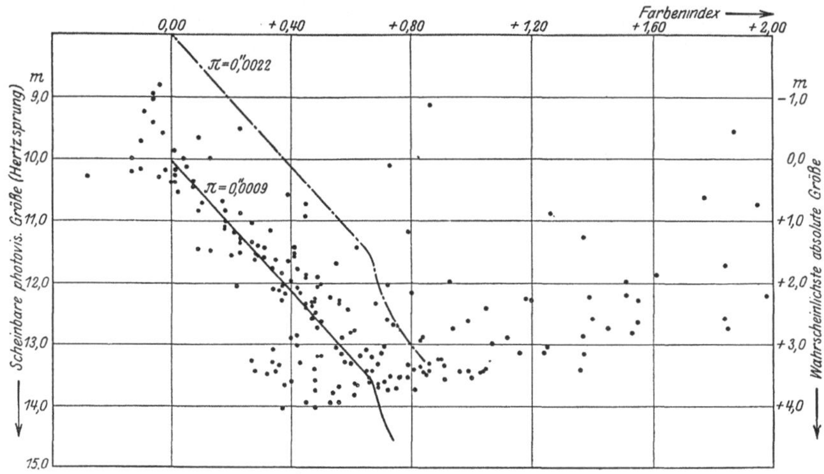

Abb. 27. Farbenhelligkeitsdiagramm für N.G.C. 1647.

Veränderlichen dieser drei Haufen, und daher mit großer Wahrscheinlichkeit die aller Haufen, nach Farbe und Leuchtkraft völlig gleich verhalten. Durch einen größeren Kreis ist in der Abbildung der

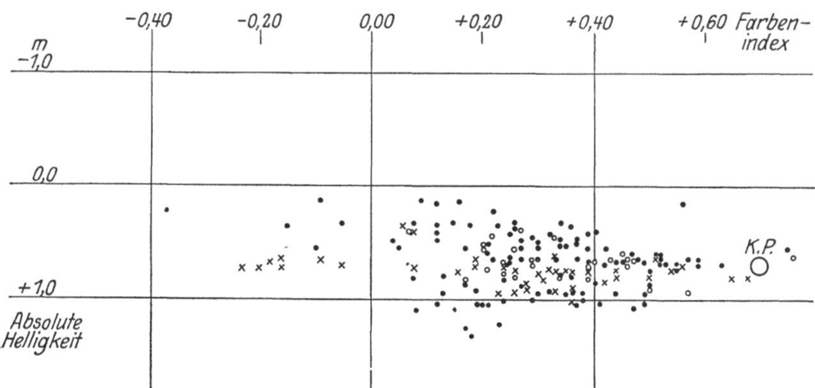

Abb. 28. Haufenveränderliche im Farbenhelligkeitsdiagramm.
● Messier 3
× ,, 15
○ ,, 68

kritische Punkt in Messier 3 eingezeichnet. Man sieht, daß diesem Punkte auch in den Haufen Messier 15 und 68 die Rolle eines kritischen zukommen muß. So führen uns die F.H.D. der kugelförmigen Sternhaufen auf einen Punkt, der in der Kosmogonie aller Wahrscheinlichkeit nach eine große Rolle spielen wird.

In das Diagramm von Messier 3 sind noch aus dem Katalog der spektroskopischen Parallaxen in Mt. Wilson Contrib. 199 die langperiodischen galaktischen δ Cepheisterne als Ringe und vier kurzperiodische galaktische Cepheiden als Punkte in Ringen eingezeichnet worden. Als Parallaxe von Messier 3 wurde wieder der 1.5 fache Wert der SHAPLEYschen Parallaxe benutzt. Die hellsten Sterne von Messier 3 liegen fast ausnahmslos außerhalb des Gebietes der langperiodischen Cepheiden, während dies bei Messier 13 nicht mehr so ausgesprochen der Fall ist. In der Tat kennt man in Messier 3 keine, in Messier 13

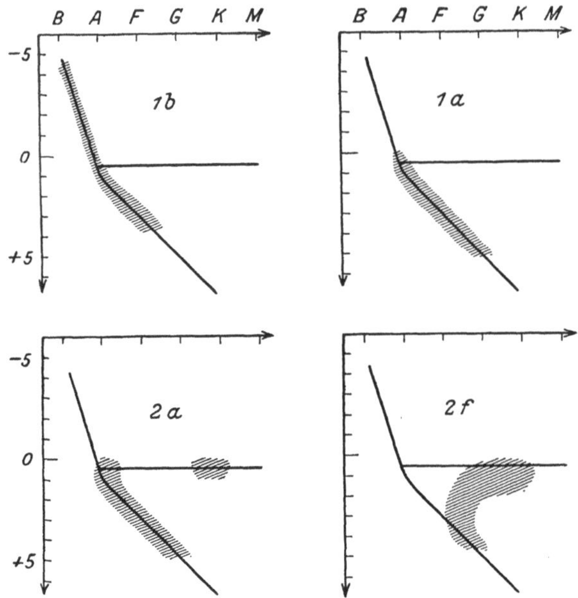

Abb. 29. Die Typen der Farbenhelligkeitsdiagramme offener Sternhaufen nach TRÜMPLER.
Abszissen: Spektralklassen
Ordinaten: Absolute Größen.
Der von den Sternen der Haufen jeweils überdeckte Bereich ist schraffiert.

dagegen zahlreiche langperiodische Veränderliche. Diese Beobachtungstatsache ist eine schöne Bestätigung für die jeder Kosmogonie zugrunde liegende Hypothese, daß sich stellare Materie unter gleichen Bedingungen an jeder Stelle des Weltraumes auf die gleiche Weise entwickelt.

Für offene Sternhaufen hat TRÜMPLER[1]) ein sehr umfangreiches Material diskutiert. Er fand bei 51 Haufen, die mit Bestimmtheit als selbständige Sterngruppen angesprochen werden können, daß im F.H.D. dieser Haufen *immer ein Zwergast* ausgebildet ist. Er konnte im wesentlichen die vier folgenden verschiedenen Typen von Haufen unterscheiden:

---

[1]) TRÜMPLER, Spektral types in open clusters. Publ. A.S.P. 37, 307 (1925).

1 b. Die hellsten Haufensterne sind B-Sterne. Alle schwächeren Sterne gehören dem Zwergast an. Riesensterne der Typen $A\,5$—M fehlen vollkommen. Typische Fälle: h und χ Persei, Messier 35, Messier 36, die Plejaden.

1 a. Die hellsten Haufensterne sind vom Typus $B\,8$—$A\,5$. Die schwächeren Sterne sind lauter Zwerge. Riesensterne späterer Typen sind nicht vorhanden. Typische Beispiele: Messier 34, Messier 39, N. G. C. 1647.

2 a. Die hellsten Haufensterne sind Riesen von $B\,8$ bis K. Die schwachen Sterne liegen auf dem Zwergast. Auf dem Riesenast ist eine ausgeprägte Lücke zwischen $A\,5$ und $G\,5$. Typische Fälle: Messier 11, Messier 37, Praesepe, Hyaden.

2 f. Der Haufen enthält keine B- und A-Sterne. Dagegen enthält er F-, G- und K-Riesen. Der Riesenast biegt schon bei F ab in den Zwergast, der Sterne bis zum G-Typus aufweist. Beispiel: N. G. C. 752.

Die vier Typen sind in Abb. 29, die der TRÜMPLERschen Arbeit entnommen ist, schematisch dargestellt. Das Charakteristische ist, daß der Typus 2 b, der also neben den Sternen des Typus 2 a noch B-Riesen enthalten müßte, wie 1 b, nicht vorkommt. Das Farben-Helligkeits-Diagramm eines offenen Haufens kann, wie TRÜMPLER meint, nicht nur Funktion *eines* Parameters, etwa des Alters des Haufens, sein, sondern es muß noch von einem zweiten Parameter abhängen. Hierauf kommen wir im folgenden noch zurück.

§ 2. Die Deutung des F.H.D. als Entwicklungsdiagramm.

HERTZSPRUNG und RUSSELL fanden auf rein empirischem Wege, daß sich die Sterne im wesentlichen in zwei große Klassen einteilen lassen: in die Riesen (an Leuchtkraft) und Zwerge. Dieser empirische Befund ist im RUSSELL-Diagramm, das in Abb. 19 auf S. 122 wiedergegeben ist, enthalten. Hieran haben HERTZSPRUNG und RUSSELL eine Entwicklungstheorie geknüpft, die im wesentlichen mit den Ideen von LOCKYER übereinstimmt. Alle älteren Theorien über die Sternentwicklung stießen dadurch auf eine große Schwierigkeit, daß nach dem LANE-RITTERschen Gesetz die Spektralreihe A, F, G, K, M sowohl im Sinne $A \rightarrow M$ als auch im Sinne $M \rightarrow A$ von einem Stern durchlaufen werden kann, und zwar im ersten Falle bei ständiger Kontraktion eines Sternes mit großer Dichte, im zweiten Falle bei ständiger Kontraktion eines Sternes von geringer Dichte.

LOCKYER erkannte diese Schwierigkeit und suchte sie durch die Theorie zu beseitigen, daß ein Stern sein Leben mit geringer Dichte und niedriger Temperatur beginnt und daß durch Kontraktion zunächst sowohl seine Dichte als auch seine Temperatur zunehmen. Die Temperatur steigt dann, bis die Dichte einen bestimmten Wert erreicht hat, nämlich bis die Gültigkeit der idealen Gasgesetze aufhört. Nimmt die Kontraktion weiter zu, so nimmt die Temperatur wieder ab. Ein Stern durchläuft also bei seiner Entwicklung die Spektralreihe zweimal.

Lockyer konnte jedoch kein Kriterium angeben für die Zugehörigkeit eines Sternes zur „aufsteigenden" oder „absteigenden" Reihe. Dieser Schritt wurde erst von Hertzsprung und Russell getan, die in der absoluten Helligkeit das gesuchte Kriterium fanden. Nach dieser Theorie ist also der Entwicklungszustand eines Sternes gegeben durch zwei physikalisch voneinander unabhängige Variable: Temperatur und Dichte. Die Masse des Sternes spielt nur insofern eine Rolle, als sie die maximale Temperatur bestimmt, die überhaupt von dem Stern erreicht werden kann. Je größer die Masse ist, zu desto „früheren" Spektraltypen, d. h. höheren Temperaturen, kann sich der Stern entwickeln. Wesentlich gestützt wurde diese Auffassung, als es Eddington gelang, auf allgemeineren Grundlagen als dem Lane-Ritterschen Gesetz, nämlich unter Berücksichtigung der Strahlung, die Riesen-Zwerg-Theorie auch mathematisch-physikalisch zu begründen. Man hat sich auf Grund der Eddingtonschen Arbeiten daran gewöhnt, das Russell-Diagramm als Entwicklungsdiagramm zu deuten. *Die Kammlinien im* Russell-*Diagramm wären also aufzufassen als die wahrscheinlichsten Entwicklungswege eines Sternes mittlerer Masse.*

Aber im Jahre 1924 fand Eddington einen engen und eindeutigen Zusammenhang zwischen der Masse eines Sternes und seiner Leuchtkraft. Sowohl für Riesen- als auch für Zwergsterne wird die absolute Helligkeit bestimmt durch die Masse und Temperatur des Sternes, und zwar *für beide Sternarten auf die gleiche Weise.* Für lauter Sterne gleicher Temperatur ist die Leuchtkraft also nur noch eine Funktion der Masse. Das heißt aber, ein Riesenstern (an Leuchtkraft) kann, wenn seine Masse während der Entwicklung konstant bleibt — und dies wurde bisher immer vorausgesetzt —, niemals zu einem Zwergstern (an Leuchtkraft) mit der gleichen Temperatur werden, wie es die Deutung des Russell-Diagramms als Entwicklungsdiagramm verlangen würde. Hält man also an der Konstanz der Masse fest, so kommt dem F.H.D. lediglich eine statistische Bedeutung zu. Die Entwicklungswege der Sterne verschiedener Masse verlaufen danach im F.H.D. nahezu horizontal, gleichgültig, ob wir einen Riesen oder Zwerg betrachten. Nach der alten Theorie galt dies nur für die Riesen. In Abb. 30 ist ein solcher Lebensweg schematisch (nach Eddington) als die Linie $a'\,c'$ eingezeichnet. Die Kammlinien (repräsentiert durch ×× in der Abbildung) im F.H.D. müssen nun gedeutet werden als *Verbindungslinien derjenigen Punkte im F.H.D., die die Zustände größter Verweilzeit wiedergeben.* Denn nur dadurch, daß die Punkte der Kammlinien besonders stabile Zustände der Sterne auf ihrem Entwicklungsweg im F.H.D. darstellen, in denen diese somit lange verharren, ist die Häufung der Sterne des Sternsystems längs der Kammlinien verständlich.

Es gibt aber, wie schon betont wurde, noch eine Möglichkeit, das F.H.D. als Entwicklungsdiagramm zu deuten; nämlich dann, wenn ein Stern während seiner Entwicklung an Masse verliert. Durch die Strahlung der Sterne findet, nach den Entwicklungen der Relativitätstheorie, zweifellos ein Massenverlust statt. Aber dieser Massenverlust ist, wenn man die bisherige Zeitskala für kosmogonische Vorgänge zugrunde legt, die auf ein Alter des Sternsystems von der Größenordnung von etwa 10^9 Jahren führt, so gering, daß ein Stern, wenn er sein Leben als roter Riese beginnt, nicht als roter Zwerg enden kann. Der Lebensweg abc (Abb. 30) ist nur dann möglich, wenn die alte Zeitskala mit 10^3 oder gar 10^4 multipliziert wird. Die Entscheidung zwischen den Lebenswegen abc und $a'c'$ hängt am Ende nur ab von

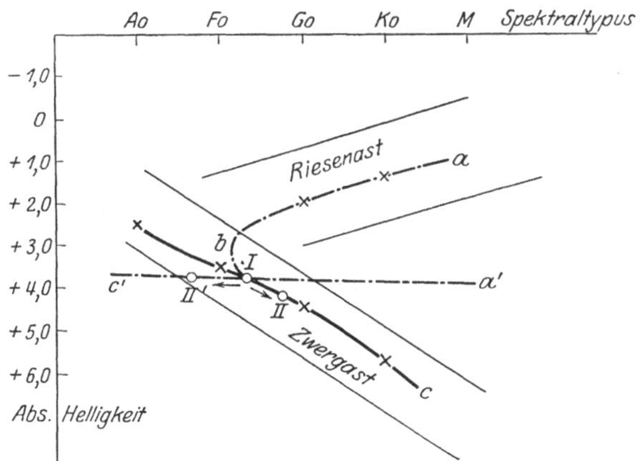

Abb. 30. Schematische Darstellung des F.H.D. des Sternsystems mit eingezeichneten Lebenswegen (Erklärung siehe Text).

der Wahl der Zeitskala, die man kosmogonischen Vorgängen zugrunde legt. Hält man an der „kleinen" Zeitskala fest, so kommt man zu den Lebenswegen $a'c'$. Legt man die „große" Skala zugrunde, so führt dies zum Weg abc. Aber die *physikalische Erklärung* dieses gebrochenen Weges, der sich zusammensetzt aus einem „aufsteigenden" Ast ab und einem „absteigenden" Ast bc, ist nach den neuen Untersuchungen EDDINGTONS eine andere. Nach der *alten* Theorie war es die *Dichte*, nach der *neuen* ist es die *Masse* der Sterne, die den Unterschied zwischen Riesen und Zwergen bedingt.

Diese Umwälzung in der theoretischen Auffassung der Entwicklung stellarer Materie — inwieweit die Grundlage der EDDINGTONschen Beziehung zwischen Masse und Leuchtkraft eines Sternes gesichert ist, soll dahingestellt bleiben — hat die Kosmogonie, soweit sie sich mit der Entwicklung eines einzelnen Sternes befaßt, eigentlich wieder zurückgebracht auf den Stand vor den ersten Untersuchungen EDDINGTONS.

Steht man doch nun wieder vor der Aufgabe, nach Kriterien zu suchen, von denen eine Entscheidung zwischen beiden Auffassungen zu erwarten ist.

Einen Versuch in dieser Richtung hat Vogt[1]) unternommen. Er ging von der Überlegung aus, daß ein sehr massiger Stern prozentual mehr Masse durch Strahlung verlieren muß als ein Stern kleiner Masse. Bei einem Doppelsternpaar mit verschieden massigen Komponenten muß sich also im Laufe der Entwicklung das Massenverhältnis immer mehr dem Werte 1 nähern, wenn wir berechtigt sind, für beide Komponenten einen gemeinsamen Ursprung anzunehmen. Er hat dies bei 93 Doppelsternpaaren geprüft. Seine Ergebnisse sind in der folgenden Tabelle wiedergegeben, die seiner Arbeit entnommen ist.

Tabelle 29.

Riesen			Zwerge		
S_h	M_h/M_s	n	S_h	M_h/M_s	n
M	18.4	2	A	1.6	9
K	2.7	6	F	1.3	23
G	1.9	9	G	1.25	18
F	3.0	5	K	1.23	11
B	4.6	8	M	1.19	2

Die erste Spalte enthält den Spektraltypus der helleren Komponente, die zweite Spalte das Massenverhältnis der helleren zur schwächeren Komponente und die dritte Spalte endlich die Anzahl von Doppelsternsystemen, deren Massenverhältnisse gemittelt wurden. Die B-Sterne und F-Riesen fallen aus der Reihe heraus. Bei den ersteren rührt dies wohl daher, daß sie kein normales Durchgangsstadium in der Sternentwicklung zu bilden scheinen. Das Verhältnis für die F-Riesen reduziert sich auf 1.7, wenn Polaris mit einem Massenverhältnis von 10.1 ausgeschlossen wird.

Vogt hält diese Zahlen für einen empirischen Beweis dafür, daß das Russell-Diagramm als ein Entwicklungsdiagramm aufgefaßt werden darf. Man kann indessen nur sagen, daß die Massenverhältnisse bei Doppelsternkomponenten keinen Widerspruch liefern, wenn man das F.H.D. als Entwicklungsdiagramm im Sinne der Riesenzwergtheorie deutet. Über die Richtung der Entwicklung können sie keineswegs etwas aussagen. Shajn[2]) hat darauf aufmerksam gemacht, daß die obigen Massenverhältnisse auch lediglich durch ein Auswahlprinzip bedingt sein können, das in die statistische Mittelbildung eingeht. Zu

---

[1]) Vogt, H.: Die Massenabnahme der Sterne infolge Strahlung. Zeitschr. f. Phys. Bd. 26, S. 139. 1924.

[2]) Shajn, G.: On the mass-ratio in double-stars. Monthly Notices of the Roy. Astron. Soc., London. Bd. 85, S. 245. 1925.

einem K-Riesen als hellere Komponente kann man in einem extremen Falle einen M-Zwerg als schwächere Komponente finden. Man erhält also dann ein extrem großes Massenverhältnis. Zu einem K-Zwerg als hellere Komponente aber kann man als schwächere Komponente im extremsten Fall höchstens auch einen M-Zwerg finden, denn schwächere Sterne sind nicht mehr beobachtbar; sie sind „erkaltet". D. h. aber, bei den späten Zwergtypen ist es schon aus Beobachtungsgründen unmöglich, große Massenverhältnisse zu finden. Man kommt damit zum Schluß, daß die Massenverhältnisse von Doppelsternen nichts über die Entwicklung stellarer Materie auszusagen vermögen.

Die statistische Untersuchung der Sterne des Sternsystems kann uns auch nicht weiter führen. Das Problem, ob die empirisch gefundene Spaltung der Sterne in Riesen und Zwerge nur eine *statistische* Bedeutung hat oder ob sie *physikalisch* begründet ist, läßt sich noch in eine etwas andere Fassung bringen. Verbindet man die im F.H.D. eingezeichneten Punkte, die die Lage der Maxima der Funktionen $\varphi_S\,(M)$ angeben, wie es in Abb. 30 geschehen ist, so erhält man zwei Kammlinien: den Riesenast und den Zwergast. Die Punkte der Kammlinien geben nach ihrer Definition an, welche Kombinationen von Spektraltypus und absoluter Helligkeit bei den Sternen des Sternsystems am häufigsten vorkommen.

Wir wollen (s. Abbildung) von irgendeinem Punkte I auf einer der beiden Kammlinien ausgehen. Dieser Punkt I stellt uns den Zustand I eines Sternes von bestimmter Masse zu einer bestimmten Zeit seiner Entwicklung dar. Nach einer gewissen Zeit ist der Stern vom Zustand I in einen Zustand II übergegangen; dabei habe sich seine Leuchtkraft M um $\varDelta M$, sein Spektraltypus S um $\varDelta S$ geändert. Die Frage ist nun die: Wird der Zustand II, der dem Zustand I benachbart ist, durch einen Punkt II dargestellt, der, wie Punkt I, auf der Kammlinie liegt, oder durch einen Punkt II', der nicht auf der Kammlinie liegt? *Im ersten Falle kommt der Kammlinie eine physikalische Bedeutung zu, im zweiten Falle nur eine statistische.*

Wir gehen nun dazu über, zu zeigen, wie es möglich ist, dieses Problem der Lösung näherzubringen durch Heranziehen der Sternhaufen.

Die *Grundhypothese.* die jeder vernünftigen Kosmogonie zugrunde liegt, *daß stellare Materie sich unter den gleichen Bedingungen an jeder Stelle des Weltraumes auf die gleiche Weise entwickelt*, muß auch hier gemacht werden, wo die Sternhaufen zur Aufstellung einer Kosmogonie herangezogen werden. Eine zweite Hypothese, die in das Folgende eingeht, ist die, daß *die Sterne eines konzentrierten Kugelhaufens praktisch alle gleich alt* sind. Diese Hypothese findet eine starke Stütze darin, daß die Sterne eines solchen Haufens nur einen Teil des F.H.D. ausfüllen. Für die offenen und offensten Sterngruppen folgt dann das gleiche Alter ihrer Sterne aus der Vorstellung, die wir uns von der Entwicklung eines Kugelhaufens unter Einwirkung äußerer Kräfte, wie sie in der Anziehung des ganzen Sternsystems vorliegen, nach den im vorigen Kapitel entwickelten Theorien machen müssen. Wir konnten dort zeigen, daß die äußeren Kräfte auflösend auf einen Sternhaufen wirken, und daß die Zentraldichte der Gaskugel $n = 5$, der sich der Aufbau der Haufen am meisten nähert, nicht ausreicht, um der vollständigen Auflösung zu widerstehen. Bedenkt man noch, daß die Polytrope $n = 5$ die dünnste überhaupt mögliche Dichteverteilung darstellt, so ist man wohl dazu berechtigt, die offensten Sternhaufen als endgültige Auflösungsprodukte von Kugelhaufen anzusehen; wenn auch alle Beweise über die Auflösung konzentrierter Sternhaufen nur in speziell konstruierten Idealfällen mathematisch durchzuführen sind. Aber das ist ja das Wesen jeder mathematischen Naturbeschreibung, die Annäherung an die Wirklichkeit in der Betrachtung von idealen Fällen zu suchen.

Zu der auflösenden Wirkung der äußeren Kräfte tritt noch ein anderer Umstand, der die Auflockerung der Sternhaufen fördert. Nach den oben entwickelten Vorstellungen ist jede Strahlung mit Massenverlust verbunden. In den dichten Kugelsternhaufen muß also die Strahlung der vielen tausend Riesensterne einen recht merklichen Massenverlust des ganzen Systems verursachen. Dadurch wird aber das gesamte Gravitationsfeld des Haufens verkleinert, also eben diejenige Kraft, die die Auflösung des Systems verhindert. Verliert der Durchschnittsstern eines Haufens in einem gewissen Zeitabschnitt durch Strahlung 10 vH seiner Masse, so bedeutet das, daß nach diesem Zeitabschnitt die Sterne des Haufens einen um 37 vH größeren Raum einnehmen. — Diese Abschweifung zu den mathematischen Versuchen, die dynamische Entwicklung der Sternhaufen zu erfassen, war notwendig, um die dem Weiteren zugrunde liegende *Annahme* zu rechtfertigen, *daß die Sternhaufen im allgemeinen desto älter sind, je offener sie uns erscheinen.*

Den Entwicklungsweg eines Sternes im F.H.D. im großen festzulegen, gelingt daher auf Grund der oben entwickelten Vorstellungen durch Untersuchung der Verteilung der Sterne von verschieden stark konzentrierten Sternhaufen nach Helligkeit und Farbe. Bei stark konzentrierten Kugelhaufen hat man die Verteilung junger Sterne, bei ganz offenen Gruppen die Verteilung alter Sterne vor sich. Man braucht offenbar nur zuzusehen, wie sich diese Verteilung der Sterne im F.H.D. verlagert beim Übergang von einem Kugelhaufen zu einem offenen Haufen, um den Entwicklungsweg der Sterne in großen Zügen vor sich zu haben.

Diejenige Methode, die die Verteilung der Sterne eines Haufens im F.H.D. am anschaulichsten wiedergibt, ist diejenige von HESS, die im vorhergehenden Paragraphen ausführlich behandelt wurde. Nach ihr sind aus den Abb. 21, 24, 25, 27 die Abb. 31 bis 34 abgeleitet, die die Verteilung der Sterne des Kugelhaufens Messier 3, der offenen Haufen Messier 11 und Messier 37 und der ganz offenen Sterngruppe N.G.C. 1647 nach Leuchtkraft und Farbe wiedergeben. Mit Hilfe der Parallaxen der Haufen [1][2] findet man, daß der absoluten Helligkeit $0^m.0$ im Sternhaufen Messier 3 eine scheinbare Helligkeit entspricht, die gleich oder schwächer als $14^m.0$ ist, im Haufen Messier 11 die scheinbare Helligkeit $12^m.0$, im Haufen Messier 37 die scheinbare Helligkeit $11^m.0$ und endlich im Haufen N.G.C. 1647 die scheinbare Helligkeit $10^m.0$.

In die Abbildungen sind noch die im vorhergehenden Paragraphen definierten Kammlinien eingezeichnet. Ihnen kommt die gleiche statistische Bedeutung zu, wie den Kammlinien im RUSSELL-Diagramm für das Sternsystem. Auch sie bilden die Linien, die die Zustände maximaler Häufigkeit im F.H.D. verbinden. Hier dagegen haben die Kammlinien der Verteilungsflächen mit dem Entwicklungsweg eines Sternes normaler Masse gar nichts zu tun. Sie sind die Verbindungslinien der gleichzeitigen wahrscheinlichsten Zustände von Sternen verschiedener Masse. Ihnen kann also *keine unmittelbare physikalische Bedeutung* zukommen.

Es ist vielleicht nützlich, auch noch genauer als bisher zu präzisieren, wann der Kammlinie in Abb. 20, S. 121, dem F.H.D. für die Sterne des Sternsystems, eine solche physikalische Bedeutung zukommt. Wenn man das F.H.D. als Entwicklungsdiagramm deuten darf — im Sinne der Riesen-Zwerg-Theorie — so muß noch eine Voraussetzung erfüllt sein, damit die Deutung der Kammlinie als wahrscheinlichster Lebensweg eines Sternes normaler Masse, die wegen der Strahlung langsam abnehmen wird, zutrifft. Die Voraussetzung für diese Deutung ist, daß das Mischungsverhältnis der Sterne von gleichem Spektraltypus und verschiedener absoluter Helligkeit zeitlich konstant ist; wir können diese Voraussetzung vielleicht so formulieren, daß die Verteilung der Sterne des Sternsystems im F.H.D. eine *stationäre* sein muß. Dies trifft in Wirklichkeit nicht in aller Strenge zu. Es ist eine Sternströmung vom Riesen- zum Zwergast vorhanden, weil man nicht annehmen kann, daß im engeren Sternsystem ebenso viele Sterne neu entstehen, als vom Riesenast in den Zwergast abwandern.

Wir können also streng genommen auch die Kammlinie im F.H.D. der Sterne des Sternsystems nicht ansehen als Entwicklungsweg eines Sternes normaler Masse. Was den Riesenast angeht, also die rechte Kammlinie in Abb. 20, so wird der wirkliche Entwicklungsweg weniger nach links geneigt verlaufen, denn die Strömung der Sterne im F.H.D.

---

[1] TEN BRUGGENCATE, P.: Die Bedeutung von Farbenhelligkeitsdiagrammen für das Studium der Sternhaufen. Seeliger-Festschrift 1924, S. 50.

[2] Derselbe: Über eine Absorption des Lichtes in offenen Sternhaufen. Zeitschr. f. Phys. Bd. 29, S. 243 (1924).

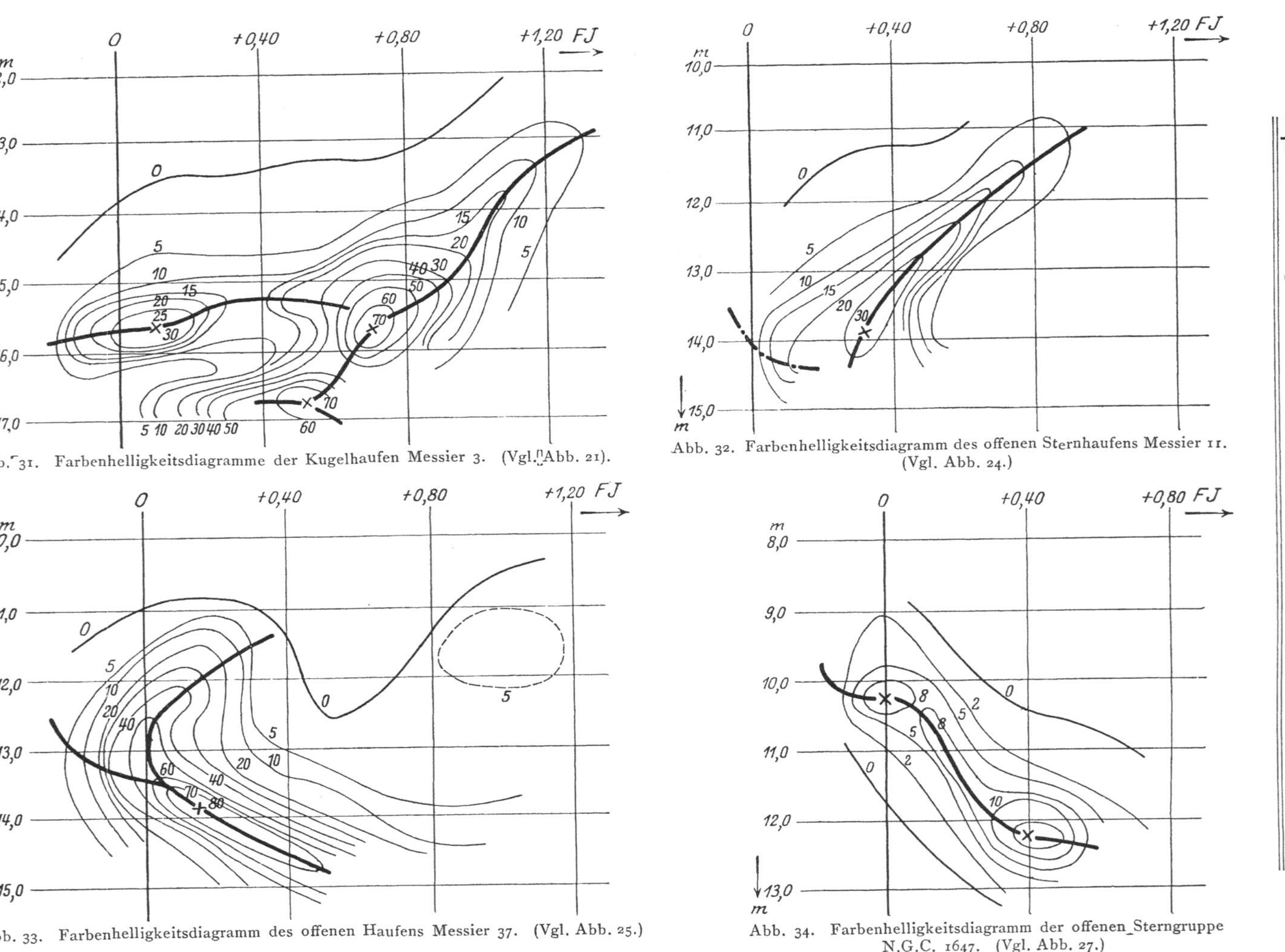

Abb. 31. Farbenhelligkeitsdiagramme der Kugelhaufen Messier 3. (Vgl. Abb. 21).

Abb. 32. Farbenhelligkeitsdiagramm des offenen Sternhaufens Messier 11. (Vgl. Abb. 24.)

Abb. 33. Farbenhelligkeitsdiagramm des offenen Haufens Messier 37. (Vgl. Abb. 25.)

Abb. 34. Farbenhelligkeitsdiagramm der offenen Sterngruppe N.G.C. 1647. (Vgl. Abb. 27.)

bewirkt ein langsameres Vorwärtsrücken der Riesen großer Leuchtkraft gegenüber den Riesen schwächerer Leuchtkraft, wodurch eben eine Neigung der statistischen Kurve maximaler Häufigkeit im steiler werdenden Sinne erfolgt. Aber so viel ist sicher, daß das F.H.D. des Sternsystems, wenigstens mit großer Annäherung, eine *stationäre* Sternverteilung darstellt. Dies ist das eine Extrem. Das andere Extrem ist die „strömende" Sternverteilung im F.H.D., die immer dargestellt wird von einem System gleich alter Sterne, also eben von den Sternhaufen.

Sieht man von den Einzelheiten der Verteilung ab und betrachtet nur die Veränderung der Grenzlinie der Verteilung, als welche wir etwa die Kurve 5 ansehen wollen, von Abb. 31 bis 34, und vergleicht ihre Form jeweils z. B. mit der Kurve 500 der Verteilungsfunktion der Sterne des Sternsystems, so erkennt man die in die Augen springende Verlagerung der Häufigkeitskurven vom roten Teil des Riesenastes bei Messier 3 zu dem von den B-Typen nach rechts unten verlaufenden Zwergast bei N.G.C. 1647 über die offenen Haufen Messier 11 und Messier 37. Damit ist der Lebensweg eines Sternes vom roten Riesen zum roten Zwerg in großen Zügen sichergestellt, — die Gültigkeit der gemachten Hypothesen vorausgesetzt. Die eben angegebene empirische Ableitung des Lebensweges eines Sternes führt also dazu, *die Deutung des F.H.D. der Sterne des Sternsystems als Entwicklungsdiagramm für wahrscheinlicher zu halten* als die rein statistische Deutung. Damit muß man aber auch alle Konsequenzen aus dieser Anschauung ziehen; also z. B. den starken Massenverlust während der Entwicklung als wirklich vorhanden annehmen.

Hier sei nur soviel bemerkt, daß aus den EDDINGTONSCHEN Untersuchungen, die wir als richtig annehmen wollen, folgt, daß z. B. ein F-Zwerg (absolute Helligkeit $+ 4^{m}_{.}5$, Farbenindex $+ 0^{m}_{.}70$) nur 50 vH der Masse eines F-Riesen (absolute Helligkeit $+ 2^{m}_{.}0$, Farbenindex $+ 0^{m}_{.}70$) besitzt. Entwickelt sich der F-Riese zum F-Zwerg, was aus den F.H.D. der Sternhaufen zu schließen ist, so müssen wir die Konsequenz ziehen, daß er auf diesem Weg 50 vH seiner Masse verliert. Soll dieser Verlust allein von Strahlung herrühren, so führt dies keineswegs zu physikalischen Schwierigkeiten. Man wird lediglich auf eine Zeitskala für kosmogonische Vorgänge geführt, die enorm groß ist; die Dauer der Entwicklung vom F-Riesen zum F-Zwerg ist dann von der Größenordnung von $10^{12} - 10^{13}$ Jahren.

Messier 3, ein typischer Kugelhaufen, enthält zahlreiche F-Riesen. N.G.C. 1647, eine offene Gruppe, enthält F-Zwerge, aber keine F-Riesen mehr. Mit einiger Wahrscheinlichkeit kann man deshalb, auf Grund der gemachten Voraussetzungen, sagen, daß sich der Prozeß des Einwanderns der Sternhaufen in das engere Sternsystem, der Prozeß ihrer allmählichen Auflösung, abspielt in einem Zeitraum von der gleichen Größenordnung von 10^{12} Jahren.

Während die Massenverhältnisse von Doppelsternpaaren verschiedener Spektraltypen nur ergaben, daß sie jedenfalls keinen Widerspruch gegen die Auffassung des RUSSELL-Diagramms als Entwicklungsdiagramm bilden, findet man auf Grund plausibler Hypothesen, die durch Beobachtungstatsachen wesentlich gestützt werden, aus den Verteilungsfunktionen Ψ (m, F. I.) für Sternhaufen verschieden starker Verdichtung, daß den Kammlinien der Funktion Ψ (M, S) für die Sterne des engeren Sternsystems die physikalische Bedeutung des wahrscheinlichsten Entwicklungsganges eines Sternes mittlerer Masse zugesprochen werden muß. Dabei ist notwendig, daß ein Stern bei seiner Entwicklung ständig an Masse verliert. Diese haben wir als Quelle seiner Strahlungsenergie anzusehen, und werden dann auf ein Lebensalter der Sterne von der Größenordnung von 10^{12} Jahren geführt.

Nachdem auf diese Weise die Richtung der Sternentwicklung im F.H.D. festgelegt ist, können wir auch den physikalischen Sinn des plötzlichen Abbrechens der Kammlinie der roten Riesen, wie es Abb. 20 auf S. 124 zeigt, verstehen. Aus dem RUSSELL-Diagramm für die Sterne des engeren Sternsystems (Abb. 19, S. 122), in das bei den Spektraltypen A bis G als Kreise die δ Cephei-Sterne eingezeichnet sind, sieht man, daß bei K 0 in der Sternentwicklung eine erste Abzweigung auftritt. Hier scheinen die Sterne in größerer Zahl in den „kritischen" Zustand der δ Cephei-Sterne überzugehen. Hier beginnt andererseits auch bereits das Abbiegen von Sternen kleiner Masse in den Zwergast. Auch die starke Einbuchtung der Höhenlinien in Abb. 20 auf S. 124 zwischen F 5 und G 5 bei absoluten Helligkeiten zwischen $+ 1^{m}.0$ und $+ 2^{m}.5$ zeigt, daß vor diesem Gebiet eine erste Unregelmäßigkeit auftreten muß. Beachtet man noch, daß in diesem Spektral- und Helligkeitsbereich bei den Kugelhaufen der „kritische" Punkt liegt, in dem der Ast der Riesensterne sich spaltet, so ist der physikalische Sinn des Abbrechens der Kammlinie der roten Riesen darin zu erblicken, daß es unmöglich ist, in diesem Gebiet des F.H.D. eine „wahrscheinlichste Entwicklungslinie" festzulegen. Ein Teil der Sterne biegt ab in den Zwergast, ein anderer Teil nimmt rasch an Temperatur zu, und durchläuft den horizontalen Ast der „Übergiganten". Gerade diese Sterne durchlaufen das Gebiet der F-Riesen, und zwar, nach der Grundhypothese, daß allen Sternen eines konzentrierten Kugelhaufens das gleiche Alter zuzuschreiben ist, ungeheuer rasch. Denn, wie das F.H.D. für Messier 13 zeigt (Abb. 22, S. 128), haben die Übergiganten in ihrer Mehrzahl schon den Typus B 5 erreicht, wenn die gewöhnlichen Riesen sich erst bis zum Typus G 0 entwickelt haben. Im Gebiet der Spektraltypen zwischen A 5 und G 0 und den absoluten Helligkeiten zwischen $- 0^{m}.5$ und $+ 1^{m}.5$ scheint die Verweilzeit außerordentlich klein zu sein im Vergleich zu anderen Gebieten des F.H.D. Deshalb findet man dort auch keine Anhäufung von Sternen; die Kammlinie läßt sich dort nicht mehr verfolgen.

Es möge hier noch eine Bemerkung eingeschoben werden über die entwicklungsmäßige Deutung der vier Typen von offenen Haufen, die Trümpler auf Grund eines umfangreichen Materials gefunden hat (siehe § 1). Es zeigte sich dort, daß die F.H.D. der offenen Haufen nicht nur nach einem Parameter klassifiziert werden können, als welcher das Alter der Haufen zu wählen wäre, sondern daß sie auch noch von einem zweiten Parameter abhängen, als den man die Durchschnittsmasse der Sterne des Haufens einführen kann. Ein Haufen mit durchschnittlich sehr massigen Sternen wird einen anderen Teil des F.H.D. durchwandern, als ein solcher mit Sternen von durchschnittlich kleiner Masse. Trümpler meint, daß der „Höhepunkt" der Entwicklung, den ein Haufen in F.H.D. erreichen kann, ebenso wie bei den einzelnen Sternen, von seiner Gesamtmasse abhängt. So erreichen sehr massige Haufen den b-Typus, andere nur den a-Typus und diejenigen, die nur Sterne kleiner Masse enthalten, den f-Typus (vgl. Abb. 29, S. 134).

Eine bis jetzt wegen des Mangels an Beobachtungsmaterial noch nicht gelöste Aufgabe wäre, diesen zweiten Parameter, der den Charakter des F.H.D. eines Sternhaufens mit bestimmt, auch bei den Kugelhaufen nachzuweisen. Eventuell könnten dadurch Korrektionen für die Shapleyschen Parallaxen von solchen Sternhaufen notwendig werden, bei denen diese aus der Helligkeit der hellsten Sterne abgeleitet werden. Diese Untersuchungen bilden gewissermaßen die zweite Näherung zu der oben skizzierten Theorie der Entwicklung der Sternhaufen, und ihre Verwendung zur Aufstellung einer empirischen Kosmogonie. Dabei ist aber bei den Sternhaufen die erste Näherung (unter Vernachlässigung ihrer verschiedenen Gesamtmasse) an die Wirklichkeit eine viel bessere, als sie es bei Untersuchungen über einzelne Sterne sein würde. Bildet man für die Sternhaufen die den Verteilungsfunktionen $\varphi_S(M)$ und $\psi_M(S)$ für einzelne Sterne entsprechende Funktionen, so werden diese im Vergleich zu jenen eine außerordentlich kleine Streuung aufweisen, davon herrührend, daß der Parameter, der die Streuung verursacht, bei den einzelnen Sternen mit der Einzelmasse, bei den Sternhaufen dagegen mit einer Durchschnittsmasse, gemittelt aus Hunderten von Einzelmassen, identifiziert werden muß.

Es fragt sich, inwieweit eine mit Hilfe der Sternhaufen empirisch begründete Kosmogonie auch die kritischen Stadien, wie z. B. die Cepheiden kurzer und langer Perioden oder die planetarischen Nebel zu erfassen vermag. Die Antwort lautet, daß ihr das prinzipiell nur in sehr beschränktem Umfange möglich ist. Indem wir hier auf eine ausführliche Darstellung an anderer Stelle verweisen[1], beschränken wir uns auf die folgenden Feststellungen. Es scheint so zu sein, daß

---

[1] Ten Bruggencate, P.: Bemerkungen zum Problem der δ Cephei-Sterne. Astron. Nachr., Kiel. Bd. 228, S. 217. 1926 und Die Naturwissenschaften 14, 905. 1926.

die Haufenveränderlichen etwas prinzipiell anders darstellen, als die langperiodischen Cepheiden. Damit wäre das ganze größere galaktische System SHAPLEYS in Frage gestellt, da SHAPLEYS Parallaxen doch wesentlich auf der Hypothese beruhen, daß sich die Haufen veränderlichen *stetig* an die langperiodischen Cepheiden anreihen. Auf rein theoretischem Wege kann gezeigt werden, daß dem nicht so ist; daß vielmehr die Möglichkeit, die Haufenveränderlichen, im Gegensatz zu den langperiodischen Cepheiden, im F.H.D. zu verfolgen, theoretisch durchaus verständlich ist. Über die langperiodischen Cepheiden kann auf Grund der F.H.D. von Sternhaufen nur ausgesagt werden, daß sie sicher nicht kontinuierlich in den Zwergast abwandern können. Denn dann müßten sie in das Gebiet der Haufenveränderlichen gelangen und man käme zur Vorstellung, daß bei den Cepheiden mit zunehmendem Alter die Periode des Lichtwechsels immer kürzer würde. Daß dies kaum möglich ist, zeigt die Tatsache, daß Messier 3 viele kurzperiodischen, aber keine langperiodischen Cepheiden enthält, während Messier 13, der nach seinem F.H.D. der ältere Haufen sein muß, auffallend reich an langperiodischen und arm an kurzperiodischen Cepheiden ist.

§ 3. Die Absorption des Lichtes in offenen Sternhaufen.

Die Grundvoraussetzung, von welcher bei der Aufstellung einer empirischen Kosmogonie ausgegangen werden mußte, war, daß sich stellare Materie unter den gleichen äußeren Bedingungen, wo immer auch sie sich im Universum befinden möge, auf die gleiche Weise entwickelt. Aus der Beobachtungstatsache, daß die F.H.D. von Sternhaufen — von den konzentriertesten Kugelhaufen bis zu den offensten Sterngruppen, oder gar den Bewegungshaufen (wie etwa den Hyaden) — immer *einem Teil* des F.H.D. für die Sterne des Sternsystems (Abb. 19, S. 122) entsprechen, der im wesentlichen nur von der Konzentration des Haufens und damit von seinem Alter abzuhängen scheint, mußte geschlossen werden, daß das RUSSELL-Diagramm ein Entwicklungsdiagramm sei. Wir gehen nun noch einen Schritt weiter und stellen die Bedingung, daß bei einem Sternhaufen *die Streuung der Zwergsterne von einem bestimmten Spektraltypus nach ihrer Leuchtkraft die gleiche sei, wie die Streuung der Sterne des Sternsystems auf dem Zwergast des RUSSELL-Diagramms.* Man kann selbstredend die analoge Forderung für die Riesensterne stellen, nur ist die Streuung der Riesensterne einer Spektralklasse nach absoluten Helligkeiten viel größer als bei Zwergsternen, so daß etwaige Abweichungen weit weniger genau festgestellt werden können. — Als Mittellinie des Zwergastes des RUSSELL-Diagramms kann man zweckmäßig die Mt. Wilson-Colorkurve annehmen, die den durch Mittelung gefundenen Zusammenhang zwischen Leuchtkraft und Spektraltypus bei Zwergsternen wiedergibt. Wie man aus der genannten Abbildung sieht, zeigen die Zwerge des Sternsystems eine Streuung um diese

Mittellinie von der ungefähren Breite einer Größenklasse. Durch die oben gestellte Forderung werden wir notwendig dazu geführt, Abweichungen in der Anordnung der Sterne eines Sternhaufens von der oben verlangten Verteilung zu erklären durch eine fehlerhaft angenommene Parallaxe des Sternhaufens, durch vorhandene Lichtabsorption im Haufen, sei es allgemeiner oder selektiver Art, oder endlich durch die Wirkung absorbierender Wolken zwischen uns und dem Sternhaufen. Die Methode der F.H.D. ist wohl die einzige, die über die in Sternhaufen möglicherweise vorhandene Absorption Aufschluß geben kann. Dabei ist nur die eine Schwierigkeit vorhanden, die Fehler in der Parallaxe von den Wirkungen einer Absorption zu trennen.

Gleich an dieser Stelle soll betont werden, dass die im folgenden besprochenen Untersuchungen keinen Anspruch auf zahlenmäßige Genauigkeit erheben. Vielmehr kommt es nur darauf an, zu zeigen, wie die Methode der F.H.D. prinzipiell geeignet ist, den inneren Aufbau der offenen und offensten Sterngruppen physikalisch tiefer zu erforschen, als es ohne sie möglich wäre.

a) *Der offene Haufen N.G.C. 1647.* Im Haufen N.G.C. 1647, der seinem Aussehen am Himmel nach Ähnlichkeit mit der Praesepe hat und weit stärker aufgelöst ist als Messier 11 oder Messier 37[1]), haben wir einen Haufen vor uns, der sich aus lauter typischen Zwergen zusammenzusetzen scheint. Abb. 27 gibt das F.H.D. dieses Sternhaufens wieder. Ihm liegt ein Katalog von HERTZSPRUNG[2]) zugrunde, der für 184 Sterne photographische Größen und effektive Wellenlängen enthält. Ein Übergang von scheinbaren Helligkeiten zu absoluten Helligkeiten ist bei diesem Haufen unnötig. Aus seiner von RAAB[1]) geschätzten Parallaxe (0.''0022) und seinem scheinbaren Durchmesser (Maximum $1°$) läßt sich leicht abschätzen, daß man durch die Annahme einer gleichen Entfernung für alle Haufensterne keine merklichen Fehler begeht. — In das Diagramm ist, für eine Parallaxe von 0.''0022 für N.G.C. 1647, die Mt. Wilson-Colorkurve als strichpunktierte Linie eingezeichnet.

Die Richtung des Zwergastes stimmt völlig überein mit der Richtung der Mt. Wilson-Colorkurve. Dagegen scheint der Ast um zwei Größenklassen nach der Seite schwächerer Helligkeiten hin verschoben zu sein. Für die große Streuung der Sterne zwischen $13^{m}_{.}0$ und $14^{m}_{.}0$ scheinbarer Größe nach ihren Farbenindizes gibt HERTZSPRUNG die Erklärung, daß hier die Bestimmung effektiver Wellenlängen viel schwieriger ist, und deshalb die Fehler sehr rasch zunehmen. Wir sehen von diesen Sternen zunächst ab oder lassen diese Erklärung als ausreichend gelten. Die Verteilung der Zwerge des Haufens um eine durch den

---

[1]) RAAB, S.: A research on open clusters. Lund Meddel. (2) Nr. 28. 1922.
[2]) Vgl. Anm. 7, S. 2.

Punkt ($m = 10.0$; F.I. $= 0.00$) parallel zur Mt. Wilson-Colorkurve gezeichnete Mittellinie (ausgezogene Linie) hält sich völlig gleichmäßig innerhalb eines Streifens von der Breite einer Größenklasse. Man hat aus diesem Grunde keine Ursache, für diese Sterne eine allgemeine Absorption im Haufen selbst anzunehmen. Eine solche hat, wegen der verschieden großen Tiefenstellung der Sterne des Haufens in der absorbierenden Wolke, stets eine Vergrößerung der Streuung der Sterne eines bestimmten Spektralbereiches nach ihrer scheinbaren Helligkeit zur Folge. Wegen des Auftretens zahlreicher b-Sterne im Haufen dürfte auch keine merkliche selektive Absorption vorhanden sein. Eine selektive Absorption bewirkt eine Drehung des Zwergastes, der mehr oder weniger steil verläuft, je nachdem das Licht der späten Typen mehr oder weniger stark selektiv absorbiert wird als das Licht der frühen Typen.

Es läßt sich daher bei N.G.C. 1647 der Widerspruch zwischen der Lage des Zwergastes und der Lage der Mt. Wilson-Colorkurve (für die Parallaxe $0.\!''0022$) in Abb. 27 nur auf einen Fehler in der Parallaxe oder auf eine allgemeine Absorption in einer vor N.G.C. 1647 liegenden Wolke zurückführen. Die Grundlage für die Parallaxe von RAAB bildet die KAPTEYNsche Methode der Parallaxenbestimmung von Sternhaufen. Auf Grund der Ausführungen auf S. 28 ff. über diese Methode scheint es wohl berechtigt zu sein, die Parallaxe $0.\!''0022$ als nicht verbürgt anzusehen, und die beim Fehlen jeder Absorption gültige Parallaxe von N.G.C. 1647 aus der Verteilung seiner Zwerge im F.H.D. zu bestimmen. Berücksichtigt man noch die Korrektion des Nullpunktes der HERTZSPRUNGschen Helligkeitsskala gegen die Mt. Wilson-Skala, so findet man die Parallaxe

$$\pi = 0.\!''0009 .$$

Zu ihr gehört im F.H.D. von N.G.C. 1647 die ausgezogen gezeichnete Mt. Wilson-Colorkurve.

Es wäre allerdings möglich und ist nicht unwahrscheinlich, daß wenigstens ein Teil der Verschiebung des Zwergastes um zwei Größenklassen nach der Seite schwächerer Helligkeiten der Wirkung einer vorgelagerten absorbierenden kosmischen Wolke zuzuschreiben ist. N.G.C. 1647 liegt im Taurus, und PANNEKOEK, DYSON und MELOTTE haben die Entfernung der dunklen Tauruswolken zu etwa 200 Parsecs geschätzt und ihr Absorptionsvermögen auf rund zwei Größenklassen angegeben. Die kleinste Entfernung, die für N.G.C. 1647 angenommen werden kann, beträgt 450 Parsecs. Da der Haufen scheinbar am Rande der Tauruswolken steht, diese aber näher sind, so dürfte man den Verhältnissen vielleicht am nächsten kommen, wenn man für das Licht der Haufensterne eine Absorption im Betrage von etwa einer Größenklasse durch eine interstellare Wolke annimmt und den Rest der nötigen Verschiebung als Fehler der Parallaxe deutet. Jedenfalls ist die Parallaxe von N.G.C. 1647 sicher kleiner als $0.\!''0022$ und größer als $0.\!''0009$.

Was nun die a-, f- und g-Sterne schwächer als $13^m\!.0$ betrifft, so scheint die Erklärung HERTZSPRUNGS[1]) doch nicht so ganz ausreichend zu sein. Die Unsicherheit der Bestimmung der effektiven Wellenlängen wächst bei Sternen der Größe $13^m\!.0$ etwa auf das doppelte gegenüber den Sternen der Größe $12^m\!.5$. Diese zeigen in unserem Diagramm eine Streuung der F.I. um $\pm\ 0^m\!.10$. Dann findet bei der Größe $13^m\!.0$ plötzlich ein Sprung in der Streuung der F.I. statt auf $\pm\ 0^m\!.40$. Die Unsicherheit in der Bestimmung effektiver Wellenlängen nimmt, wenn auch rasch, so doch gleichmaßig zu beim Übergang zu schwächeren Sternen. Man sollte also auch für die Streuung der Sterne nach den F.I. eine gleichmäßige Zunahme und keine sprunghafte erwarten. Außerdem scheint sich der horizontale Streifen von Sternen zwischen $13^m\!.0$ und $14^m\!.0$ scheinbarer Helligkeit mit schwacher Neigung nach rechts bis zum F.I. $1^m\!.60$ fortzusetzen. Sollte dies Zufall sein, wo doch Sterne heller als $12^m\!.0$ im Gebiet von F.I. $= +0.80$ bis $+1.60$ fast vollständig fehlen? Ist diese Erscheinung nicht vielmehr dahin zu deuten, daß wir es hier nicht mit Haufensternen zu tun haben, wenigstens bei denen, die nicht in der Nähe der Colorkurve liegen, sondern mit den absolut hellsten Riesen der hinter dem Haufen liegenden Randteile von Milchstraßenwolken? Gibt man diesen Sternen vom Typus g die absolute Helligkeit $0^m\!.0$, was nur eine rohe Schätzung sein soll, und berücksichtigt man die allgemeine Absorption vom ungefähren Betrag einer Größenklasse durch die dunkle Tauruswolke, so wird man für die Milchstraßenwolken in der Taurusgegend auf eine Entfernung von 3000 bis 4000 Parsecs geführt, was ein ganz plausibler Wert sein dürfte.

b) *Die Plejaden.* Betrachtet man eine Aufnahme der Plejaden mit langer Exposition, wie sie auf Tafel III wiedergegeben ist, so erkennt man deutlich in der unmittelbaren Umgebung der hellsten Plejadensterne ausgedehnte leuchtende Nebelmassen, die weite Bereiche überdecken. Bei Helligkeitsbestimmungen von Sternen, die in diesen Regionen stehen, muß sich die absorbierende Wirkung dieser Wolken notwendigerweise bemerkbar machen. Die Absorption kann allgemeiner Art, vielleicht, wenn es sich nicht nur um kosmischen Staub, sondern um Gasmassen handelt, auch selektiver Art sein. Man wird also von vornherein beim F.H.D. der Plejaden eine Diskrepanz mit dem RUSSELL-Diagramm für die Sterne des Sternsystems zu erwarten haben. Die Zwergsterne des Haufens werden in großer Zahl auf der Seite schwächerer Helligkeiten von der Mt. Wilson-Colorkurve liegen; eventuell wird die Abweichung von der Mittellinie des Zwergastes um so größer sein, je früher der Spektraltypus der Sterne ist. Bei den Plejaden begegnet man jedoch einer Schwierigkeit, wenn es sich darum handelt, die Haufensterne von den Vorder- und Hinter-

---

[1]) Vgl. Anm. 7, S. 2.

grundsternen zu trennen. Der Haufen ist schon so offen, daß fremde Sterne einen großen Prozentsatz ausmachen. Das einzige Kriterium, um die Haufensterne von den übrigen zu trennen, bildet die Eigenbewegung. Die Plejadensterne besitzen jedoch keine großen Eigenbewegungen, so daß diese bei den meisten Sternen, vor allem bei den

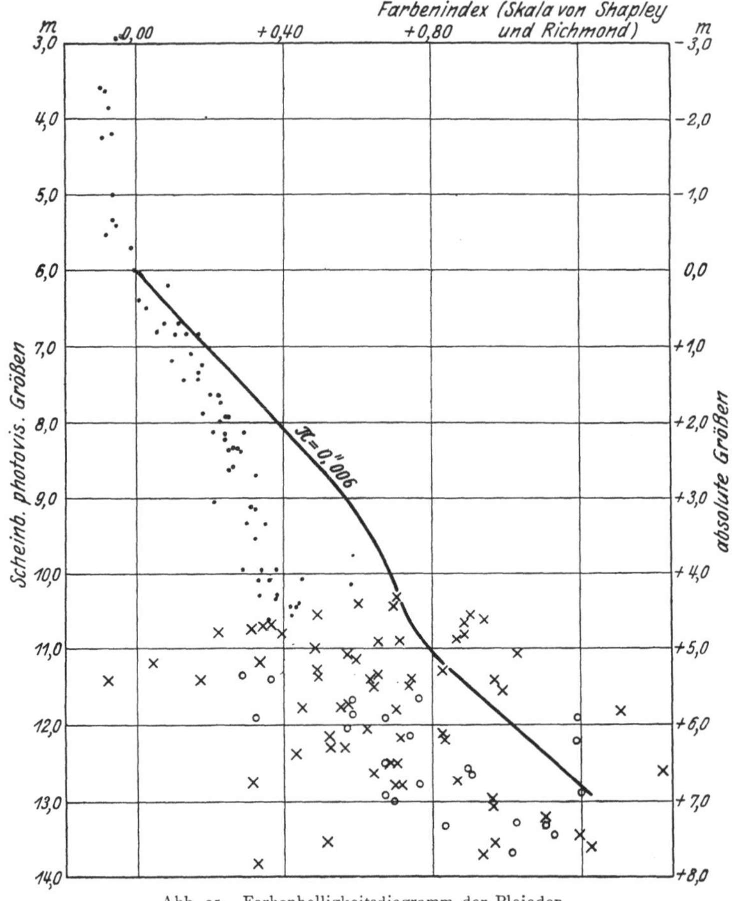

Abb. 35. Farbenhelligkeitsdiagramm der Plejaden.

schwachen ($m > 11^{m}\!.0$), noch recht unsicher bekannt sind. Das F.H.D. der Plejadengruppe ist deshalb mit großer Vorsicht zu interpretieren und unter dem Vorbehalt, daß auf Grund späterer genauerer Messungen von E.B. manche Sterne als physische Glieder vielleicht noch auszuscheiden, andere noch aufzunehmen sind.

Dem F.H.D. für die Plejaden in Abb. 35 liegt für die hellen Sterne ein Katalog von HERTZSPRUNG[1]) zugrunde. Er enthält von 66 Sternen,

---

[1]) Vgl. Anm. 9, S. 4.

die bestimmt als physische Mitglieder der Gruppe anzusehen sind, photographische Größen und effektive Wellenlängen. Diese wurden umgerechnet in Farbenindizes der SHAPLEY-RICHMONDschen Skala. Aus diesen und den photographischen Größen ergaben sich die als Ordinaten aufgetragenen photovisuellen Größen. Für die schwachen Sterne wurde der Katalog von SHAPLEY und RICHMOND[1]) benutzt, und zwar in der Weise, daß die Farbenindizes direkt entnommen und mit diesen und den angegebenen photographischen Größen wieder die photovisuellen Größen berechnet wurden. Als Kreuze sind in das Diagramm Sterne eingetragen, die TRÜMPLER auf Grund von E.B. als sehr wahrscheinliche Mitglieder der Gruppe bezeichnet, als Ringe solche, die als wahrscheinliche Glieder anzusehen sind. Alle übrigen Sterne des Katalogs sind nicht berücksichtigt. Es ist wahrscheinlich, daß TRÜMPLER die Zuverlässigkeit der E.B. als Kriterium für die Zugehörigkeit eines Sternes zur Plejadengruppe überschätzt hat[2]). Alle weiteren Schlußfolgerungen müssen sich deshalb vor allem auf die von HERTZSPRUNG vermessenen Sterne stützen.

Das Diagramm für die Plejaden ist mit dem F.H.D. für das Sternsystem zu vergleichen. Dazu ist es notwendig, diejenige scheinbare Größe zu bestimmen, die im F.H.D. z. B. der absoluten Größe $0^m_\cdot 0$ entspricht. Ist dies gelungen, so kann man sofort die Mt. Wilson-Colorkurve einzeichnen.

Um aber der absoluten Größe 0 eine scheinbare Größe zuordnen zu können, bedarf es der Kenntnis der Parallaxe des Sternhaufens. Von den Plejaden liegen verschiedene Parallaxenbestimmungen vor, die in der Monographie von RASMUSON[3]) über Bewegungshaufen zusammengestellt sind. Die verschiedenen Werte der Parallaxe zeigen ziemliche Schwankungen. Die größten Werte sind $0''\cdot036$ (SCHOUTEN) und $0''\cdot033$ (PLUMMER), die kleinsten $0''\cdot006$ (HERTZSPRUNG) und $0''\cdot005$ (PICKERING). Es ist auffallend, daß die Parallaxe um so kleiner wird, je mehr schwache Sterne mit in die Rechnung eingeschlossen werden. Um zu entscheiden, welcher Parallaxe die größte Wahrscheinlichkeit zukommt, ist es vor allem wichtig, die Methoden zu beleuchten, welche zur Ableitung der Parallaxen dienten. Allerdings kommt es hier, wie sich noch zeigen wird, auf einen sehr genauen Wert der Parallaxe selbst nicht an. Es handelt sich lediglich um die Abschätzung der richtigen Größenordnung. Die Parallaxe $0''\cdot036$ scheidet aus, weil sie auf einer, wie TRÜMPLER nachgewiesen hat[4]), falschen Voraussetzung beruht, nämlich der Gültigkeit der KAPTEYNschen Verteilungsfunktion der absoluten Leucht-

---

[1]) Vgl. Anm. 12, S. 4.

[2]) Vgl. Anm. 9, S. 4.

[3]) RASMUSON, N. H.: A research on moving clusters. Lund Meddel. (2) Nr. 26. 1921.

[4]) Vgl. Anm. 3, S. 5.

kräfte. Der Wert $0\rlap{.}{''}033$ ist sehr unsicher, da er sich nur auf die E.B. von sechs Sternen gründet, und außerdem die Hypothese enthält, daß die Bewegung der einzelnen Sterne genau parallel zur galaktischen Ebene sei. Die beiden kleinsten Werte beruhen auf der Annahme einer mittleren absoluten Helligkeit für die Sterne der Typen $B\,5$ bis $A\,0$, wie sie aus den Erfahrungen im Sternsystem folgt: Mit einer gewissen, gleich zu besprechenden Einschränkung wird durch eine solche Abschätzung am ehesten die richtige Größenordnung erhalten.

Als Parallaxe ist deshalb der Wert

$$\pi = 0\rlap{.}{''}006$$

angenommen worden. Dann entspricht der scheinbaren Helligkeit $6\overset{m}{.}0$ die absolute Helligkeit $0\overset{m}{.}0$. Dieser Wert der Parallaxe hängt wesentlich davon ab, daß man für die hellen B- und A-Sterne (3^m bis 7^m) keine Absorption durch vorhandene Plejadennebel annimmt. Diese kann für die gewählten Sterne, wie das F.H.D. zeigt, jedenfalls nicht groß sein. Ist eine geringe Absorption vorhanden, so bewirkt diese eine Verkleinerung der scheinbaren Helligkeiten, d. h. der Parallaxenwert ist ein Minimum. Die aus den E.B. der Plejadensterne sicherer bestimmten Parallaxen sind von der Größenordnung $0\rlap{.}{''}014$, also doppelt so groß. Eine Verdopplung der Parallaxe bewirkt eine Verschiebung der Skala der absoluten Helligkeiten um 1.5 Größenklassen nach der schwächeren Seite, so daß also eine Verschiebung des Nullpunktes der Skale der absoluten Helligkeiten in diesem Betrag nach *oben* unter Umständen zugelassen werden muß. Die Feststellung, daß bei einer Vergrößerung der Parallaxe die Mittellinie des Zwergastes relativ zu den Plejadensternen nach *oben* verschoben wird, ist wichtig, weil sie, wie sich ergeben wird, zeigt, daß die folgenden Untersuchungen, die mit der Minimalparallaxe $0\rlap{.}{''}006$ durchgeführt sind, im Prinzip ungeändert bleiben, und daß die diskutierten Erscheinungen nur noch klarer zutage treten, wenn die Entfernung der Plejaden verkleinert wird.

Wir wollen uns zunächst auf die HERTZSPRUNGschen Sterne beschränken. Offenbar liegt hier ein ganz anderes Problem vor als bei N.G.C. 1647. Die hellsten Sterne ($m < 7.0$) stehen nicht im Widerspruch mit den Erfahrungen im Sternsystem. Sie ordnen sich, bei einer Parallaxe von $0\rlap{.}{''}006$, befriedigend längs der Mt. Wilson-Colorkurve an. Anders ist dies bei den Sternen, für die $8.0 < m < 11.0$ ist. Diese streuen beim Farbenindex $+\,0.30$ nach ihren Helligkeiten über einen Bereich von mehr als zwei Größenklassen, während die hellsten Sterne dieser Farben schon mehr als eine halbe Größenklasse unter der Mt. Wilson-Colorkurve liegen. Da alle diese Sterne zu wirklichen Haufensternen zu zählen sind, liegt es nahe, eine *Absorption des Lichtes im Haufen selbst* anzunehmen, und das auf der photographischen Platte sichtbare Vorhandensein von Plejadennebeln (vgl. Tafel III) stützt wesentlich diese Auffassung. Die Verteilung der SHAPLEY-RICHMONDschen Sterne im F.H.D. spricht, falls ihre Mehrzahl Haufensterne sind, ebenfalls dafür. Sollten diese Sterne lauter Zwerge sein, so hat man auf eine merkliche selektive Absorption zu schließen.

Was man also mit Bestimmtheit sagen kann, ist, daß sich selbst die als bestimmt physische Glieder des Haufens anzusehenden Sterne nicht in befriedigender Weise längs der Mt. Wilson-Colorkurve anordnen. Ehe man hierfür nach anderen Gründen sucht, die dann von einem allgemeinen kosmogonischen Standpunkt aus nur schwer zu rechtfertigen sein dürften, ist es sicherlich vorzuziehen, eine Absorption durch die bekannten Plejadennebel anzunehmen.

c. Die Hyaden. Bei den Hyaden wird sich wegen ihrer großen mittleren Parallaxe eine merkliche Verzerrung des F.H.D. in Richtung der Helligkeitsachse bemerkbar machen, wenn die scheinbaren Helligkeiten als Ordinaten an Stelle der absoluten gewählt werden. Es ist hier nicht mehr erlaubt, alle Hyadensterne in praktisch der gleichen Entfernung anzunehmen.

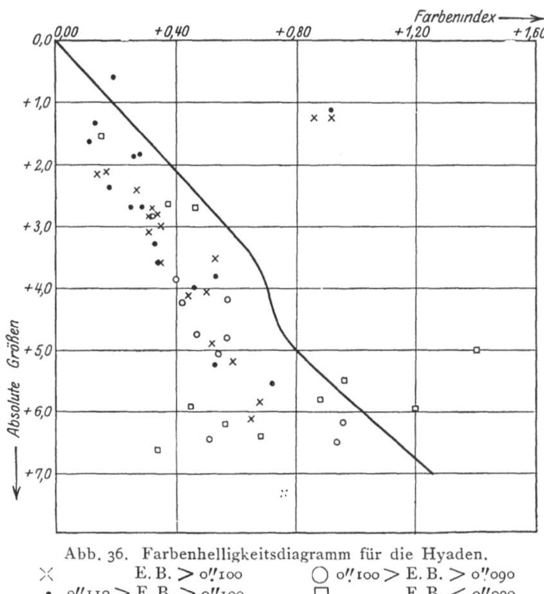

Abb. 36. Farbenhelligkeitsdiagramm für die Hyaden.
× E. B. > 0″100   ○ 0″100 > E. B. > 0″090
• 0″110 > E. B. > 0″100   □ E. B. < 0″090

Die scheinbaren Helligkeiten und Farbenindizes der in Abb. 36 eingezeichneten 56 Sterne sind in einem Katalog von HERTZSPRUNG[1] enthalten. Es sind sämtliche Sterne, die dort als wahrscheinlich physische Mitglieder der Gruppe bezeichnet sind. Die absolute Helligkeit jedes

---

[1] HERTZSPRUNG, E.: Photographisch-spektralphotometrische Größen von Hyadensternen. Astron. Nachr., Kiel. Bd. 209, S. 115. 1919.

Sternes der Gruppe läßt sich auf einfache Weise berechnen, wenn man die scheinbare Helligkeit, die Größe der E.B. und den Konvergenzpunkt der Gruppenbewegung kennt. Die E.B. dieser Sterne finden sich in Groninger Publikationen Nr. 14. Aus ihnen und dem Winkelabstand λ eines Sternes der Gruppe vom Zielpunkt wurden die Parallaxen gerechnet, nach der Gleichung:

$$\pi = 0.115 \frac{\mu''}{\sin \lambda},$$

wie sie z. B. bei RASMUSON[1]) angegeben ist. Für diejenigen Sterne des HERTZSPRUNGschen Kataloges, die auch bei RASMUSON vorkommen, wurden die Parallaxen nicht neu gerechnet, sondern die von RASMUSON angegebenen benutzt.

Die in Abb. 36 gezeichnete Kurve gibt den Verlauf der Mt. Wilson-Colorkurve wieder. Ein Vergleich der Verteilung der Hyadensterne nach absoluter Helligkeit und Farbenindex mit dem Verlauf der Colorkurve führt abermals auf einen Widerspruch. Wieder liegen fast alle Sterne unterhalb der Colorkurve, auf der Seite schwächerer Helligkeiten. Dagegen ist hier die Streuung der Sterne eines bestimmten Farbenindex nach absoluten Helligkeiten im allgemeinen klein und stimmt überein mit der Streuung der Zwerge im Sternsystem. Eine bedeutende Zunahme in der Streuung zeigt sich erst bei den f-Sternen, wo sie auf zwei bis drei Größenklassen wächst. Eine Lösung des Widerspruchs ließe sich bei den a-Sternen erzielen durch eine Verschiebung der Colorkurve um eine Größenklasse nach der Seite abnehmender Helligkeiten. Damit wäre aber die Frage bei den f-Sternen noch ungelöst, bei denen die sehr große Streuung auf eine starke Absorption im Innern des Haufens hindeutet. Die Verschiebung der Colorkurve muß als mögliche Lösung fallen gelassen werden. Sie würde bedeuten, daß der Widerspruch lediglich herrührt von einer falschen Parallaxe der Hyaden oder von der Wirkung vorgelagerter absorbierender Wolken. Wegen der relativ geringen Entfernung der Hyaden erscheint es ausgeschlossen, daß die Parallaxe um 45 vH. verfälscht ist. Eine Verschiebung der Colorkurve um eine Größenklasse führt auf diesen Betrag; sind doch außerdem die Hyaden derjenige Bewegungshaufen, der am besten auf Zielpunkt der Bewegung und Größe der Raumbewegung untersucht ist. Ebenso läge für die Annahme einer zwischen uns und den Hyaden befindlichen absorbierenden Wolke gar kein Grund vor. Eine solche müßte sich unbedingt in einem Sprung in den Sternzahlen der Hyadengegend bemerkbar machen. Davon ist aber nichts bekannt.

Eine Lösung dieser Art, wie sie bei N.G.C. 1647 zum Ziele führte, kann bei den Hyaden nicht in Betracht kommen. Vielmehr ist die

---

[1]) Vgl. Anm. 5, S. 142.

einzige Möglichkeit der Lösung des Widerspruches in der Annahme *einer allgemeinen Absorption des Lichtes der Hyadensterne durch Nebel, die mit den Hyaden verbunden sind, zu sehen.* Ist diese Deutung richtig, so werden die a-Sterne am gleichmäßigsten durch die Absorption beeinflußt, wie aus ihrer geringen Streuung nach absoluten Helligkeiten zu schließen ist, während für die f-Sterne die Absorption ganz verschieden sein kann. Die Mehrzahl der a-Sterne muß jedenfalls nahezu die gleiche Tiefenstellung in der Wolke besitzen, während dies im Gegensatz dazu bei den f-Sternen nicht der Fall ist.

Zur Untersuchung der Dichte der absorbierenden Wolke im Haufen bilden wir drei Gruppen in der folgenden Weise:

$$\text{Gruppe I:}\ \ 0''025 < \pi \leqq 0''028$$
$$\text{II} \qquad 21 < \pi \leqq \quad 25$$
$$\text{III} \qquad\quad \pi \leqq \quad 21$$

Bedeutet $\varDelta r$ die Entfernungsdifferenz je zweier Gruppen, $\varDelta A$ die Differenz in der Absorption, dann ist $\dfrac{\varDelta A}{\varDelta r}$ ein Maß für die Dichte der absorbierenden Nebel. Tabelle 31 enthält die Ergebnisse der Rechnung.

$\dfrac{\varDelta A}{\varDelta r}$ nimmt mit $\bar r$ rasch ab. Hier scheint also die Wolke am dichtesten zu sein bei den Sternen der Gruppe I. Diese Gruppe enthält aber, wie wir sahen, vor allem die absolut helleren a-Sterne; d. h. die Hauptnebelmasse scheint in den Hyaden, wie bei den Plejaden, mit den absolut hellsten Sternen verbunden zu sein. Dies ist ein sehr interessantes und auch in kosmogonischer Hinsicht wichtiges Ergebnis.

Tabelle 31.

Gruppe	Anzahl	A	$\bar\pi$	$\bar r$	$\varDelta r$	$\varDelta A$	$\dfrac{\varDelta A}{\varDelta r}$
I	22	$1\overset{m}{.}04$	$0''027$	37 pars	5 pars	$0\overset{m}{.}68$	0.136
II	15	1.72	0.024	42	14	0.72	0.051
III	11	2.44	0.018	56			

d. Versuch einer Erklärung der absorbierenden Nebel in offenen Sternhaufen. Es ist ein auffallendes und vielleicht zunächst merkwürdiges Ergebnis, daß in zwei ganz offenen Sterngruppen, den Plejaden und den Hyaden — die Hyaden gehören ja eigentlich schon zu den typischen Bewegungshaufen, und nur der Kürze halber fassen wir diese Sterngruppe mit den beiden anderen unter dem Namen „offene Sternhaufen" zusammen — eine allgemeine Absorption des Lichtes der Haufensterne durch Nebelmassen, die zu den Haufen selbst gehören müssen, nachgewiesen werden kann. Es erscheint wohl gewagt, eine Antwort auf die Frage, woher diese absorbierenden Wolken kommen, geben zu wollen. Die Annahme, daß die Haufen eben gerade zufällig eine dunkle Wolke auf ihrer Bahn durch den Weltraum durchqueren, ist aber so unbefriedigend, daß man sie fallen lassen muß und deshalb den Ursprung der Nebel im Haufen selbst zu suchen hat. Dann muß er sich aber im Haufen im Laufe der Zeit gebildet haben. Die einzigen Sterne, von denen man auf Grund der herrschenden kosmogonischen Anschauungen annehmen kann, daß sie in irgendeinem Punkte ihrer Entwicklung vom roten Riesen zum roten Zwerg Materie abspalten, sind solche, die das Gebiet der „planetarischen Nebel" erreichen. Wir können also dunkle absorbierende Nebelmassen nur in solchen Sternhaufen erwarten, die ursprünglich Sterne enthalten, welche im Laufe der Entwicklung die heißesten Spektraltypen erreichen können, und die schon so alt sind, daß diese Sterne den instabilen Zustand der Materieabspaltung bereits hinter sich haben. Wenn man überhaupt von einem Sternhaufen ein so großes Alter annehmen kann, so sind es die Hyaden, die schon so weit aufgelöst sind, daß die Zusammengehörigkeit der Sterne nur noch auf Grund der E.B. festzustellen ist. Und gerade hier findet man dunkle Nebel vor, und zwar, wie in den Plejaden, in größter Dichte verbunden mit den absolut hellen a-Sternen.

Das Vorhandensein absorbierender Nebel in den offensten, also relativ sehr alten Sterngruppen und ihr Fehlen in den Kugelhaufen, also relativ sehr jungen Sterngruppen, scheint eine neue Stütze für die Kosmogonie zu bilden, wie sie sich auf Grund von F.H.D. von Sternhaufen herausgebildet hat und in diesem Abschnitt dargestellt wurde. Die ersten Anzeichen des Instabilwerdens der früheren Typen bilden in den Kugelhaufen die Haufenveränderlichen. Und wenn man der Meinung ist, daß diese Haufenveränderlichen und Übergiganten in einem kosmogonischen Zusammenhang mit den planetarischen Nebeln stehen, so muß man verlangen, in allen genügend alten Sterngruppen die Reste der planetarischen „Nebel" zu finden.

Sachverzeichnis.

Druck von Breitkopf & Härtel in Leipzig.

Messier 13. Kugelhaufen
Reflektoraufnahme von M. Wolf, Heidelberg

Messier 11. Offener Haufen (Übergangstypus ?)
Reflektoraufnahme von M. Wolf, Heidelberg

ten Bruggencate, Sternhaufen   *Verlag von Julius Springer in Berlin*

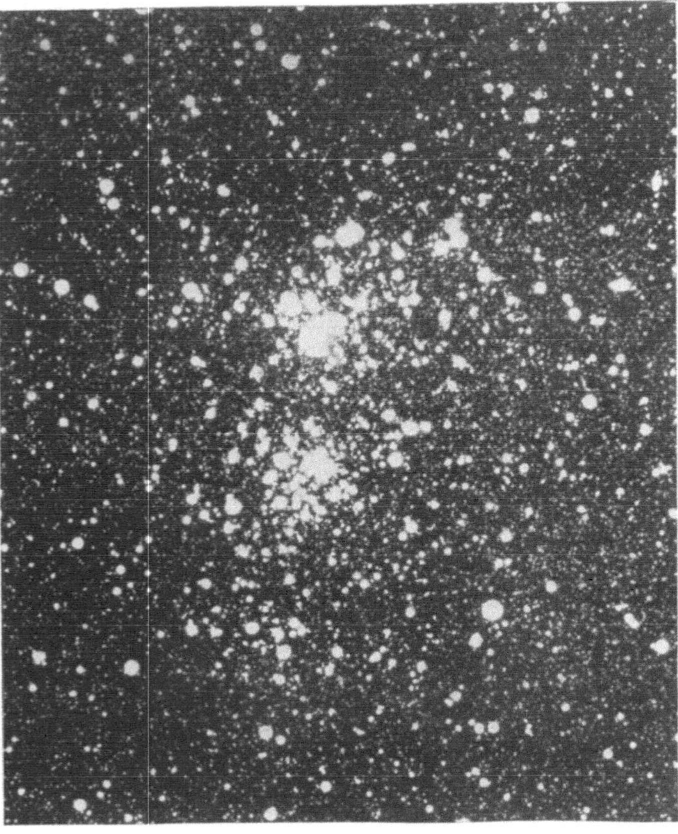

χ und h Persei. Offener Doppelhaufen
Aufnahme von M. Wolf, Heidelberg, mit dem 12-Zöller

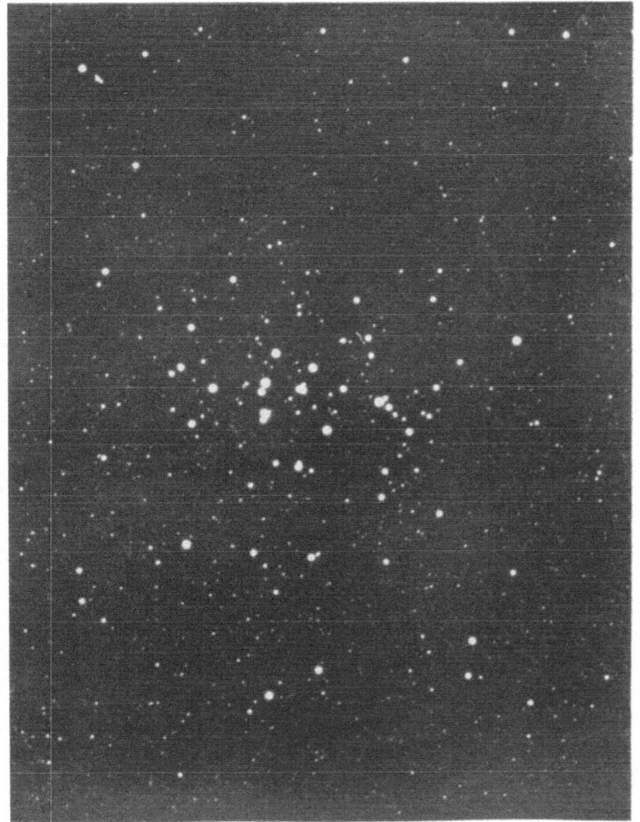

Praesepe. Offener Haufen
Aufnahme von M. Wolf, Heidelberg, mit dem 16-Zöller

ten Bruggencate, Sternhaufen

Verlag von Julius Springer in Berlin

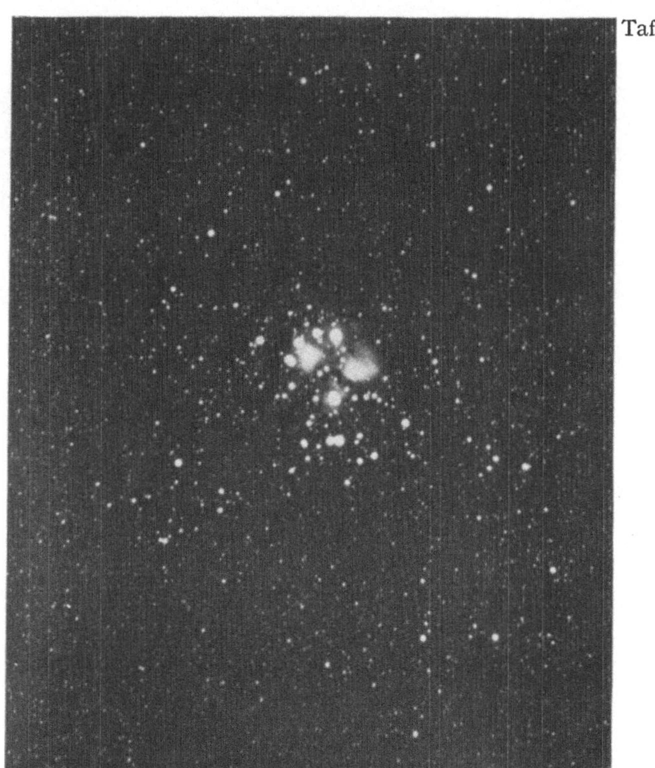

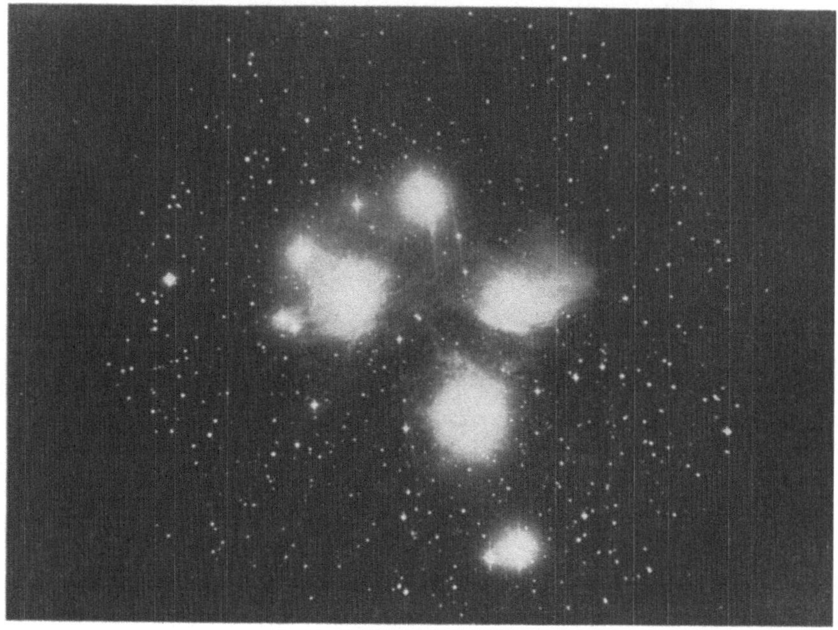

Plejaden

Aufnahmen von M. Wolf, Heidelberg, oben mit dem 6-Zöller, unten mit dem Reflektor

ten Bruggencate, Sternhaufen

Verlag von Julius Springer in Berlin

Messier 11. Offener Haufen, eingebettet in die große Milchstraßenwolke in Scutum.

Aufnahme von M. Wolf, Heidelberg, mit dem 6-Zöller

Verlag von Julius Springer in Berlin